Ein stetig steigender Fundus an Informationen ist heute notwendig, um die immer komplexer werdende Technik heutiger Kraftfahrzeuge zu verstehen. Funktionen, Arbeitsweise, Komponenten und Systeme entwickeln sich rasant. In immer schnelleren Zyklen verbreitet sich aktuelles Wissen gerade aus Konferenzen, Tagungen und Symposien in die Fachwelt. Den raschen Zugriff auf diese Informationen bietet diese Reihe Proceedings, die sich zur Aufgabe gestellt hat, das zum Verständnis topaktueller Technik rund um das Automobil erforderliche spezielle Wissen in der Systematik aus Konferenzen und Tagungen zusammen zu stellen und als Buch in Springer.com wie auch elektronisch in Springer Link und Springer Professional bereit zu stellen.

Die Reihe wendet sich an Fahrzeug- und Motoreningenieure sowie Studierende, die aktuelles Fachwissen im Zusammenhang mit Fragestellungen ihres Arbeitsfeldes suchen. Professoren und Dozenten an Universitäten und Hochschulen mit Schwerpunkt Kraftfahrzeug- und Motorentechnik finden hier die Zusammenstellung von Veranstaltungen, die sie selber nicht besuchen konnten. Gutachtern, Forschern und Entwicklungsingenieuren in der Automobil- und Zulieferindustrie sowie Dienstleistern können die Proceedings wertvolle Antworten auf topaktuelle Fragen geben.

Today, a steadily growing store of information is called for in order to understand the increasingly complex technologies used in modern automobiles. Functions, modes of operation, components and systems are rapidly evolving, while at the same time the latest expertise is disseminated directly from conferences, congresses and symposia to the professional world in ever-faster cycles. This series of proceedings offers rapid access to this information, gathering the specific knowledge needed to keep up with cutting-edge advances in automotive technologies, employing the same systematic approach used at conferences and congresses and presenting it in print (available at Springer.com) and electronic (at Springer Link and Springer Professional) formats.

The series addresses the needs of automotive engineers, motor design engineers and students looking for the latest expertise in connection with key questions in their field, while professors and instructors working in the areas of automotive and motor design engineering will also find summaries of industry events they weren't able to attend. The proceedings also offer valuable answers to the topical questions that concern assessors, researchers and developmental engineers in the automotive and supplier industry, as well as service providers.

Weitere Bände in der Reihe http://www.springer.com/series/13360

Proceedings

Johannes Liebl · Gotthard Rainer
(Hrsg.)

VPC.plus 2014

Simulation und Test für die Antriebsentwicklung
16. MTZ-Fachtagung

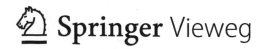 Springer Vieweg

Hrsg.
Johannes Liebl
Moosburg, Deutschland

Gotthard Rainer
AVL List GmbH
Graz, Österreich

ISSN 2198-7432   ISSN 2198-7440   (electronic)
Proceedings
ISBN 978-3-658-23774-5   ISBN 978-3-658-23775-2   (eBook)
https://doi.org/10.1007/978-3-658-23775-2

Die Deutsche Nationalbibliothek verzeichnet diese Publikation in der Deutschen Nationalbibliografie; detaillierte bibliografische Daten sind im Internet über http://dnb.d-nb.de abrufbar.

Springer Vieweg

Verantwortlich im Verlag: Markus Braun

Springer Vieweg ist ein Imprint der eingetragenen Gesellschaft Springer Fachmedien Wiesbaden GmbH und ist ein Teil von Springer Nature
Die Anschrift der Gesellschaft ist: Abraham-Lincoln-Str. 46, 65189 Wiesbaden, Germany

Vorwort

Mit der VPC.plus werden wir den gesamten Produktentwicklungsprozess des Antriebsstrangs unter Einbeziehung von Simulation und Testen betrachten. Im Mittelpunkt stehen in diesem Jahr die Themen Thermodynamik und Emissionen mit besonderer Beachtung von Real Driving Emissions, Mechanik und Werkstoffverhalten sowie Energieund Thermomanagement. Die in der Vorjahresveranstaltung intensiv diskutierte Gesamtsystem-Betrachtung führen wir aufgrund der guten Resonanz und weiterhin offener Fragen fort.

Entsprechend widmet sich die diesjährige Podiumsdiskussion den Zusammenarbeitsformen mit dem Titel: „Integrativ, effektiv und interdisziplinär? Simulation und Test im Zukunfts-Check". Erstmals bieten wir Ihnen zeitweise zwei parallel laufende Vortragszüge an, die jeweils Themen sowohl aus der Simulation als auch aus dem Test behandeln. Auf der MTZ-Fachtagung VPC.plus profitieren Sie am 30. September und 1. Oktober 2014 in Hanau von einer etablierten Plattform, die erfolgreiche Anwendungen, neue Prozesse und Zukunftstrends rund um den Virtual Powertrain aufzeigt.

Im Namen des Wissenschaftlichen Beirats laden wir Sie herzlich dazu ein. Diskutieren Sie mit über den wirtschaftlichen und zielorientierten Einsatz von Simulations- und Testwerkzeugen in Entwicklung und Applikation. Nutzen Sie die Gelegenheit, Ihr Netzwerk zu erweitern und wertvolle Branchenkontakte zu knüpfen. Wir freuen uns auf Ihr Kommen!

Für den Wissenschaftlichen Beirat
Dr. Gotthard Rainer
Dr. Johannes Liebl

Inhaltsverzeichnis

Autorenverzeichnis

Prof. Dr. Dr. h.c. Albert Albers Karlsruher Institut für Technologie (KIT), Karlsruhe, Deutschland

Halil Ars BMW Group, München, Deutschland

Dr. Matthias Behrendt Karlsruher Institut für Technologie (KIT), Karlsruhe, Deutschland

Prof. Dr. Christian Beidl TU Darmstadt, Darmstadt, Deutschland

Nikola Bobicic TU Wien, Wien, Österreich

Wolfram Bohne BMW Group, München, Deutschland

Simon Boog Karlsruher Institut für Technologie (KIT), Karlsruhe, Deutschland

Marcus Boumans Robert Bosch GmbH, Stuttgart, Deutschland

T. Bruchmüller Karlsruher Institut für Technologie (KIT), Karlsruhe, Deutschland

Markus Burchert IAV GmbH, Berlin, Deutschland

Prof. David Chalet Ècole Centrale de Nantes, Nantes, Frankreich

Kai Deppenkemper RWTH Aachen University, Aachen, Deutschland

Avnish Dhongde RWTH Aachen University, Aachen, Deutschland

Eckhardt Eisenbeil MAN Diesel & Turbo SE, Augsburg, Deutschland

Dr. Uta Fischer Robert Bosch GmbH, Stuttgart, Deutschland

Björn Franzke RWTH Aachen University, Aachen, Deutschland

Jan Gerstenberg Bosch Engineering GmbH, Abstatt, Deutschland

Thomas Grandin MANN+HUMMEL France SAS, Laval, Frankreich

Dr. Manuel Gräber TLK-Thermo GmbH, Braunschweig, Deutschland

H. Hartlief Bosch Engineering GmbH, Abstatt, Deutschland

Dr. Heidelinde Holzer BMW Group, München, Deutschland

Dr. Pascal Kiwitz Liebherr Machines Bulle SA, Bulle, Schweiz

Matthias Kluin TU Darmstadt, Darmstadt, Deutschland

Dr. Peter A. Klumpp AUDI AG, Ingolstadt, Deutschland

Prof. Dr. Gunter Knoll IST Ingenieurgesellschaft für Strukturanalyse und Tribologie mbH, Aachen, Deutschland

Dr. Michael Kordon AVL List GmbH, Graz, Österreich

Christian Kozlik AVL List GmbH, Graz, Österreich

Thorsten Krenek TU Wien, Wien, Österreich

Morten Kronstedt APL Automobil-Prüftechnik Landau GmbH, Landau, Deutschland

Dr. Bernard Läer Volkswagen AG, Wolfsburg, Deutschland

Dr. Jochen Lang IST Ingenieurgesellschaft für Strukturanalyse und Tribologie mbH, Aachen, Deutschland

Dr. Thomas Lauer TU Wien, Wien, Österreich

Dr. Nicholas Lemke TLK-Thermo GmbH, Braunschweig, Deutschland

Christian Lensch-Franzen APL Automobil-Prüftechnik Landau GmbH, Landau, Deutschland

Christoph Ley Daimler AG, Stuttgart, Deutschland

Andreas Linke MAN Diesel & Turbo SE, Augsburg, Deutschland

P. Macri-Lassus Daimler AG, Stuttgart, Deutschland

Jan Mädler TU Darmstadt, Darmstadt, Deutschland

Hauke Maschmeyer TU Darmstadt, Darmstadt, Deutschland

Kevin Matros Karlsruher Institut für Technologie (KIT), Karlsruhe, Deutschland

Prof. Dr. F. Mauß BTU Cottbus, Stuttgart, Deutschland

Dr. Haitham Mezher Ècole Centrale de Nantes, Nantes, Frankreich

Jérôme Migaud MANN+HUMMEL France SAS, Laval, Frankreich

Bastian Morcinkowski RWTH Aachen University, Aachen, Deutschland

Prof. Dr. Franz X. Moser AVL List GmbH, Graz, Österreich

Prof. Dr. Stefan Pischinger RWTH Aachen University, Aachen, Deutschland

Dr. Wolfgang Puntigam AVL List GmbH, Graz, Österreich

Vincent Raimbault MANN+HUMMEL France SAS, Laval, Frankreich

Ekkehard Rieder AUDI AG, Ingolstadt, Deutschland

Prof. Dr. Adrian Rienäcker Universität Kassel, Kassel, Deutschland

Alexander Rieß MAN Diesel & Turbo SE, Augsburg, Deutschland

Dr. Carsten Schedlinski ICS Engineering GmbH, Dreieich, Deutschland

Dr. Alexander Schilling Liebherr Machines Bulle SA, Bulle, Schweiz

Markus Schöttle Springer Fachmedien Wiesbade GmbH, Wiesbaden, Deutschland

Mario Schwalbe IAV GmbH, Berlin, Deutschland

Celia Soteriou Delphi Diesel Systems Ltd., Gillingham, UK

Dr. R. Steiner Daimler AG, Stuttgart, Deutschland

Dr. S. Tafel Bosch Engineering GmbH, Abstatt, Deutschland

Dr. Wilhelm Tegethoff TLK-Thermo GmbH, Braunschweig, Deutschland

Helmut Theissl AVL List GmbH, Graz, Österreich

Ian Thornthwaite Delphi Diesel Systems Ltd., Gillingham, UK

Dr. Werner Tober AVL List GmbH, Graz, Österreich

Dr. Ulf Waldenmaier MAN Diesel & Turbo SE, Augsburg, Deutschland

Stefan Wallmüller Liebherr Machines Bulle SA, Bulle, Schweiz

Michael Werner Dassault Systèmes SIMULIA, Vélizy-Villacoublay, Frankreich

Dr. F. Wirbeleit Bosch Engineering GmbH, Abstatt, Deutschland

Kai Voigt AVL List GmbH, Graz, Österreich

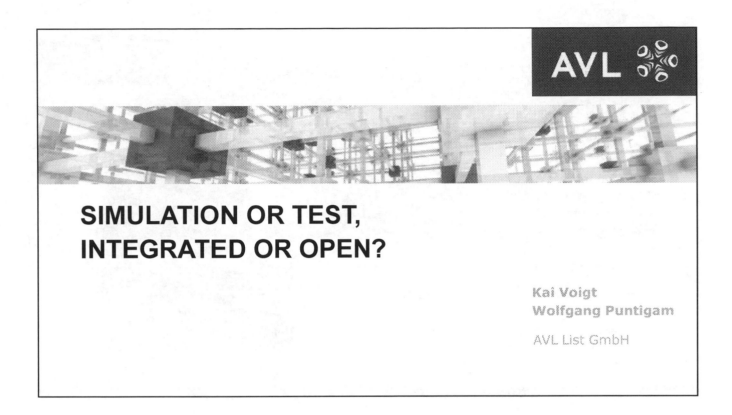

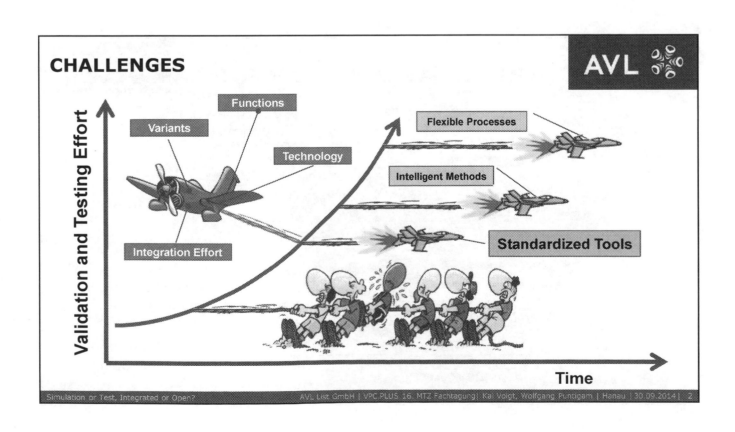

CHALLENGES

DEVELOP AND SECURE A GROWING NUMBER OF **VARIANTS** WITH
INCREASING **COMPLEXITY** WITHIN **SHORTER** PERIODS OF **TIME**

How can we have early evaluation and validation.

Approximately **60%** of development time no real prototype available

---

APPROACH
V-MODEL WITH MODEL BASED DEVELOPMENT

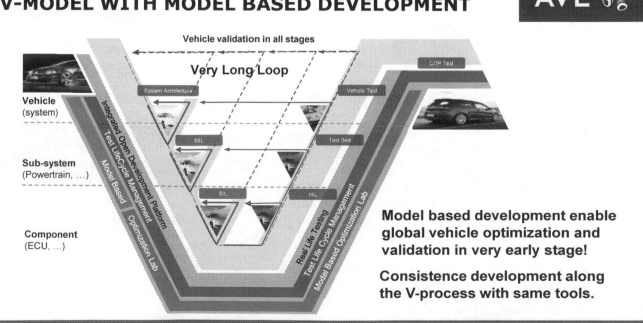

Model based development enable global vehicle optimization and validation in very early stage!

Consistence development along the V-process with same tools.

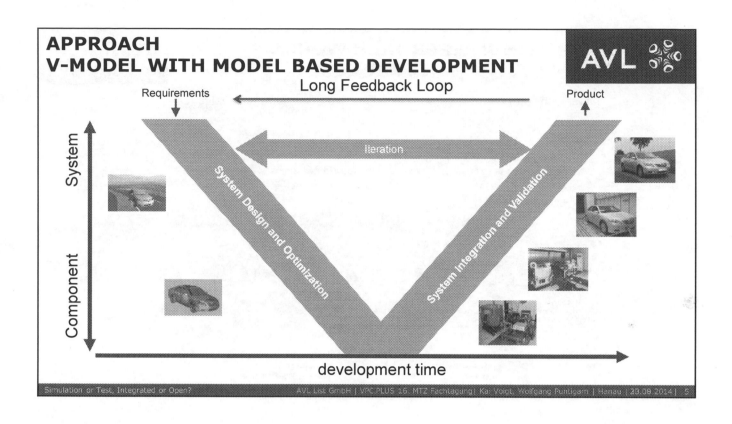

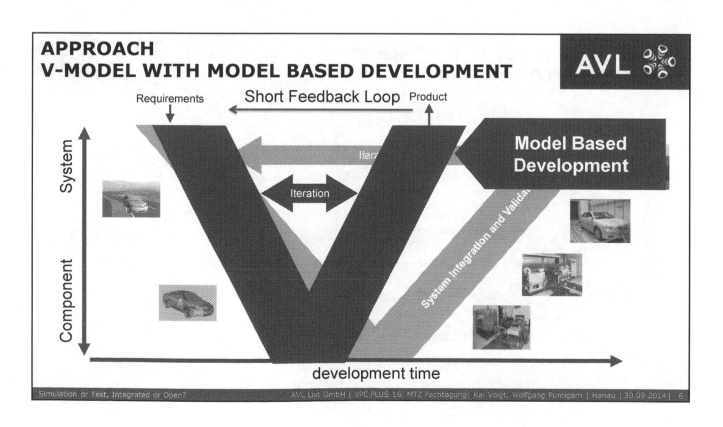

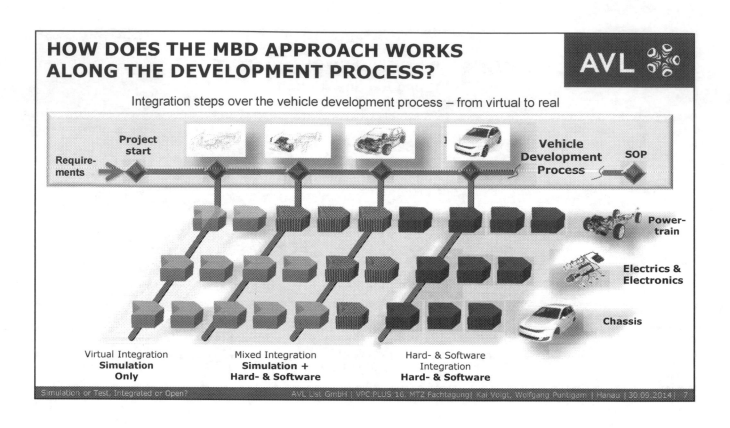

HOW DOES THE MBD APPROACH WORKS ALONG THE DEVELOPMENT PROCESS?

Integration steps over the vehicle development process – from virtual to real

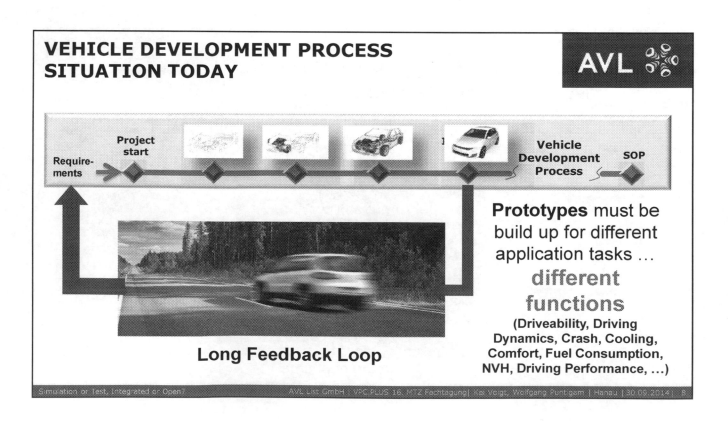

VEHICLE DEVELOPMENT PROCESS SITUATION TODAY

VEHICLE DEVELOPMENT PROCESS
INCREASE EFFICIENCY

AVL

Integration steps over the vehicle development process – from virtual to real

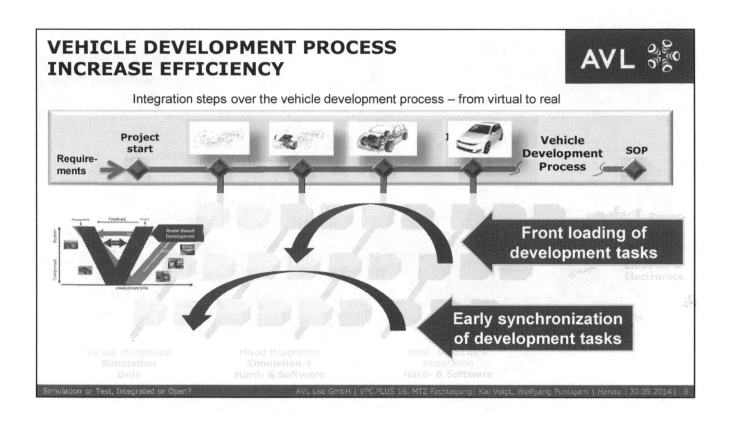

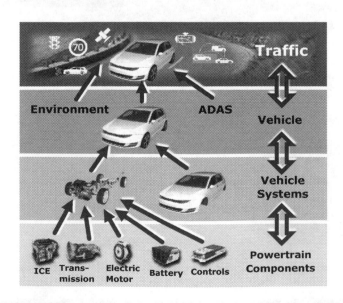

VEHICLE DEVELOPMENT PROCESS
INCREASE EFFICIENCY

AVL

Proving new development environments for progressive functional integration

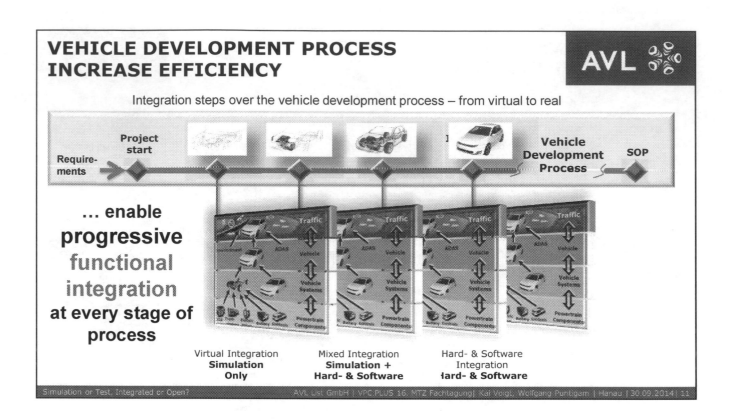

VEHICLE DEVELOPMENT PROCESS
INCREASE EFFICIENCY

Integration steps over the vehicle development process – from virtual to real

... enable **progressive** functional integration at every stage of process

Virtual Integration
Simulation Only

Mixed Integration
Simulation + Hard- & Software

Hard- & Software Integration
Hard- & Software

HOW TO ESTABLISH FUNCTIONAL INTEGRATION WITHIN THE VEHICLE DEVELOPMENT PROCESS?

HOW TO ESTABLISH WITHIN THE VEHICLE DEVELOPMENT PROCESS

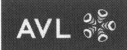

Learn from
existing processes

**Digital Mock Up
DMU - Process**

Transfer
to the functional world

**Hardware Integration
Process/ Prototype
Workshop**

Real World Testing

WHY IS FUNCTIONAL INTEGRATION DIFFERENT FROM 3D AND HARDWARE INTEGRATION?

Geometrical Integration

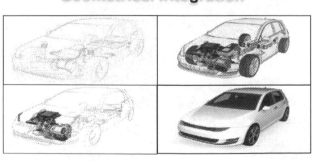

Description of **3 dimensions** in space

Is the geometrical property fulfilled?

Functional Integration

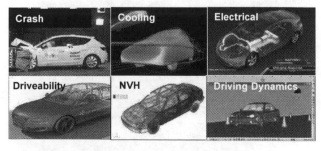

Description of **n physical dimension**

Are all physical properties fulfilled?

WHY IS FUNCTIONAL INTEGRATION DIFFERENT FROM 3D AND HARDWARE INTEGRATION?

Geometrical Integration

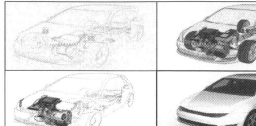

Description of **3 dimensions** in space

1 Geometrical **Prototype**
(virtual/real)

Functional Integration

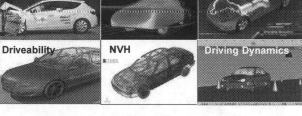

Description of **n physical dimension**

N Functional **Prototypes**
(virtual/real)

HARDWARE FUNCTIONAL INTEGRATION AS PARADIGM FOR VIRTUAL FUNCTIONAL INTEGRATION?

- Component, module and subsystem integration

- Vehicle integration (assembling)

WHY IS FUNCTIONAL INTEGRATION A CHALLENGE OVER THE DEVELOPMENT PROCESS?

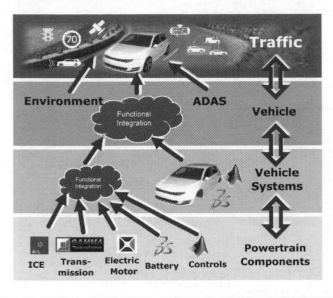

Heterogeneous landscape of simulation tools/ models and testing environments

Different skills of people in different **departments** within the organization

PROGRESSIVE FUNCTIONAL INTEGRATION

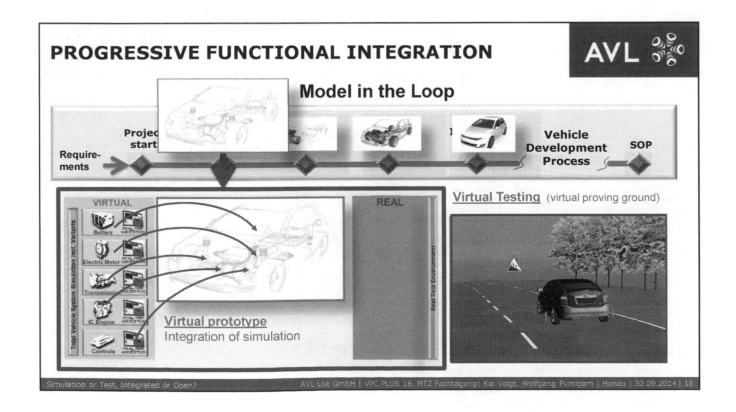

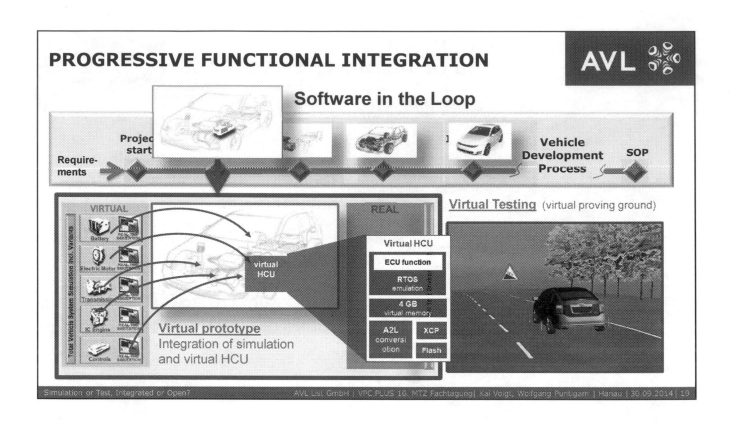

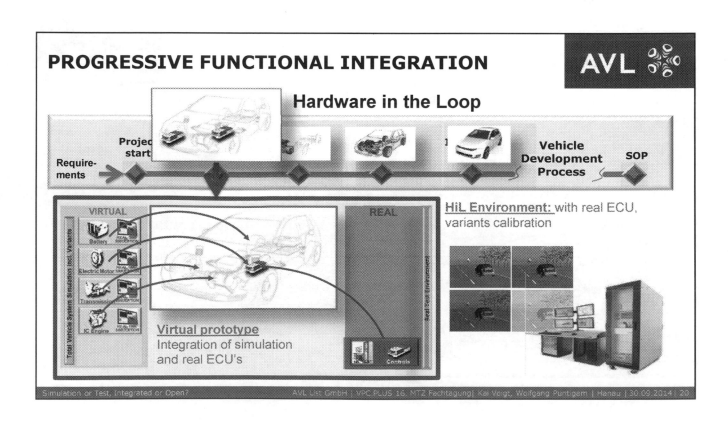

PROGRESSIVE FUNCTIONAL INTEGRATION
EXAMPLE: CALIBRATION

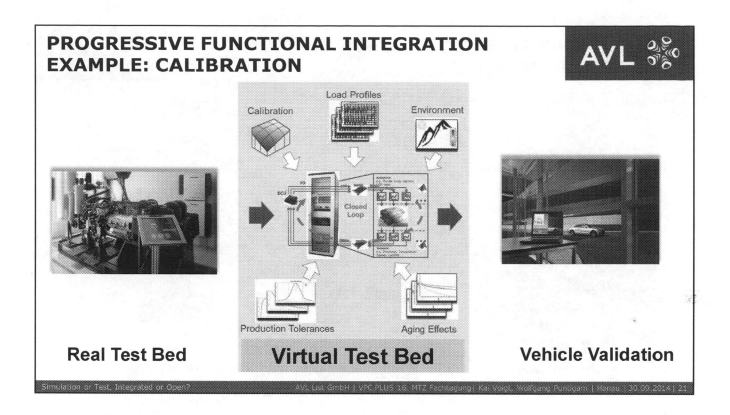

Real Test Bed **Virtual Test Bed** **Vehicle Validation**

PROGRESSIVE FUNCTIONAL INTEGRATION

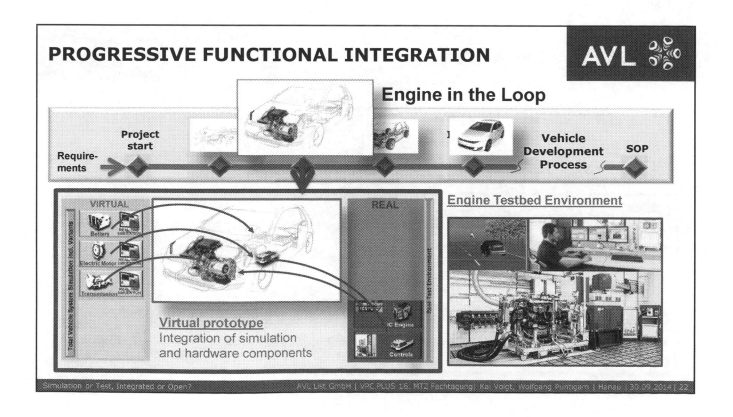

PROGRESSIVE FUNCTIONAL INTEGRATION EXAMPLE: DRIVABILITY

AVL

Drivability Optimization with Vehicle Simulation Model

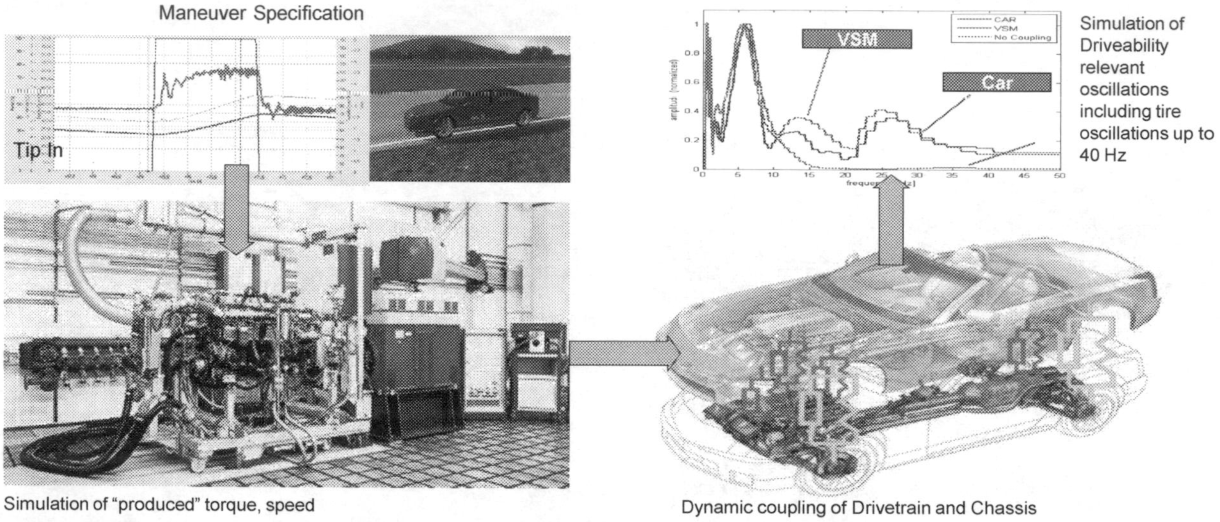
Maneuver Specification
Tip In
VSM
Car
CAR
VSM
No Coupling
Simulation of Driveability relevant oscillations including tire oscillations up to 40 Hz
Simulation of "produced" torque, speed
Dynamic coupling of Drivetrain and Chassis

PROGRESSIVE FUNCTIONAL INTEGRATION

AVL

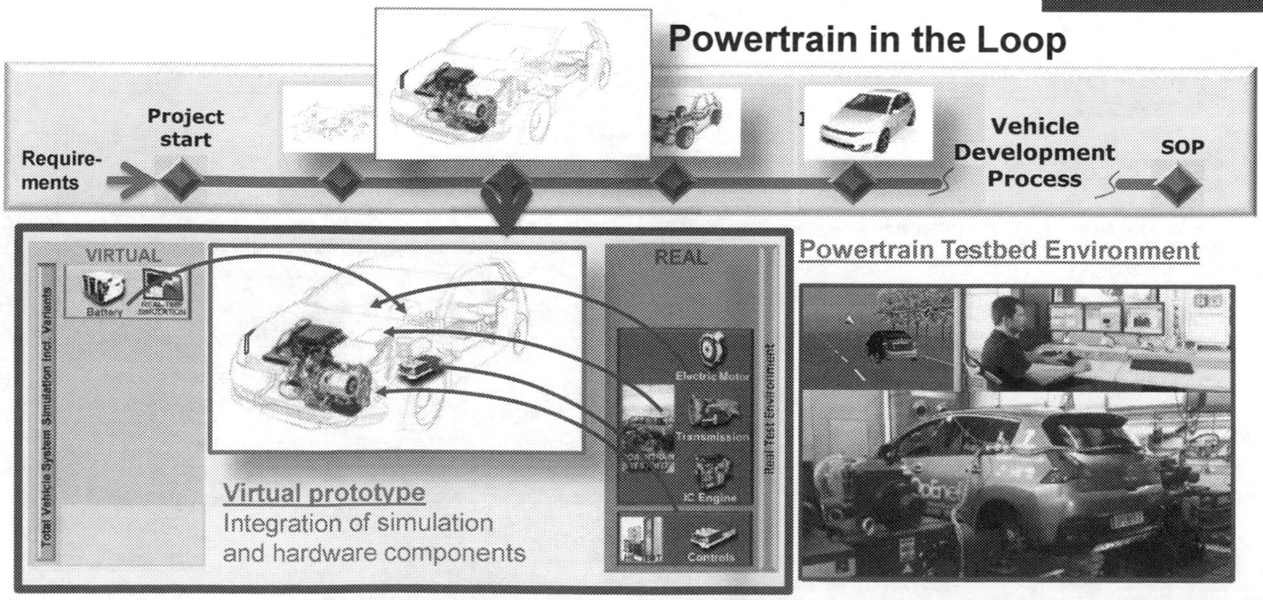
Powertrain in the Loop
Requirements
Project start
Vehicle Development Process
SOP
VIRTUAL
Battery
REAL
Electric Motor
Transmission
IC Engine
Controls
Real Test Environment
Total Vehicle System Simulation incl. Variants
Virtual prototype
Integration of simulation and hardware components
Powertrain Testbed Environment

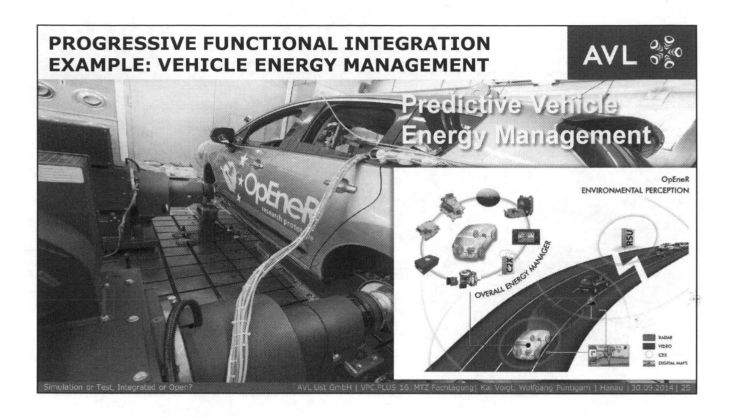

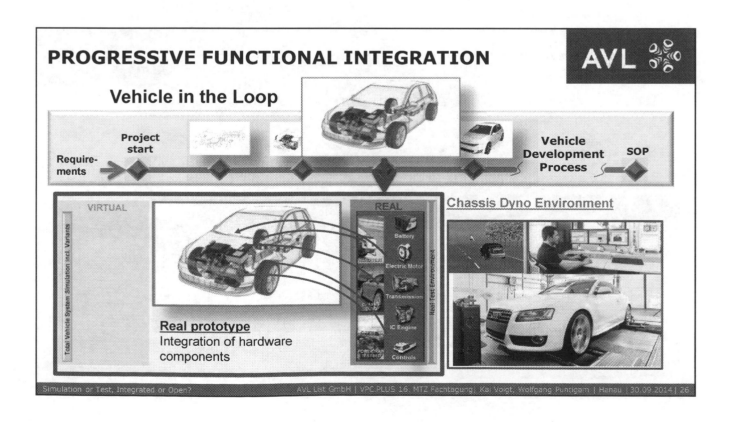

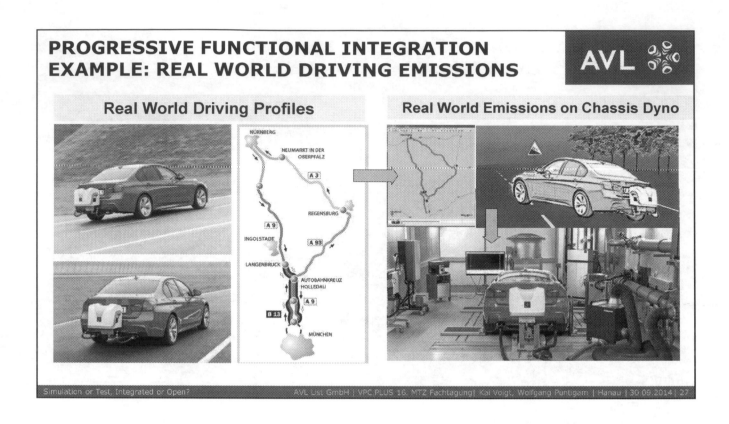

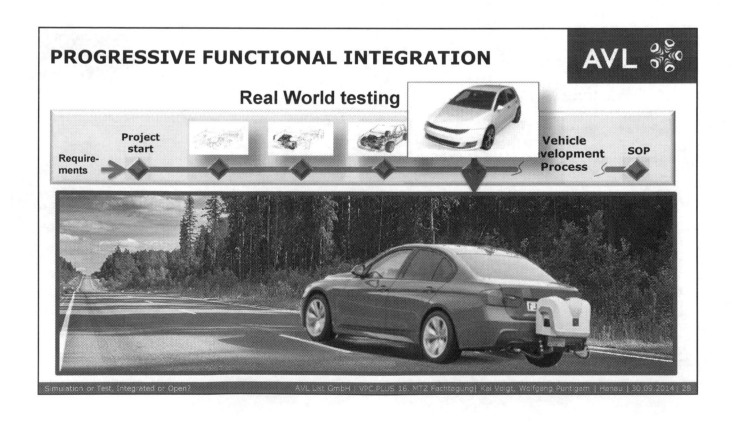

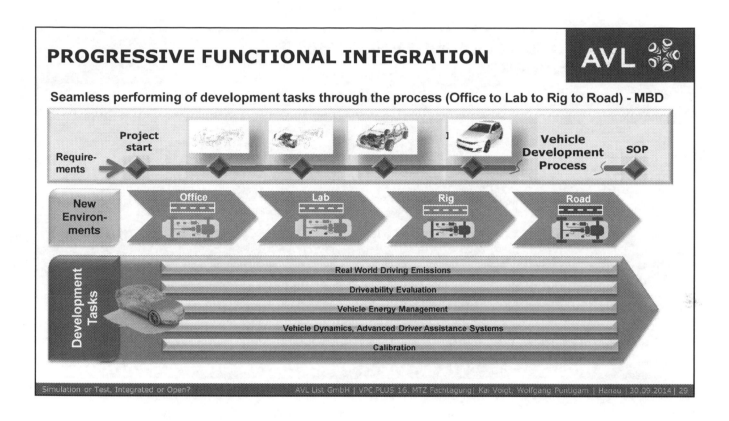

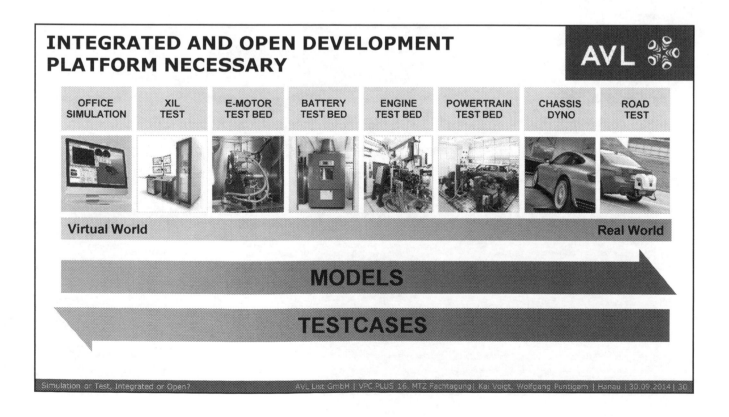

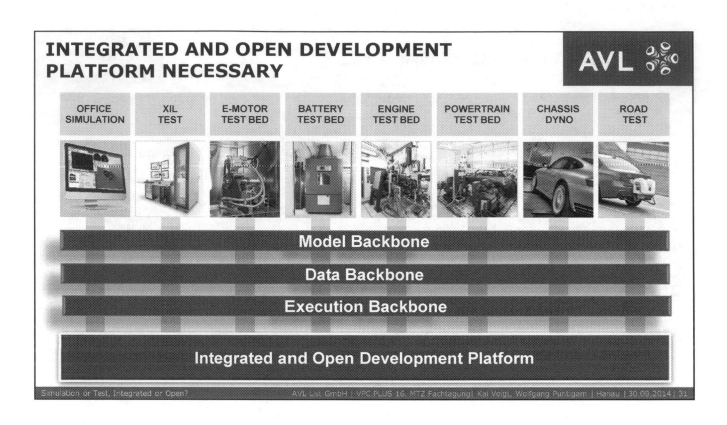

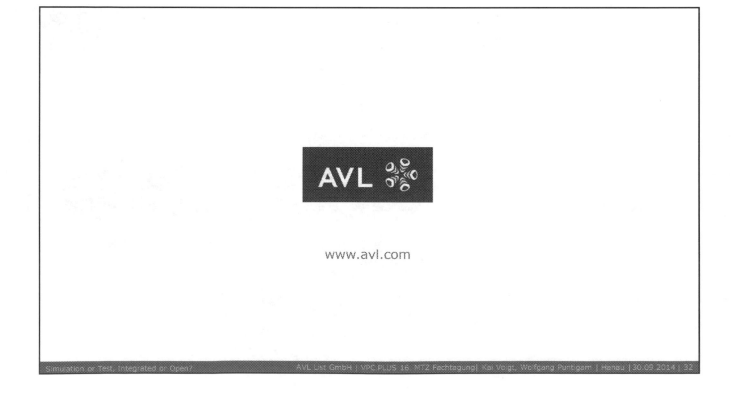

Durchgängiger Entwicklungsprozess für Real Driving Emissions-Untersuchungen – Von der Simulation bis zur PEMS-Messung auf der Straße

Hauke Maschmeyer, M.Sc.
Wissenschaftlicher Mitarbeiter des Instituts für Verbrennungskraftmaschinen und Fahrzeugantriebe der TU Darmstadt (Vortragender)

Dipl.-Ing. Matthias Kluin
Wissenschaftlicher Mitarbeiter des Instituts für Verbrennungskraftmaschinen und Fahrzeugantriebe der TU Darmstadt (Co-Autor)

Jan Mädler, B.Sc
Masterand des Instituts für Verbrennungskraftmaschinen und Fahrzeugantriebe der TU Darmstadt (Co-Autor)

Prof. Dr. techn. Christian Beidl
Institutsleiter des Instituts für Verbrennungskraftmaschinen und Fahrzeugantriebe der TU Darmstadt (Co-Autor)

Alle: Technische Universität Darmstadt
    Institut für Verbrennungskraftmaschinen und Fahrzeugantriebe
    Otto-Berndt-Straße 2
    64287 Darmstadt

© Springer Fachmedien Wiesbaden GmbH, ein Teil von Springer Nature 2018
J. Liebl und G. Rainer (Hrsg.), *VPC.plus 2014*, Proceedings,
https://doi.org/10.1007/978-3-658-23775-2_2

Motivation

Die Atemluft in den Mitgliedsstaaten zu verbessern, ist ein Kernziel der EU. Dazu wurde im März 2001 das sog. „Saubere Luft für Europa" (CAFE) Programm initiiert. Im Rahmen dessen wurden Ziele für die Luftqualität definiert und eine Strategie zur Erreichung dieser aufgestellt [1] S. 1. Ein entscheidender Beitrag dafür soll ebenfalls vom Transportsektor geleistet werden, was sich für die PKW in der Einführung der Euro-5 und Euro-6 Abgasnormen widerspiegelt.

Bestrebungen die Luftqualität durch Begrenzung der Schadstoffemissionen von Fahrzeugen zu steigern, gab es jedoch schon vor der Einführung des CAFE-Programms, wie die Historie der Abgasnormen mit der Einführung von Euro-1 bereits im Jahre 1993 zeigt. Euro-1 bis Euro-5 setzten bei der Zielerreichung auf immer strengere Emissionslimits und Einführung weiterer limitierter Abgaskomponenten wie z.B. Partikel. Trotz dessen wurde laut EU keine ausreichende Immissionsverbesserung erreicht [2] S. 4, was in Figure 1 als Grenzwertüberschreitung (orangene und rote Punkte) gezeigt wird.

Figure 1: Jährliche mittlere Konzentration von PM10 (l.) und NO_2 (r.) in 2010 [3] S. 55

Trotz Einhaltung der gesetzlichen Schadstoffgrenzwerte bei der Homologation der Fahrzeuge wurden im Realbetrieb auf der Straße die Limits z.B. bei den Stickoxiden von Dieselfahrzeugen überschritten (s. Figure 2). Die Aussage des Gesetzgebers lautet, dass die Realfahrtemissionen von Euro-1 bis Euro-5 fast konstant geblieben seien [2] S. 8.

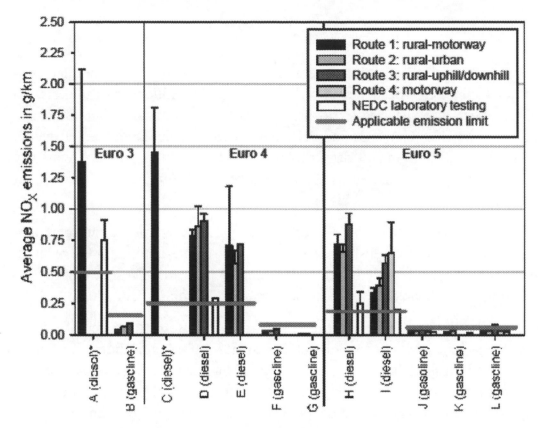

Figure 2: Mittlere NO_x-Emission von Dieselfahrzeugen versch. Abgasnormen [2] S. 6

Die Zielsetzung der EU für die Einführung der Real Driving Emissions Homologation (RDE) lässt sich somit hauptsächlich als die Effektivitätssteigerung der Emissionslimits mit Hinblick auf die reale Nutzung im Kundenalltag interpretieren. Präziser lassen sich folgende Ziele formulieren:

- Erhöhung der Übereinstimmung zwischen Verbrauchs- und Emissionsmessungen bei der Homologation mit den später im Feld gesammelten In-Use-Werten.
- Eliminierung kritischer Emissionseigenschaften auch im Realfahrbetrieb (z.B. NO_x-Peaks)

Um diese beiden Ziele zu erreichen wurde bereits 2007 bei der Planung von Euro-6 in der Verordnung 715/2007 der Bezug der Fahrzeugzertifizierung auf einen speziellen Testzyklus entfernt und durch den Verweis auf Prüfung unter "normal conditions of use" ersetzt [1]. So wird neben der klassischen Zertifizierung des Fahrzeugs auf dem Rollenprüfstand mit stationärer Messtechnik in Zukunft auch die Fahrzeugmessung mit Portable Emission Measurement Systems (PEMS) gefordert. Die Messungen finden somit auf der Straße statt und folgen keiner festgelegten Route oder Fahrervorgabe, sie müssen lediglich innerhalb definierter Randbedingungen liegen. Die Einführung der Straßenmessung ist mit Euro-6b Ende 2014 geplant. Die Grenzwerte besitzen aber erst ab 2017 mit Euro-6c Gültigkeit.

Was ist RDE?

Für die RDE Homologation steht fest, dass In-Fahrzeug-Messungen mit mobiler Gas- und Partikelmesstechnik erforderlich sein werden [2]. Der Definitionsprozess der Testprozedur seitens des Gesetzgebers ist noch nicht abgeschlossen. Aktueller Stand ist, dass die Messung von CO_2, CO, NO_x und PN verpflichtend werden könnten. Festgelegt sind lediglich die Randbedingungen der Prüfungsfahrt. Diese umfassen im Detail v.a. Umgebungsbedingungen, wie z.B. eine maximale Höhe von 1400 m ü. NN und ein zulässiger Temperaturbereich von -7 °C bis 30 °C.

Absichtlich nicht vorgegeben ist ein definierter Testzyklus, einzelne betriebspunktabhängige Eigenschaften von Antriebskonzepten und Steuergeräte-applikationen nicht zu stark zu gewichten. Der Prüfer wählt eine willkürliche Route aus. Diese muss voraussichtlich bestimmte Anteile an Stadt-, Überland- und Autobahnfahrt beinhalten.

Im Vergleich zur NEFZ-Zertifizierung wurde außerdem die Bewertung der Messfahrt geändert. Da diese nicht in einem definierten Prüfstandsumfeld stattfindet, der Fahrer einen erheblichen Einfluss hat und die Route an sich nicht feststeht, wird es Streuungen bzw. Unterschiede zwischen den jeweiligen Homologationsfahrten verschiedener Fahrzeuge geben. Die Einflussfaktoren, die dabei eine Rolle spielen, werden im Folgenden detaillierter diskutiert. Um den Effekt der Variation des Testens abzufangen gibt der Gesetzgeber zwei Methoden der Messdatenauswertung vor. Durchgesetzt haben sich bis heute die „EMROAD"-Methode des Joint Research Centers (JRC) sowie die „Clear"-Methode der TU Graz. Beiden Methoden ist das Ziel gemein, die Messdaten zu normalisieren und mit den Ergebnissen aus der WLTC-Rollenprüfstandsprüfung, die ab Euro-6c mit der Global Technical Regulation 15 in 2017 verpflichtend wird, vergleichbar zu machen. So soll eine hinsichtlich Einhaltung der Emissionsgrenzwerte herausfordernde Messfahrt (durch z.B. einen aggressiven Fahrer, extreme Umgebungsbedingungen o.ä.) weniger streng und eine wenig anspruchsvolle eher kritischer bewertet werden. Ziel der EU ist es somit, nicht die PEMS-Fahrten an sich, sondern deren Bewertung und damit die Aussage „Prüfung bestanden oder nicht", reproduzierbar zu gestalten. Die Prüfung ist bestanden, wenn das Messergebnis unter dem RDE-Limit liegt. Das RDE-Limit ist das Euro-6-Limit multipliziert mit einem „Compliance-Faktor" (CF >1). Dieser soll laut EU die Unsicherheiten der PEMS-Prüfung auffangen. Wie hoch der CF ist, hängt auch von der Prüffahrt ab. Wird erkannt, dass es sich um eine herausfordernde Prüfung gehandelt hat, wird mittels höherem CF das zulässige RDE-Limit erhöht.

Für eine genauere Beschreibung der beiden Auswerteverfahren sei auf [4] und [5] verwiesen.

Herausforderungen durch RDE

Die RDE-Messfahrt erweitert grundsätzlich den Betriebsbereich des Antriebsstrangs, der bei der Zertifizierung angefahren werden kann, auf den gesamten Kennfeldbereich des Verbrennungsmotors. Das hat Auswirkungen auf die verbauten Technologien. So muss eine Abgasnachbehandlung in einem erweiterten Randbedingungsbereich hinsichtlich Temperaturen und Volumenströme arbeiten. Die Anfettung des Gemisches in hohen Lastpunkten und das Scavenging zur Steigerung des Ansprechverhaltens von Downsizing-Ottomotoren im niedrigen Drehzahlbereich, stellen in Zukunft aufgrund der schwierigen Abgasnachbehandlung in diesen Betriebsbereichen mit dem Dreiwegekatalysator neue grundlegende Herausforderungen dar.

Eine weitere massive Herausforderung für die Entwicklung ist der Verlust des gut bekannten NEFZ-Bezugszyklus. Die bisherige Entwicklungsweise für diesen sehr wichtigen Bezugstest als essenzielle Bewertungsgröße ist seit mehreren Jahren in Anwendung. Das bedeutet, dass i.d.R. ein großer Erfahrungsschatz vorhanden ist. Dieser ist jedoch für die kommende Gesetzgebung mit RDE wenig hilfreich. Die Erfüllung von Emissionslimits in definierten Prüfzyklen stellt nur noch den ersten Schritt dar. Hier gilt es neue Erfahrungen mit den verschiedenen Fahrzeugantriebssträngen im RDE-Kontext zu sammeln. Mit dem Wegfall des Bezugszyklus NEFZ geht viel wichtiger noch ein Wegfall der Gewissheit des zuverlässigen Bestehens der bis auf wenige Randbedingungen unbekannten Emissionszertifizierung einher. Es stellt sich die Frage, wie dieses dennoch sichergestellt werden kann, ohne zeit- und kostenintensiv eine hohe Anzahl denkbarer Szenarien zu testen und dabei Wettbewerbsnachteile zu erzeugen. RDE ist daher nicht nur das Ergänzen der klassischen Zertifizierung um einen weiteren Schritt (der Messung auf der Straße), sondern erfordert einen Paradigmenwechsel in der Entwicklung: Von einer Kennfeldbereichs- hin zu einer Eventoptimierung. Denn neben dem erweiterten Kennfeldbereichen sind gerade die transienten Effekte (Lastsprung, Motorstart, Schaltvorgang, …) oftmals Ursache eines kritischen Emissionsevents. Um die unbekannte Zertifizierung zu bestehen, muss daher gerade in der Entwicklung ein Fokus auf die Vermeidung solcher Events gelegt werden. Das erfordert ein Umdenken von zyklus- hin zu einer manöverbasierten Vorgehensweise mit Berücksichtigung einer Fahrer-Fahrzeug-Umwelt-Interaktion.

Das ist insbesondere auch deswegen wichtig, da für die vielen unterschiedlichen Antriebskonzepte verschiedene kritische Events auftreten werden. So hat der Plug-in-Hybrid u.U. Probleme mit dem Auskühlen des Abgasstrangs und ggf. mit Verbrennungsmotorstarts oder der DI-Ottomotor bei Momentensprüngen mit der Partikelanzahlemission. In der Entwicklung muss somit der Individualität der emissionstechnischen Herausforderungen ein besonderer Stellenwert eingeräumt werden. Diese kritischen Eigenschaften eines Antriebsstrangs gezielt, prozessunterstützt zu identifizieren und frühzeitig in der Entwicklung zu eliminieren, ist zukünftig eine elementare Herausforderung. Die Entwicklungsarbeiten sind so auf die Validierung eines fahrzeugindividuellen Worst-case-Bezugstest, ergänzt um Robustheitstests, sowie Zertifizierungs- und Kundenzyklen fokussierbar.

Massiven Einfluss auf das transiente Emissionsverhalten hat neben der Antriebsstrangarchitektur und der dazugehörigen Komponentenauswahl und -dimensionierung v.a. die Applikation des Verbrennungsmotors. Auch das intelligente Zusammenarbeiten elektrischer Komponenten eines Hybridfahrzeugs auf Betriebsstrategieebene gewinnt im Kontext von RDE an Bedeutung.

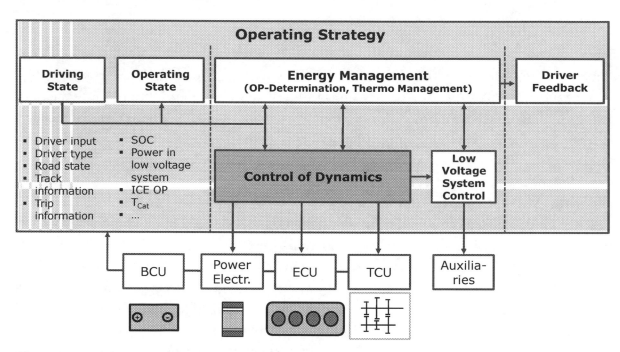

Figure 3: Betriebsstrategiestruktur mit Fokus auf die transiente Komponentensteuerung vgl. [6]

Eine Entwicklung mit Schwerpunktlegung auf das Energiemanagement der Komponenten ist mit der zukünftigen Zertifizierung nicht länger zielführend. Potenzial zur Einhaltung der Emissionslimits bei der Straßenprüfung bietet daher v.a. die „Control of Dynamics" aus Figure 3, die durch intelligentes Weiterleiten und ggf. Anpassen der Sollwerte des Energiemanagements Emissionspeaks bei transienten Manövern verhindern muss. Diese für die RDE-Prüfung essenziellen Funktionen, die dann vermehrt im Zielkonflikt mit Fahrbarkeit bzw. Fun-to-drive stehen, frühestens mit dem ersten Prototypenfahrzeug auf der Straße zu entwickeln, ist aufgrund der vielfältigen Wechselwirkungen zwischen Betriebsstrategie, Antriebsstrangarchitektur und Komponenten nicht zielführend. Ein Entwicklungsumfeld muss frühzeitig Optimierungs- und Validierungsmöglichkeiten zur Verfügung stellen, was mit den bisherigen Motorprüfstandsverfahren eines sollwertgeführten Testens nicht darstellbar ist.

Die Erweiterung der Zertifizierungsumgebung um die Straße bringt viele nicht beeinflussbare Randbedingungen wie Wetter, Verkehr, Fahrstrecke, Fahrzeug und Fahrerverhalten mit sich. Berücksichtigt man diese zusammen mit der Tatsache, dass die PEMS-Prüfung im RDE-Kontext in Zukunft den Prüfungs-Benchmark darstellt, muss in einem Entwicklungsumfeld die Straße als neue Referenz anerkannt werden. Das bedeutet konkret, dass zu Bewertungszwecken in Zukunft vermehrt Straßenmessdaten herangezogen werden.

Auch die Bewertung, welche Emissionsausstöße kritisch sind, verändert sich mit der Einführung von RDE. Dessen Auswertemethoden liefern neue Schlüsselkennzahlen, die es zu beachten gilt. Teilweise kritische Emissionsausstöße sind aufgrund von Exclusions der gesetzlichen Auswertemethoden (z.B. zu geringe Kühlwassertemperaturen führen zu einem Auslassen eines Auswertefensters) vielleicht nicht zertifizierungsrelevant und somit als tendenziell unkritischer anzusehen. Hohe Spitzen verlieren durch die Mittelung eines Auswertefensters evtl. an Einfluss. Das verdeutlicht die Notwendigkeit die Auswertemethoden bereits in frühen Entwicklungsphasen, z.B. am Motorenprüfstand bei den ersten transienten Emissionsmessungen einzusetzen.

Eine Entwicklungsumgebung muss ebenfalls zukünftige Trends der Fahrzeugentwicklung berücksichtigen. Ein Trend ist die kontinuierliche Steigerung der Fahrzeugkomplexität. Es müssen nicht nur diversifizierungsbedingt mehr Fahrzeuge in kürzerer Zeit entwickelt werden, diese sind zusätzlich komplexer (z.B. aufgeladene Downsizing-Motoren vs. Saugmotoren). Einen weiteren Trend stellen der Bereich der Advanced Driver Assistance Systems oder der Oberbegriff „Connectivity" dar. Diese definieren eine neue Anforderungsqualtität, da sie über die Betriebsweise hinaus auch die Fahrweise eines Fahrzeugs beeinflussen können (z.B. Autonome Längsführung, optimierte Fahrerempfehlungen in Abhängigkeit von Verkehrsdichte und Ampeln, etc.) und per se nicht mit der Geschwindigkeit als Sollwert und ohne Straße sowie Verkehr entwickelbar sind. Spätestens dafür muss die Fahrer-Fahrzeug-Umweltinteraktion im Entwicklungsprozess berücksichtigt werden [7].

Anforderungen an die RDE-Entwicklungsumgebung

Allgemeine Anforderungen an eine Entwicklungsumgebung sind geringe Kosten, hohe Zeiteffizienz, hohe Automatisierbarkeit, hohe Verfügbarkeit, hohe Flexibilität, hohe Ergebnisgenauigkeit sowie eine hohe Sicherheit bei der Verwendung. Die Umgebung soll den Anwender dabei unterstützen, wichtige Entscheidungen möglichst früh im Entwicklungsprozess zu treffen. D.h., dass z.B. grundlegenden Entscheidungen bereits auf dem Motorenprüfstand getroffen werde müssen, um eine späte und somit überproportional teurere Fehleridentifikation zu vermeiden. Dazu müssen so früh wie möglich im gesamten Entwicklungsprozess Validierungsmöglichkeiten für RDE generiert werden. Das unterstützt die Forderungen einer Abbildbarkeit von Realfahrten mit den dazugehörigen

Einflussgrößen auf dem Motorenprüfstand. Dieser soll idealerweise auch die Nachteile einer Entwicklung auf der Straße ausgleichen. Dies umfasst somit hauptsächlich parametrierbare Testrandbedingungen (Fahrer, Fahrzeug, Wetter, Verkehr, Fahrstrecke, ...) für eine gute Reproduzierbarkeit, aber auch die Herausforderungen der praktischen Umsetzung einer PEMS-Straßenmessung (Einbau der Messtechnik im Fahrzeuginneren, Zugänglichkeit der Messstellen, Masse einer PEMS-Anlage usw.).

Bei der PEMS-Zertifizierungsfahrt hat der Fahrer großen Einfluss auf die Stimulierung eines Antriebsstrangs, was verhaltensabhängig unterschiedlich kritische Betriebsweisen erzeugt. So ist bei einem rein verbrennungsmotorisch betriebenen Fahrzeug wahrscheinlich ein aggressiver, sportlicher Fahrer mit seinen dynamischen Lastpunktwechseln als am kritischsten zu bewerten; bei einem Plug-in-Dieselhybriden ist es u.U. vielleicht das Gegenteil eines defensiven Fahrers, bei dem es möglicherweise zu thermischen Problemen der Abgasreinigung kommen kann. Solche Unterschiede und die sich daraus ergebenden Entwicklungsaufgaben müssen durch den auf RDE abgestimmten Entwicklungsprozess identifizierbar und anschließend optimierbar sein. Da solche Erkenntnisse sich bis auf die Komponentenauswahl auswirken, sollte der Fahrereinfluss ebenfalls bereits am Motorenprüfstand, an dem erste Emissionsanalysen stattfinden, darstellbar und bewertbar sein.

Durchgängigkeit im Entwicklungsprozess ist eine wichtige Anforderung, weil so die Übertragbarkeit der Methoden auf verschiedene Phasen im Prozess und die Vergleichbarkeit von Ergebnissen verschiedener Umgebungen (für RDE inklusive Straßenmessungen) sichergestellt wird. Darüber hinaus entstehen Anforderungen in Abhängigkeit der zu bearbeitenden RDE-Aufgabe. Grundsätzlich sind zwei Use-cases zu unterscheiden:

Erstens gibt es die traditionelle Vorwärtsentwicklung für neue Produkte. Ergebnisse einer Prozessphase, wie System- und Funktionsdefinitionen, werden an die nächste übergeben. Nach einer kontinuierlichen Detaillierung der Systeme im linken V, soll im rechten mit jeder Phase eine Integration stattfinden, die Genauigkeit ansteigen und die Systemauslegung präzisiert werden. Im RDE-Kontext bedeutet das konkret v.a. die Übertragbarkeit von Prüfstandstests auf die Straße, die durch die Entwicklungsmethodik unterstützt werden soll.

Zweitens gibt es die Reproduktion von Realfahrten, welche wie bereits in Kapitel "Herausforderungen durch RDE" erwähnt, die neue Referenz in der Entwicklung bilden. Dieser Use-case fordert somit eine einfache Übertragung von der Straße auf den Rollen- bzw. Motorenprüfstand, um beispielsweise einen Fehler im bekannten, reproduzierbaren Umfeld zu analysieren bzw. überhaupt in der Lage zu sein die gleiche Fahrsituation erneut zu erzeugen. Eine Entwicklungsumgebung sollte in der Lage seine, durch das Fesseln etwaiger Freiheitsgrade eine Beispielfahrt exakt an den jeweiligen Prüfständen nachbilden zu können.

Lösungsansatz VKM-Entwicklungsumgebung

Ziel ist ein zeit- und kosteneffizientes Entwickeln komplexer Fahrzeugantriebsstränge (v.a. Hybride) unter Erfüllung zuvor definierter Anforderungen. Der von VKM entwickelte, dazugehörige Prozess einer RDE-Entwicklung gliedert sich in 7 Phasen, die an das Konzept des V-Modells angelehnt sind:

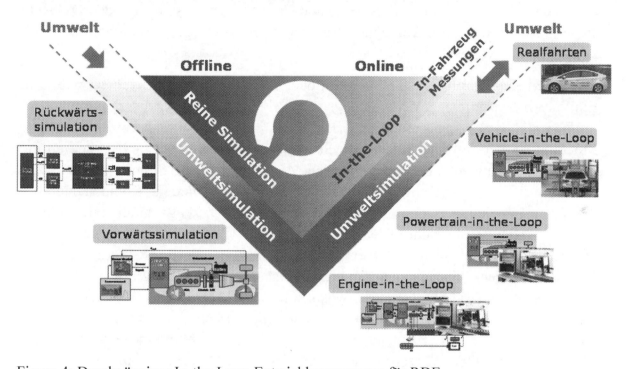

Figure 4: Durchgängiger In-the-Loop-Entwicklungsprozess für RDE

1. **Anforderungsdefinition:** In diesem Schritt wird der Entwicklungsauftrag durch Aufstellen von Anforderungen präzisiert. Die Anforderungen bilden gleichzeitig die Bewertungsgrößen bei der abschließenden Systemvalidierung.

2. **Simulation mit Rückwärtsmodell:** Einfaches, quasi-stationäres Modell ohne Fahrer- und Reglereinflüsse, das leicht und schnell aufzubauen ist. Aufgrund seiner Berechnungsgeschwindigkeit ermöglicht es die Vielzahl an Umsetzungsmöglichkeiten für Antriebsstrangarchitektur, Komponenten und rudimentärer Funktionen zu modellieren und zu bewerten. Variable Fahrszenarien werden über automatisch generierte Sollwertprofile abgedeckt.

3. **Simulation mit Vorwärtsmodell:** Dieses Modell ist deutlich komplexer und beinhaltet die Darstellung eines virtuellen Fahrzeugs, das auf einer virtuellen Strecke von einem virtuellen Fahrer gesteuert wird. Dynamische Vorgänge werden (abh. von der Modellierungsqualität) bzgl. der relevanten Effekte detailliert dargestellt. Das Modell besitzt durch den virtuellen Fahrer eine „geregelte" Struktur. Änderungen im Modell

(höhere Straßensteigung, gestiegen Fahrzeugmasse, mehr Generatorleistung, …) werden vom Fahrermodell über adaptierte Fahrzeugführungsgrößen (z.B. die Pedalerie) mit einer höheren Leistungsanforderung kompensiert. So wird ermöglicht, dass die zu untersuchenden Systeme und Regler bereits jetzt durch das Fahrermodell mit denselben Sollsignalen aus Pedalerie, Schaltung und Lenkung versorgt und dieselben Stimuli wie später im realen Fahrzeugtest verwendet werden. Die Wechselwirkungen zwischen Fahrer, Fahrzeug, Fahrstrecke und Umwelt werden so abgebildet. Das stellt sicher, dass Systeme von Anfang an stringent mit den richtigen Strukturen und Logiken aufgebaut werden.

4. **Engine-in-the-Loop:** Die Simulationsmodelle liefern in Teilbereichen, wie dem Emissionsverhalten eines Verbrennungsmotors, keine zufriedenstellende Ergebnisgüte. Daher ist der VKM-Ansatz, reale Hardware in die Simulation einzubinden. Die Modelle werden auf einem Echtzeitrechner integriert und geben Sollsignale an die Prüfstands-Hardware. Von diesem werden Messsignale in die Simulation zurückgeführt, die Schleife so geschlossen. Dabei lassen sich verschiedene Komponenten des im letzten Entwicklungsschritt erarbeiteten, virtuellen Fahrzeugs durch reale Komponenten ersetzen. Das erhöht die Konsistenz der Entwicklung in einem Unternehmen, da idealerweise verschiedene Abteilungen mit demselben Vorwärtsmodell arbeiten: z.B. am Motoren-, Getriebe- oder Batterieprüfstand. Den ersten Schritt stellt klassischerweise Engine-in-the-Loop dar. Plakativ formuliert kann ein vorhandener Prototypenmotor in verschiedene Fahrzeuge eingebaut werden (z.B. reiner Verbrenner, SUV, Hybrid, …) und erfährt dann die dazugehörigen Lastkollektive. Wird in dem Modell des virtuellen Fahrzeugs etwas verändert, beim Anwendungsfall Hybrid z.B. die virtuelle Batteriekapazität vergrößert, wird der reale VM auf dem Prüfstand von der virtuellen Betriebsstrategie z.B. seltener gestartet und der Katalysator kühlt stärker ab. So lässt sich frühzeitig in der Entwicklung die Komponenten- und Funktionsdefinition auch unter Berücksichtigung von Emissionswerten durchführen.

5. **X-in-the-Loop (XiL):** Der sich anschließende Schritt ist XiL. Hier sind verschiedene Kombinationen eingebundener Hardware möglich. Es findet also die Systemintegration statt. So kann z.B. eine P2-Antriebsaggregat bestehend aus VM, einer Trennkupplung und einem EM oder ein komplettes Powertrain-Setup eingebunden werden. Das ermöglicht System- und Integrationstests noch vor dem Bau eines Prototypenfahrzeugs. Bis zu dieser Phase des Prozesses wird immer dasselbe Vorwärtsmodell mit virtuellem Fahrer, Gesamtfahrzeug und Fahrstrecke verwendet. Messergebnisse der Komponenten- und Systemtests werden im laufenden Prozess für die Validierung und optionale Detaillierung des Simulationsmodells verwendet, was die Ergebnisgüte in Folge und zu Beginn neuer Entwicklungen verbessert.

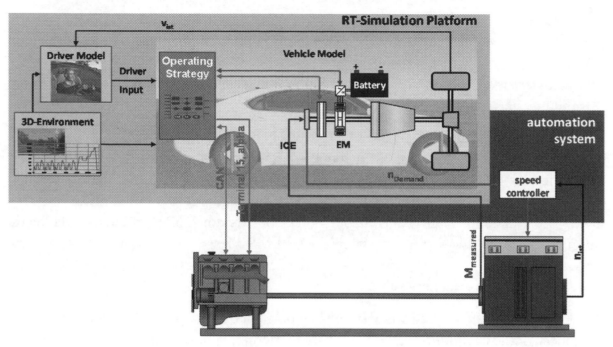

Figure 5: Prüfstandsstruktur Engine-in-the-Loop vgl. [8]

6. **Vehicle-in-the-Loop:** Ein wesentliche Varianten von XiL ist das Vehicle-in-the-Loop Verfahren, bei dem bereits erste Prototypenfahrzeuge auf einem idealerweise 4x4-Rollenprüfstand getestet werden. Fokus kann hier z.B. die Feinabstimmung der mit XiL definierten Funktionen hinsichtlich NVH und Fahrbarkeit sein. In dieser Phase im Entwicklungsprozess kann neben dem virtuellen Fahrzeug auch zum ersten Mal der Fahrer durch eine reale Person ersetzt werden, was bzgl. Realfahrtmessung die Aussagekraft der Untersuchungen erhöht. Konsistenz spiegelt aber die fortgeführte Verwendung der virtuellen Testszenarien wider. Der reale Fahrer im Prototypenfahrzeug fährt nach wie vor auf der virtuellen 3d-Strecke mit virtuellem Verkehr, Ampeln usw.

7. **PEMS-Messungen im Fahrzeug auf der Straße:** Die abschließende Validierungsphase bildet die Fahrt mit dem Fahrzeug auf der realen Straße mit mobiler PEMS-Messtechnik. Alle virtuellen Teile der durchgängig seit der rein simulativen Phase verwendeten Vorwärtssimulation sind in dieser Phase ersetzt.

Tiefergehende Informationen zu dem Thema In-the-Loop-Methodik sind in [8] enthalten.

Die Entwicklungsumgebungsanforderungen Kosten, Verfügbarkeit und Flexibilität werden durch die Verwendung der Simulation abgedeckt. So lassen sich schnell im Büro verschiedenste Varianten analysieren. Durch die enge Verzahnung von Simulation und Test durch die skalierbare Einbindung realer Hardware der In-the-Loop-Methodik lässt sich der Zielkonflikt zwischen Flexibilität und Ergebnisgenauigkeit skalierbar auflösen. Die Anforderung nach Durchgängigkeit wird durch die konsistente Verwendung der Vorwärtssimulation über die verschiedenen Prozessphasen und –umgebungen erfüllt. Die Anforderung Zeiteffizienz wird v.a. durch Verschiebung möglichst vieler Entwicklungsaufgaben vom Fahrzeug auf den XiL-Motorenprüfstand erfüllt. Die hohe Automatisierbarkeit, Konditionierbarkeit und die bessere Zugänglichkeit von Messstellen sind hier entscheidend.

Im vorherigen Kapitel wurde gezeigt, dass ein Fahrzeug idealerweise in Wechselwirkung mit der Umgebung (v.a. für „Connectivity") untersucht wird. Die In-the-Loop-Methodik setzt daher konsequent auf die Verwendung einer 3d-Umweltsimulation bereits ab der reinen Vorwärtssimulation und dann durchgängig bis hin zum Rollenprüfstand. Die Darstellung der Fahrzeugumgebung bereits am Rollenprüfstand erlaubt es dieselben Auswertetools und –verfahren der PEMS-Messungen bereits ab der reinen Vorwärtssimulation zu verwenden. So wird eine Vergleichbarkeit unterschiedlicher RDE-Messergebnisse sichergestellt.

Das Fahrerverhalten findet in der In-the-Loop-Methodik durch Verwendung des Fahrermodels Berücksichtigung. Dieses ist parametrierbar, sodass verschiedene Fahrerverhalten analysierbar sind. Gleichzeitig bietet der simulierte Fahrer die Möglichkeit parametriert zu werden. Sein Verhalten ist somit stets gleich, wenn es für einen Test nicht von Bedeutung ist, und somit reproduzierbar. Eine solche Sperrung des ggf. störenden Freiheitsgrades "Fahrer" ist bei Untersuchungen im Fahrzeug auf der Straße nicht möglich und kann u.U. eine Fehlersuche im Use-case 2 (Reproduktion einer Realfahrt am Prüfstand) erschweren. Umgekehrt ist für den Use-case 1 der „Vorwärtsentwicklung" eines Systems der Freiheitsgrad Fahrer vorhanden und kann hinsichtlich seines variierenden Systemeinflusses untersucht werden.

Der Use-Case 1 wird in der VKM-Umgebung mittels durchgängiger Verwendung derselben Testszenarien in der Vorwärtssimulation unterstützt. Simulationsläufe sind durch Verwendung desselben Tests übertragbar auf einen In-the-Loop-Prüfstand. Ein Test lässt sich durch Verwendung eines am VKM entwickelten Fahrerleitsystems mit Geschwindigkeitsvorgabe von den Prüfständen auf die Straße übertragen. Wurde das Fahrzeug mit den in der Simulation parametrierten Eigenschaften aufgebaut und es wird dieselbe virtuelle Route real nachgefahren, lässt sich so ein Testszenario vom Prüfstand auf der Straße reproduzieren.

Der Use-Case 2 der Übertragung einer Straßenmessung auf den Rollen- oder Motorenprüfstand wird durch die In-the-Loop-Funktionalität ermöglicht. Das zu untersuchenden System wird in der Vorwärtssimulation aufgabenabhängig entsprechend detailliert modelliert. Das Testszenario für das Fahrzeug kann durch GPS-Datengestütztes Virtualisieren der Strecke und das Implementieren der bei der Realfahrt durch Radar- und Kamerasensoren mitgemessenen Verkehrsdaten reproduziert werden.

Systematische Variation von Szenarienparametern

Die Umstellung der Test- und Bewertungsmethodik auf die RDE-orientierten Verfahren bedeutet, wie bereits erwähnt, einen sprungartigen Anstieg der Randbedingungen, die für den Test der Fahrzeugantriebe und die Validierung von Verbrauchs- und Emissionszielen berücksichtigt werden müssen. Das Fehlen eines definierten Fahrzyklus erweitert zudem den Versuchsraum um eine weitere Ebene (das Fahrszenario), der neben der Betriebsweise der einzelnen Antriebsaggregate und des Fahrzeugs insgesamt nun auch die Fahrweise beinhaltet (vgl. Figure 6).

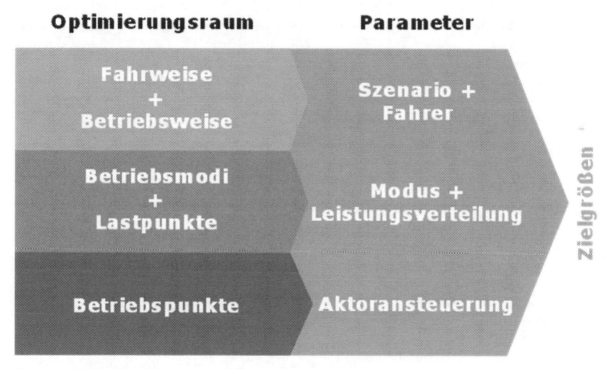

Figure 6: Optimierungsebenen und Parameterräume

Somit wird das RDE-Testergebnis nicht nur von den Eigenschaften des Antriebs, sondern maßgeblich auch vom Fahrszenario und dem Fahrerverhalten beeinflusst. Der Test, die Absicherung und die Validierung von Entwicklungszielen in einem derartig komplexen Umfeld erfordern den Einsatz genannter simulationsgestützter, automatisierbarer Verfahren zur gezielten Variation der Testrandbedingungen [7]. Dies ist insofern notwendig, als Umweltrandbedingungen, wie sie durch Fahrszenarien definiert werden, im Fahrversuch nicht reproduzierbar darstellbar sind und immer auch den Einfluss des menschlichen Fahrers beinhalten.

Die Szenarienvariation durch DoE-basierte Parametrierung von Modellen für Fahrer, Fahrbahn, Verkehr und sonstigen Umweltrandbedingungen ermöglicht die automatisierte Generierung von Versuchsrandbedingungen, die ein möglichst vollständiges Spektrum realistischer Fahrsituationen in definierten Grenzen abdecken. Die Ebene der Parametervariation richtet sich dabei nach dem Ziel des Versuchs und kann prinzipiell auf zweierlei Art erfolgen:

1. Vorgabe globaler Szenarienparameter: Hierbei erfolgt die Variation des Gesamtszenarios, das z.B. über mittlere Geschwindigkeit, Verkehrsdichte, Gesamtstreckenlänge, Höhenmeter, etc. beschrieben wird. In einem nachfolgenden Verfahren werden hieraus statistische Strecken und Verkehrsobjekte generiert, die den genannten Charakteristika entsprechen (vgl. RealSiMM-Ansatz [9]). Die Vorgabe globaler Szenarienparameter dient vor allem der Abschätzung von Verbrauchs- und Emissionswerten des Gesamtfahrzeugs in Realfahrbetrieb und in Extremszenarien bezogen auf eine Abfolge von Manövern.

2. Vorgabe lokaler Szenarienparameter: Hier erfolgt die Variation einzelner Parameter (z.B. Kurvenradien, Rot-Grün-Zeiten von Lichtsignalanlagen, Geschwindigkeiten eines vorausfahrenden Verkehrsobjekts, etc.) eines ansonsten bzgl. des Designs festgelegten Szenarios. Dieses Verfahren dient zur Absicherung, Optimierung und Kalibrierung einzelner Funktionen oder des Gesamtfahrzeugs unter definierbaren, reproduzierbar darstellbaren Randbedingungen. Außerdem lässt sich hiermit der Einfluss einzelner Szenarienparameter auf die Zielgrößen ermitteln, womit die Optimierung einzelner kritischer Manöver ermöglicht wird.

Beide Verfahren sind in allen beschriebenen simulationsgestützten Entwicklungsumgebungen einsetzbar und unterstützen somit die reproduzierbare und effiziente Entwicklung der Antriebskomponenten und -funktionen unter Realfahrbedingungen.

Durch die Anwendung dieses DoE-basierten Ansatzes ist die Abbildung der Zusammenhänge zwischen Szenarienparameter und Verbrauchs- bzw. Emissionsergebnis darstellbar. Somit ist die Identifikation kritischer Events, aber auch eine Aussage zum mittleren zu erwartenden Verbrauchs- oder Emissionswert möglich. Dies ist insbesondere vor dem Hintergrund vernetzter Betriebsstrategien von Relevanz, deren Wirksamkeit maßgeblich von Szenarienrandbedingungen beeinflusst wird. Die Streuung der Zielgrößen bei zufälligen Tests, wie sie bei RDE auftreten, steigt demzufolge weiter an, was eine generelle Bewertung zusätzlich erschwert.

Ein veranschaulichendes Beispiel zur Verwendung der systematischen Variation von Szenarienparameter ist in Figure 7 dargestellt. Hier werden die beiden Szenariencharakteristika Kurvenradius und Reisegeschwindigkeit variiert und am Engine-in-the-Loop-Prüfstand getestet. Das Fahrzeug (leistungsverzweigter Otto-Vollhybrid, 1600 kg, 120 kW Systemleistung, 0,7 kWh nutzbare Batteriekapazität) besitzt im gesamten Test die gleiche Betriebsstrategie mit unveränderter Kalibrierung. Das triviale Beispiel zeigt, wie der Zusammenhang zwischen Szenarienparametern unter dem Einfluss der Fahrzeugbetriebsstrategie und des Fahrers grundsätzlich erfasst werden kann und in diesem Fall zu unterschiedlichen Kraftstoffverbrauchswerten führt. Je höher die Reisegeschwindigkeit, desto stärker muss vor Kurven verzögert und nach Kurven beschleunigt werden, was den Kraftstoffverbrauch erhöht. Dieser Effekt ist umso stärker, je kleiner der Kurvenradius und damit die mögliche Kurvengeschwindigkeit bei konstanter maximaler Querbeschleunigung sind.

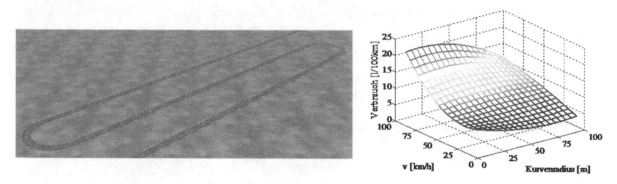

Figure 7: Demonstrationsbeispiel – Variation von Szenarienparametern und deren Einfluss auf den Kraftstoffverbrauch

Zusammenfassung und Ausblick

Die Änderung des Zertifizierungsverfahrens hin zu RDE erzeugt viele neue Anforderungen, denen mit traditionellen Entwicklungsprozessen nicht mehr effizient begegnet werden kann. Um effektiv vorzugehen und Wettbewerbsnachteile zu vermeiden, bedarf es einer geänderten Entwicklungsmethodik, wie sie in Kapitel „Lösungsansatz VKM-Entwicklungsumgebung" vorgestellt wurde. RDE ist nicht nur die Ergänzung der bisherigen Zertifizierung um einen weiteren Schritt, sondern etwas grundlegend Neues! Die jahrzehntelangen NEFZ-Erfahrungswerte in der Entwicklung nutzen hier nur bedingt.

Mit der In-the-Loop-Entwicklungsumgebung ist ein grundsätzliches Rahmenwerk vorhanden, um Realfahrten in der Entwicklung frühzeitig zu berücksichtigen und darüber hinaus auch PEMS-Straßenmessungen auf die verschiedenen Prüfstandsumgebungen zu übertragen. Ein grundsätzlicher Workflow für eine RDE-Entwicklung in der XiL-Umgebung ist definiert und wird weiterentwickelt.

Wichtige Voraussetzung eines effizienten Entwickelns ist die gezielte Darstellung von Realfahrszenarien und deren methodisch unterstützte Bewertung. Denn v.a. manöverbasiertes Testen führt frühzeitig und über die Entwicklungsprozessphasen hinweg konsistent zu belastbaren Aussagen des Emissionsverhaltens eines Antriebsstrangs unter Realfahrbedingungen. Um der Vielzahl der Möglichkeiten einer statistisch variierenden PEMS-Fahrt während der Homologation Rechnung zu tragen, sind Robustheitstest der Systemauslegung und ihre Abhängigkeiten vom Fahrszenario zwingend erforderlich.

Mit Hilfe von automatisierter, DoE-basierte Testszenario-Variation lässt sich dieses effizient durchführen.

Als besonderer RDE-Schwerpunkt in der Entwicklung wurde das <u>individuelle</u>, transiente Emissionsverhalten eines Fahrzeugantriebsstrangs identifiziert. Zielführend erscheint daher die Erstellung eines ebenfalls individuellen Worst-case-Tests als neue Bezugsbasis und somit als Ersatz für den NEFZ in der Entwicklung. Bleibt das Fahrzeug bei diesem Test innerhalb der gesetzlichen Vorgaben, so ist ein Bestehen der dann i.d.R. weniger kritischen Homologationsfahrt mit einer hohen Wahrscheinlichkeit möglich. Ein modularer Ansatz zur effizienten Charakterisierung eines solchen Worst-case-Tests wird zurzeit am Institut für Verbrennungskraftmaschinen und Fahrzeugantriebe erarbeitet.

Literaturverzeichnis

[1] EUROPÄISCHES PARLAMENT: *Verordnung über die Typgenehmigung von Kraftfahrzeugen hinsichtlich der Emissionen von leichten Personenkraftwagen und Nutzfahrzeugen (Euro 5 und Euro 6) und über den Zugang zu Reparatur- und Wartungsinformationen für Fahrzeuge* (in Kraft getr. am 20. 6. 2007) (2007-06-20)

[2] DR. NIKOLAUS STEININGER: *Completing European Emission Targets with RDE test procedures for light duty vehicles* (International Conference on Real Driving Emissions). Bonn, 02.12.2013 – Überprüfungsdatum 2014-07-31

[3] FOLTESCU/EEA, Valentin: *Air quality in Europe – 2012 report* : *EEA Report No 4/2012*. Kopenhagen: EEA, 2012 (EEA report no. 4/2012)

[4] MARTIN WEISS, PIERRE BONNEL, THEODOROS VLACHOS: *RDE – Challenges in developing an on-road test procedure for light-duty vehicles* (International Conference on Real Driving Emissions). Bonn, 03.12.2013 – Überprüfungsdatum 2014-08-04

[5] STEFAN HAUSBERGER; NIKOLAUS FURIAN ; SILKE LIPP: *Real Drive Emissions Evaluation for a Future Legislation* (International Conference on Real Driving Emissions). Bonn, 02.12.2013 – Überprüfungsdatum 2014-08-04

[6] MAXIMILIAN BIER ; MATTHIAS KLUIN ; PROF. CHRISTIAN BEIDL: *Betriebsstrategie für Hybridfahrzeuge*. In: *ATZ Extra* (Mai 2012) – Überprüfungsdatum 2014-08-20

[7] M. KLUIN, H. MASCHMEYER, S. JENKINS, PROF. DR. C. BEIDL: *Simulations- und Testmethoden für Hybridfahrzeuge mit vorausschauendem Energiemanagement* (Internationales Symposium für Entwicklungsmethodik). Wiesbaden, 22.10.2013 – Überprüfungsdatum 2014-08-20

[8] MAXIMILIAN BIER ; DAVID BUCH ; MATTHIAS KLUIN ; PROF. CHRISTIAN BEIDL: *Entwicklung und Optimierung von Hybridantrieben am X-in-the-Loop-Motorenprüfstand.* In: *MTZ* 2012, Nr. 03 – Überprüfungsdatum 2014-08-20

[9] MATTHIAS KLUIN ; MAXIMILIAN BIER ; PHILIPP WEICKGENANNT ; PROF. CHRISTIAN BEIDL: *Einsatz dreidimensionaler Umgebungssimulation in der Entwicklung von Hybridantrieben* (Virtual Powertrain Creation). Esslingen, 2012 – Überprüfungsdatum 2014-08-22

Modellbasierter Entwurf eines Regelungskonzeptes für die Abgasnachbehandlung Tier4-final / Stufe IV bei Liebherr Machines Bulle

Alexander Schilling

Pascal Kiwitz

Stefan Wallmüller

© Springer Fachmedien Wiesbaden GmbH, ein Teil von Springer Nature 2018
J. Liebl und G. Rainer (Hrsg.), *VPC.plus 2014*, Proceedings,
https://doi.org/10.1007/978-3-658-23775-2_3

1 Einführung

1.1 US Tier4-final und EU Stufe IV Abgasemissionsgrenzwerte

Seit dem 1.1.2014 gelten die Emissionsvorschriften gemäss Tier4-final in den USA und Stufe IV in der EU (siehe Tabelle 1). Die Bedeutung der neuen, tieferen Grenzwerte für den ganzen Entwicklungsprozess des Antriebstrangs ist tiefgreifend und schliessen neben den mechanischen und elektronischen Komponenten, auch Softwaretools und -Methoden ein.

Tabelle 1: NOx und PM Abgasemissionsgrenzwerte für US und EU ab 1.1.2014.

	NOx / g/kWh	PM / g/kWh
US Tier4-final	0.40	0.020
EU Stufe IV	0.40	0.025

Im Allgemeinen lassen sich die neuen Grenzwerte nicht mehr ausschliesslich durch innermotorische Massnahmen erreichen. Ein Einsatz geeigneter Abgasnachbehandlungssysteme sowie deren optimale Steuerung und Regelung scheint unumgänglich.

1.2 Mögliche Technologien

Zur Erfüllung der Abgasemissionsgrenzwerte gemäss Tabelle 1 sind verschiedene Möglichkeiten hinsichtlich Abgasnachbehandlungssystems denkbar. Zwei naheliegende Technologien sind:

1. SCR und DPF mit gekühlten AGR, oder
2. SCR-only (SCR, ohne DPF, ohne AGR).

Die Vor- und Nachteile beider Lösungen werden nun kurz diskutiert.

1.2.1 SCR und DPF mit gekühlten AGR

Die oben erste aufgezählte Lösung ist ein DPF mit einem SCR System zu kombinieren. Die Partikel werden damit durch den DPF zurückgehalten und die NOx durch das SCR-System reduziert. Die Grösse des DPF richtet sich nach dem erlaubten Abgasgegendruck und die Grösse des SCR-Katalysators nach der erforderlichen DeNOx-Rate. Die resultierende Grösse des Komplettsystems dürfte für die meisten Anwendungen zu gross sein.

Die Grösse des SCR-Katalysators lässt sich bei gleichem Massenstrom nur durch tiefere NOx-Rohemissionen reduzieren, was über Abgasrückführung (möglicherweise extern und gekühlt) möglich gemacht wird. Allenfalls kann über ein zweistufiges Aufladesystems nachgedacht werden, was ebenfalls zu tieferen NOx-Rohemissionen führt (siehe Abbildung 1 oben).

Die Regeneration des DPF erfordert zusätzlich einen DOC. Bei einer aktiven Regeneration reagiert die Nacheinspritzung im DOC und führt zu einer stark erhöhten Temperatur im DPF, welche den Russabbrand beschleunigt. Bei einer passiven Regeneration wird der DPF verwendet, um die für den CRT-Effekt erforderlichen NO2-Konzentrationen sicherzustellen.

Die Komplexität des resultierenden Abgasnachbehandlungskonzepts ist somit als erheblich einzustufen.

1.2.2 SCR-only

Die zweite, wie oben beschrieben, technische Lösung wäre, die PM vollständig durch innermotorische Massnahmen zu limitieren und die dadurch resultierende hohe NOx-Konzentration vollständig durch das SCR-System zu reduzieren. Um die Grenzwerte zu erreichen, wird ein SCR-System mit einem NOx-Konvertierungsgrad von mehr als 96% vorausgesetzt (siehe Abbildung 1 unten).

Die Hauptvorteile gegenüber der ersten Lösung ist die deutlich reduzierte Komplexität:

- **Keine Abgasrückführung**
  Keine AGR-Komponenten, einstufige Turboaufladung genügt, Kühlbedarf ist reduziert.
  Sauberere Verbrennung, reduzierte Russ-Einlagerung in Öl (was in längere Ölwechselintervalle resultiert).

- **Kein Diesel Partikelfilter**
  Da keine Edelmetalle in Frage kommen, reduzierte Systemkosten.
  Reduzierter Abgasgegendruck, reduzierter Kraftstoffverbrauch.
  Reduzierter Raumbedarf, einfacherer Unterhalt.

Für diese Lösung ist ein DOC nicht unbedingt notwendig, kann aber bei der Erreichung der hohen NOx-Konvertierungsraten hilfreich sein.

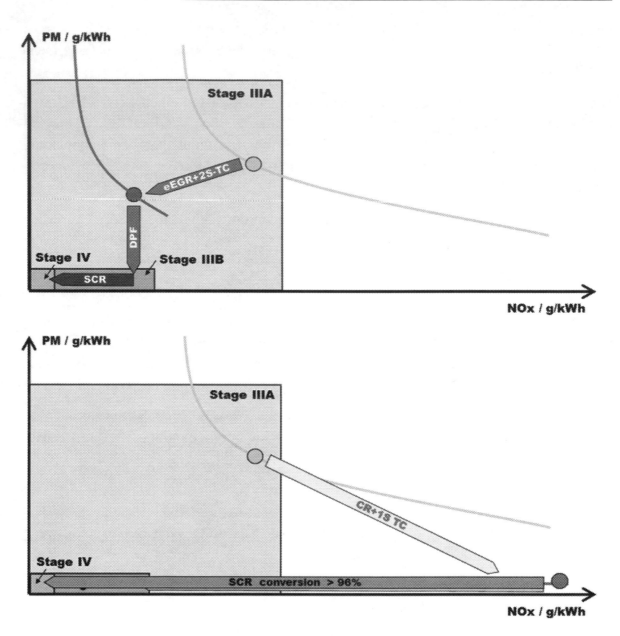

Abbildung 1: NOx- und PM-Emissionsgrenzwerte, die Wege von EU Stufe IIIA nach Stufe IV: externe AGR + zweistufige Aufladung + DPF + SCR (oben) oder SCR-only mit einstufiger Aufladung (unten).

1.3 Bedarf und Einsatz von modellbasierten Ansätze

Der Einsatz der Abgasnachbehandlungstechnologien für Tier4-final bzw. Stufe IV bringt zusätzliche Freiheitsgrade für die Motorregelungsfunktionen und für die entsprechende Kalibrierung und Applikation. Aufgrund der extrem geringen Emissionsgrenzwerte sind feinere und präzisere Steuerung- und Regelungsalgorithmen unabdingbar.

Dies resultiert zum einen in der Zunahme der Komplexität der Funktionalitäten, zum anderen in dem exponentiellen Zuwachs der zu kalibrierenden Parameter.

Die Virtualisierung des gesamten oder teilweisen Antriebsstrangs hilft diesen Zielkonflikt etwas zu entschärfen. Durch die physikalische Modellierung der Abgasnachbehandlungskomponenten lassen sich zeitnah und effizient Regler entwerfen, Funktionen vorkalibrieren, überprüfen und testen, sowie Robustheitsanalysen durchführen. Diese Themen werden, mit Fokus auf das Abgasnachbehandlungssystem für Tier4-final bzw. Stufe IV von Liebherr Machines Bulle (LMB), im Rahmen dieser Arbeit behandelt.

1.4 Gliederung der Arbeit

Diese Abhandlung ist wie folgt gegliedert. In Kapitel 2 werden das Abgasnachbehandlungssystem von LMB und deren regelungstechnischen Anforderungen beschrieben. In Kapitel 3 wird auf die Virtualisierung des Abgasnachbehandlungssystems und auf der Entwurf der Regelungsstrategien eingegangen. In Kapitel 4 wird die durchgeführte Robustheitsanalyse beschrieben. Zum Schluss werden die Hauptpunkte und die Erkenntnisse der Arbeit zusammengefasst.

2 Systembeschreibung

2.1 LMB-Lösungen und eingesetzten Technologien

Liebherr Machines Bulle hat für seine neu entwickelten Dieselmotoren für Off-Highway Anwendungen die „SCR-only" Technologie gemäss Abschnitt 1.2.2 und Abbildung 1 unten eingesetzt.

Ein detaillierter und strukturierter Hardware-Entwicklungsprozess, dessen Beschreibung nicht im Umfang dieser Arbeit ist, dessen Ergebnis resultierte in der wie folgt definierten Liebherr SCR-only Lösung (siehe Abbildung 2):

- kein AGR,
- kein DPF,
- SCR-Substratmaterial: Vanadium,
- CUC (NH3-Oxydationskatalysator),
- Luftunterstütztes AdBlue®-Dosiersystem,
- CFD optimierte Misch- und Hydrolyse-Strecke.

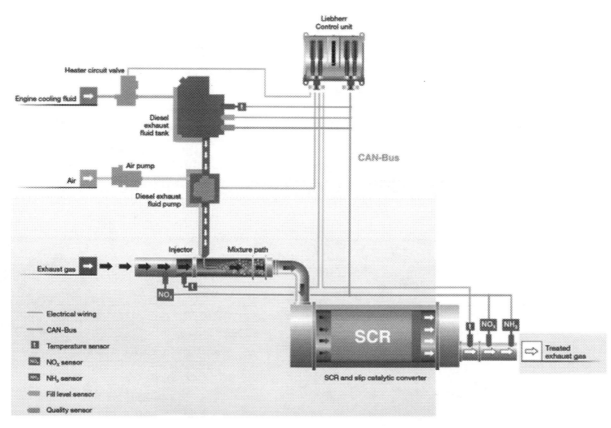

Abbildung 2: Übersicht der LMB SCR-only Lösung.

Die von Liebherr eingesetzte SCR-only Lösung kommt ohne DOC aus. Die nicht notwendigen Edelmetalle resultieren in tieferen Systemkosten und reduzieren die Anfälligkeit des Systems auf Vergiftung durch schwefelhaltige Kraftstoffe. Ein weiterer Vorteil ist die Reduktion des Platzbedarfes. Die daraus resultierenden höheren Anforderungen insbesondere im regelungstechnischen Bereich erfordern allerdings einen erhöhten Entwicklungsaufwand, der nun im nächsten Abschnitt diskutiert wird.

2.2 Regelungstechnische Anforderungen

Um den obenerwähnten NOx-Konvertierungsgrad von mehr als 96% sicherzustellen, ist das optimale Zusammenspiel zwischen der SCR-Hardware und der SCR-Regelungsstrategie entscheidend.

Das Liebherr Konzept hat keinen DOC und vorsieht ein Vanadium-Substrat für den SCR-Katalysator. Dies bringt, wie oben diskutiert, eindeutige und entscheidende Vorteile hinsichtlich Kosten und Betriebsrobustheit. Aus regelungstechnischer Sicht sind die dadurch aufkommenden Punkte unbedingt zu beachten:

- Ein System ohne DOC, bedeutet keine Möglichkeit, die NO2-Konzentration durch die NO-Oxidation zu erhöhen. Damit sind die chemischen Bedingungen für die NOx-Konvertierung nicht optimal, da die „schnelle" SCR-Reaktion kaum stattfindet.

- Kein DOC bedeutet auch reduzierte thermische Speicherkapazität unmittelbar vor SCR und somit Bedarf für Thermomanagement. Tendenziell wird die Abgastemperatur am SCR Einlass ohne DOC „dynamischer", was direkt die Reaktionsraten im SCR negativ beeinflusst.

- Vanadium SCR bedeutet geringere NH3-Speicherkapazität gegenüber Kupfer- oder Eisenbasierte Lösungen für das SCR-Substrat.

Diese drei Punkte verlangen nach einem Regelungskonzept, das relativ schnell und präzise auf Variationen der Betriebsbedingungen reagieren kann. Liebherr verwendet hier eine „modellbasierte Regelung", die im nächsten Abschnitt näher behandelt wird.

3 Modellbasierter Reglerentwurf

3.1 Einführung

Die regelungstechnischen Ansprüche der SCR-only Lösung sowie deren erheblicher Kalibrationsaufwand können effizient durch den Einsatz von physikalischen, echtzeitfähigen Modellen des SCR-Systems behandelt werden.

Diese Virtualisierung des Antriebsstrangs, in diesem Fall insbesondere des SCR-Systems, wurde somit im Rahmen der SCR-only Aktivitäten bei LMB als Hauptwerkzeug zur Unterstützung der Funktionsentwicklung eingesetzt. Zum einen als Kernelement der SCR-Dosierungsstrategie im Motorsteuergerät und zum anderen als Basis für die Vorab-Kalibrierung der entwickelten Regler und Funktionen.

3.2 Systemmodellierung

3.2.1 Physikalische Modelle für das SCR-System

Das SCR-Modell basiert auf physikalischen und chemischen Gesetzmässigkeiten. Der Katalysator wird in mehrere Zellen aufgeteilt, die als homogen betrachtet werden. Das Modell wurde dann auf schnelle Verarbeitung und Echtzeitfähigkeit optimiert, um die Lauffähigkeit auf dem Steuergerät zu ermöglichen.

Das chemische Modell basiert auf den chemischen Gleichgewichten nach Gibbs mit der Kinetik durch Arrhenius [1], [2]. Da die SCR-only Strategie ohne Oxidationskatalysator auskommt, reichen drei Reaktionen für die Beschreibung des Systems. Die Adsorption von NH3 auf die Oberfläche des Katalysators und die Desorption von NH3 von der Oberfläche werden als eine Reaktion definiert. Die Reaktion läuft jeweils in Richtung des chemischen Gleichgewichts ab. Die Standard SCR-Reaktion von NO und die Oxidation von NH3 mit Sauerstoff komplettieren das Reaktionsschema [1], [2].

$$V + NH3 \leftrightarrow VNH3$$
$$4\,VNH3 + 4\,NO + O2 \rightarrow 4\,V + 4\,N2 + 6\,H2O$$
$$4\,VNH3 + 3\,O2 \rightarrow 4\,V + 2\,N2 + 6\,H2O$$

Dabei ist V ein freier und VNH3 ein besetzter Oberflächenplatz. Sämtliche Reaktionen laufen über die Oberfläche des Katalysators. Das NH3-Profil im Katalysator ist, neben der Temperatur, die einzige Speichergrösse.

Das chemische Gleichgewicht ist eine Funktion der Gibbs Energien, welche für Gase tabelliert sind und für die Oberflächen parametriert wird. Durch die Beachtung des chemischen Gleichgewichts wird das Modell inhärent stabil. Unabhängig vom aktuellen Zustand des Katalysators stellt sich für einen konstanten Input jeweils der gleiche Zustand ein.

Die verlangte Echtzeitfähigkeit setzt explizite Solver voraus [1], [2]. Um die Stabilität des Models trotzdem zu gewährleisten sind verschiedene Probleme zu lösen, deren Beschreibung hier nicht ausgeführt wird.

3.2.2 Kalibrierung

Die Kalibrierung des Models erfolgt in 3 Schritten [1], [2]:

- **Thermisches Modell**
  Die Reaktionsgeschwindigkeiten sind über den Arrhenius-Ansatz stark temperaturabhängig. Eine genaue Abschätzung der Temperaturen im Katalysator ist deshalb essentiell.
  Der Einfluss der chemischen Reaktionsenthalpie auf die Temperaturen im Katalysator wird allerdings vernachlässigt, wodurch das thermische Modell unabhängig vom chemischen Modell kalibriert werden kann.

- **Chemisches Modell (statisch)**
  Die Kalibrierung der Reaktionskinetik ist sehr aufwändig, kann aber mit Hilfe von statischen Input/Output-Messungen automatisch kalibriert werden. Dabei werden gleichzeitig sämtliche präexponentielle Faktoren, Aktivierungsenergien und die Gibbs Energie der Oberfläche bestimmt.

- **Chemisches Modell (NH3-Speicherkapazität)**
  Die Dynamik des Systems hängt vor allem an der Speicherkapazität der Oberfläche. Diese wird in transienten Messungen bestimmt.

3.2.3 Validierung

Das Modell wurde anhand eines AdBlue-Screenings validiert. Dabei wird der Motor in einen stationären Zustand gebracht und die AdBlue-Dosierung schrittweise geändert. Dadurch lässt sich das stationäre Verhalten des Katalysators ermitteln.

Abbildung 3 zeigt, dass das Modell die NOx-Konzentrationen am Auslass sehr genau wiedergeben kann. Die NH3-Konzentrationen sind aufgrund der NH3-Speicherung im Katalysator deutlich schwieriger vorherzusagen, trotzdem weist das Modell auch für NH3 eine sehr hohe Genauigkeit auf.

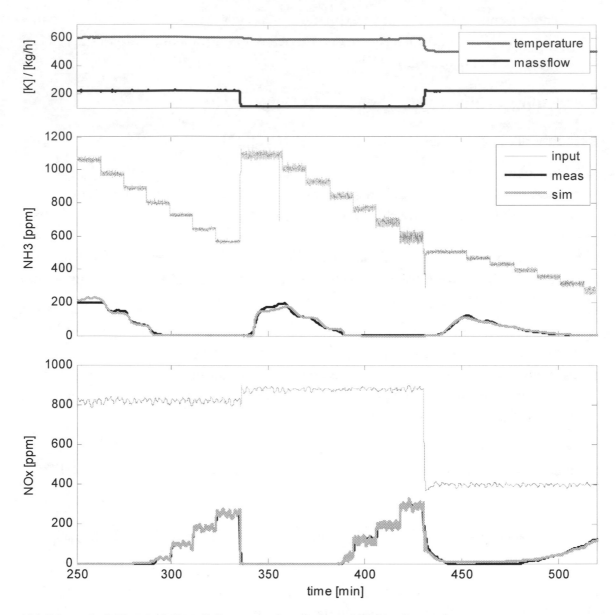

Abbildung 3: SCR-Modell Validierung anhand eines AdBlue-Screenings.

3.3 AdBlue® Dosierungsstrategie

Die komplette AdBlue® Dosierungsstrategie, die elektrische Ansteuerung der Aktuatoren sowie Sensorik für die SCR-only Lösung von Liebherr ist im Motorsteuergerät integriert. Diese besteht grundsätzlich aus fünf Modulen (siehe Abbildung 4):

- **„SCR thermal and chemical models"**
  Physikalische Modelle für die thermische Trägheit des SCR-Systems und für die chemischen Reaktionen im Katalysator (siehe Abschnitt 3.2). Diese Modelle stellen eine virtuelle Darstellung des realen SCR-Systems dar und laufen parallel und in

Echtzeit mit der realen SCR-Hardware. Basierend auf dem Abgasmassenstrom, der NOx-Konzentration und der Temperatur am SCR-Einlass werden die NOx- und NH3-Konzentrationen am SCR-Auslass berechnet. Das Modell ist in der Lage den Füllstand der im Katalysator gespeicherte NH3-Menge abzuschätzen. Dieser Wert wird als Basis für die „SCR control feedforward" benutzt.

- **"SCR control feedforward"**
  Berechnung der gewünschten AdBlue® Dosiermenge basierend auf den physikalischen Modellen des SCR-Systems. Der vom SCR-Modell geschätzte NH3-Füllstand wird gegen ein betriebspunktabhängigen kalibrierbaren Sollwert verglichen. Die Dosiermenge wird bestimmt, sodass die Abweichung zwischen Ist- und Sollwert der gespeicherten NH3-Menge minimiert wird.

- **"SCR control feedback"**
  Korrektur der gewünschten AdBlue® Dosiermenge basierend auf den aktuell gemessenen NOx- und NH3-Konzentrationen am SCR-Auslass. Die vom SCR-Modell berechnete NOx-Konzentration am SCR-Auslass wird gegen die gemessene NOx- und NH3-Konzentrationen am SCR-Auslass verglichen. Darauf basierend wird einen Korrekturfaktor berechnet, der eine sehr langsame Adaption der in „SCR control feedforward" bestimmten Dosiermenge erlaubt. Das Ziel dieser langsamen Feedback-Schleife ist, allfällige mechanischen Toleranzen oder Modellierungsabweichungen zu kompensieren und das Gesamtregelkonzept langfristig stabil zu halten.

- **"AdBlue quality compensation"**
  Korrektur der gewünschten AdBlue® Dosiermenge basierend auf der aktuell gemessenen AdBlue® Konzentration. Die SCR-Dosierungsstrategie basiert auf einem fixen Wert der AdBlue® Konzentration. Um die passende AdBlue® Menge unabhängig von seiner tatsächlichen Qualität zu dosieren, wird einen Korrekturfaktor berechnet, der eine augenblickliche Korrektur der bestimmten Dosiermenge erlaubt.

- **"AdBlue pump current control"**
  Erzeugung der Steuerungssignale für die AdBlue® Pumpe. Umsetzung der gewünschten Dosiermenge in ein Stromsignal für die AdBlue® Pumpe.

Der Schwerpunkt liegt somit bei der physikalischen Modellierung der Komponenten, der Kalibrierung der entwickelten Modellen und Funktionalitäten sowie deren Verifikation.

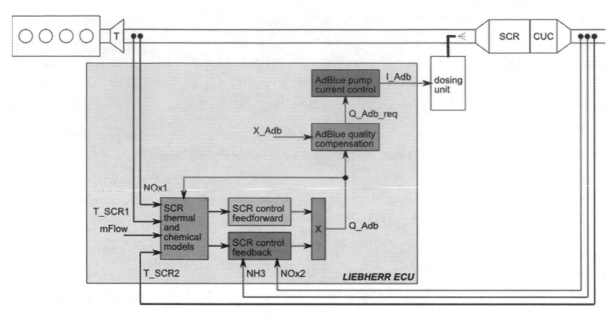

Abbildung 4: Übersicht des LMB SCR-Regelungskonzepts für Tier4-final bzw. Stufe IV.

4 Robustheitsanalyse

4.1 Einführung

In der praktischen Anwendung sind sämtliche Motorkomponenten, wie Sensoren und Aktuatoren, toleranzbehaftet. Diese Toleranzen haben eine direkte Auswirkung auf die Regelungsstrategie, da diese üblicherweise unter Voraussetzung eines Nominalzustands entworfen werden.

Eine Robustheitsanalyse wurde durchgeführt um die Effekte der Sensor- und Aktuator-Toleranzen auf die Regelung der Abgasnachbehandlung und schlussendlich auf die Einhaltung der Emissionsgesetzgebung zu untersuchen und zu überprüfen.

Auch hier bietet die Virtualisierung des Antriebstrangs (SCR-System) entscheidende Vorteile. Durch den Einsatz von Modelle können Betriebsbedingungen dargestellt werden, die sonst schädlich oder kritisch für das reale System sein könnten. Weiterhin können mehrere Simulationen zeitoptimal durchgeführt worden, was in der Minimierung der teuren Prüfstandzeit resultiert.

4.2 Durchführung der Robustheitsanalyse

Die durchgeführte Robustheitsanalyse beinhaltet folgende Arbeitspakete:

1. Erstellung von Toleranzmodellen für die wesentlichen Sensoren und Aktuatoren des SCR-Systems und
2. Durchführung von Monte-Carlo Simulationen durch Kopplung der entwickelten Toleranzmodelle mit dem Modell der SCR-Gesamtregelungsstrategie.

4.2.1 Toleranzmodelle für Sensoren und Aktuatoren

Als ersten Schritt müssen die hier diskutierten, physikalischen Modelle des SCR-Systems mit geeigneten Toleranzmodellen für Sensoren und Aktuatoren erweitert werden. Die Toleranzmodelle werden durch statistische Verteilungsfunktionen beschrieben (Annahme: Normalverteilungen).

Die betrachtete Sensoren und Aktuatoren entsprechen den Ein- und Ausgängen der SCR-Dosierungsstrategie. Dazu müssen die Parameter der Normalverteilungen für die Beschreibung der Toleranzen festgelegt werden. Diese werden aus Erfahrungswerte abgeleitet und sind in der Tabelle 2 zusammengefasst.

Tabelle 2: Parameter der angewendeten Toleranzmodelle.

Signal	Ursprung des Signals	Art	Mittelwert	Standard-abweichung	Signalbereich	Phys. Einheit
		Parameter der Toleranzmodelle				
NOx SCR Einlass	Sensor	Antwortzeit	t_NOx	1.65	-1%/+1%	ms
		Offset	0	25	-100/+100	ppm
Temperatur SCR Einlass	Sensor	Antwortzeit	t_SCR	0	0	s
		Offset	0	0.25	-1/+1	K
Abgasmassenstrom	Berechnung	Mult. Faktor	1	0.01	-4%/+4%	-
AdBlue Injektor	Aktuator	Antwortzeit	t_AdB	0.75	+80%/+1200%	ms
		Mult. Faktor	1	0.01	-4%/+4%	-

4.2.2 Monte-Carlo Analyse und Ergebnisse

In einem zweiten Schritt werden Simulationen im Rahmen einer Monte-Carlo Analyse durchgeführt.

Insgesamt werden pro Analyse ca. 100000 einzelne Simulationen durchgeführt. Bei jeder Simulation werden die Toleranzwerte für die Sensoren und die Aktuatoren gemäss den angenommenen Normalverteilungen neuberechnet und für die aktuelle Simulation benutzt. In jeder Simulation wird ein kompletter NRTC-Zyklus gerechnet und die Resultate hinsichtlich Emissionen und Ammoniak-Schlupf evaluiert. Damit werden für die simulierten NOx- und NH3-Konzentrationen nach SCR ebenfalls statistische Parameter berechnet (Mittelwert und Standardabweichung).

Die Ergebnisse der Monte-Carlo Analyse bestätigen die erwartete Robustheit der entwickelten SCR-Dosierungsstrategie. Die Analyse zeigt, dass ein Toleranzbehaftetes System gemäss Tabelle 2 die Emissionsgrenzwerte gemäss Tier4-final bzw. Stufe IV erfüllen kann. Zu bemerken ist noch, dass für EU Stufe IV einen Grenzwert von 25 ppm für die maximale durchschnittliche NH3-Schlupf gibt. Abbildung 5 zeigt die berechnete statistische Verteilungen von den NOx- und NH3- Emissionen als Ergebnis der Monte-Carlo Analyse, so wie die entsprechenden statistischen Parameter. Wie aus den Diagrammen zu erkennen ist, ist die Wahrscheinlichkeit, dass die Tier4-final bzw. Stufe IV Grenzwerte durch eine toleranzbehaftete Regelungsstrategie nicht eingehalten werden, verschwindend klein.

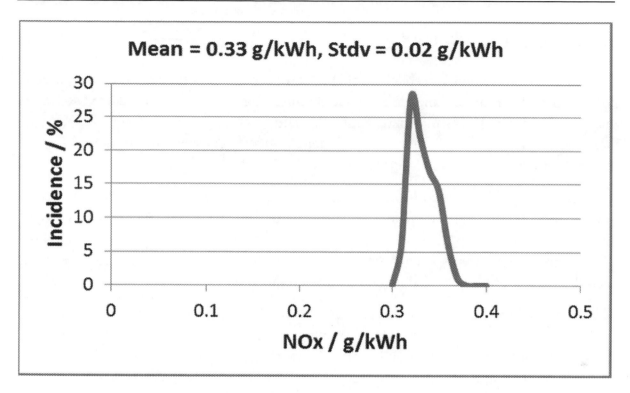

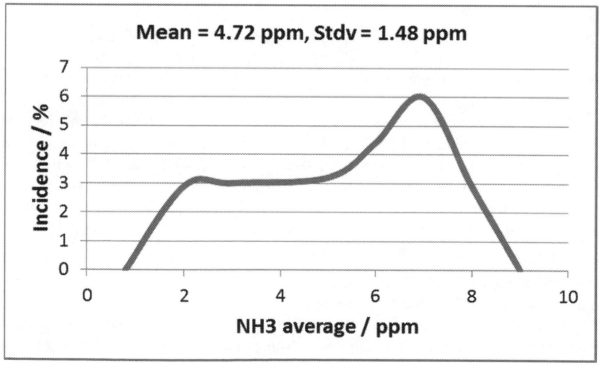

Abbildung 5: Statistische Verteilungen der NRTC-Zyklusbezogene NOx-Emissionen (oben) und durchschnittliche NH3-Schlupf (unten) nach Monte-Carlo Analyse gemäss Tabelle 2.

5 Zusammenfassung

Diese Arbeit gibt einen Überblick über den von Liebherr Machines Bulle eingesetzten Prozess für die Entwicklung und die Bestätigung der Robustheit bei der SCR-Regelungsstrategie für Tier4-final bzw. Stufe IV. Die Regelungsstrategie und die Robustheitsanalyse verwenden einen modellbasierten Ansatz. Voraussetzung für diesen Ansatz ist die Virtualisierung des Antriebsstrangs.

Gegenüber dem klassischen Entwicklungspfad ist zu Beginn einen gewissen Aufwand bei der Erstellung von geeigneten und belastbaren physikalischen Modellen des Systems zu berücksichtigen. Die von Liebherr angewandten Modellierungsansätze und Optimierungsmethoden entsprechen dem wissenschaftlich neuesten Stand. Dadurch lässt sich der Gesamtentwicklungsaufwand deutlich reduzieren.

Basierend auf dem physikalischen Modell des SCR-Katalysators wurde die komplette SCR-Dosierstrategie entworfen und vorkalibriert. Dieselben physikalischen Modelle werden in leicht vereinfachter und echtzeitfähiger Form direkt auf dem Motorsteuergerät eingesetzt. Somit führte ein modelbasierter Ansatz sämtlicher SCR-Komponenten zur Erfüllung der Tier4-final bzw. Stufe IV Emissionsgrenzwerte.

Die Entwicklung des SCR-Regelungskonzepts erfolgte unter der Voraussetzung von nominalen Betriebszuständen. In Realität gibt es allerdings äussere Einflüsse die häufig unterschätzt oder gar nicht berücksichtigt werden, was zu unerwarteten, schädlichen oder auch gefährlichen Zuständen im realen Betrieb führen kann. Aus diesem Grund wurde eine modellbasierte Robustheitsanalyse durchgeführt. Die nominalen Modelle des SCR-Systems wurden dafür durch Toleranzmodelle der Sensoren und Aktuatoren erweitert. Die statistischen Parameter der Toleranzmodelle wurden aus Erfahrungswerten abgeleitet, unter der vereinfachenden Annahme von normalverteilter Toleranzen. Die Ergebnisse der Monte-Carlo Simulationen bestätigen die gute Robustheit der entwickelten SCR-Dosierungsstrategie und ihre Fähigkeit, auch bei toleranzbehaftetet Komponenten die Emissionsgrenzwerte einzuhalten.

Die präsentierten modellbasierten Methoden zeigen Vorteile hinsichtlich Optimierung des Entwicklungsaufwandes, Minimierung der Entwicklungszeit und Maximierung der Flexibilität. Diese sind heute Stand der Technik bei der Entwicklung von neuen Funktionalitäten bei Liebherr Machines Bulle und werden flächendeckend eingesetzt.

Anhang

Abkürzungen

AGR   Abgasrückführung

CR   Common-Rail

CRT   Continuously Regenerating Technology

CUC   Clean-Up Catalyst

DOC   Diesel Oxydation Catalyst

DPF   Diesel Particulate Filter

LMB   Liebherr Machines Bulle

NH3   Ammoniak

NOx   Stickoxide

NRTC   Non-Road Transient Cycle

PM   Particulate Matter

SCR   Selective Catalytic Reduction

TC   Turbocharger

Literaturverzeichnis

[1]   Ch. Schär: „*Control of a Selective Catalytic Reduction Process*", Diss. ETH Nr. 15221, 2003

[2]   P. Kiwitz: "*Model-Based Control of Catalytic Converters*", Diss. ETH No. 20815, 2012

Durchgängiger Simulationsprozess zur Verbrennungsvorhersage anhand des Strömungszustands im Zylinder für Otto-, Diesel- und Gasmotoren

MSc. Avnish Dhongde
Dipl.-Ing. Bastian Morcinkowski
Dipl.-Ing. Kai Deppenkemper
Dipl.-Ing. Björn Franzke
Prof. Dr.-Ing. Stefan Pischinger

Lehrstuhl für Verbrennungskraftmaschinen (VKA),
RWTH Aachen University,
Forckenbeckstr. 4, 52074 Aachen

© Springer Fachmedien Wiesbaden GmbH, ein Teil von Springer Nature 2018
J. Liebl und G. Rainer (Hrsg.), *VPC.plus 2014*, Proceedings,
https://doi.org/10.1007/978-3-658-23775-2_4

1 Einleitung

Der enorme Anstieg in der Verfügbarkeit kostengünstiger Rechenkapazität in den letzten Jahren führte zu einem verstärkten Einsatz der 3D-Strömungssimulation (CFD) sowohl in der Erforschung als auch in der Serienentwicklung von Verbrennungsmotoren. Wesentliche Ziele sind dabei die Optimierung des Luftpfads, der Innenzylinderströmung sowie des Abgassystems. Vor diesem Hintergrund beinhaltet die frühzeitige Fixierung des Designs von Brennraum, Kolben und Kanälen Potential hinsichtlich eines kosten- und zeiteffizienten Entwicklungsprozesses.

Der so genannte „Charge Motion Design (CMD)" Prozess, eine gemeinsame Entwicklung des Lehrstuhls für Verbrennungskraftmaschinen (VKA) der RWTH Aachen University und der FEV GmbH bietet die Möglichkeit diesbezüglich einen wichtigen Beitrag zu leisten. Es handelt sich dabei um einen durchgängigen Simulationsprozess zur Verbrennungsvorhersage anhand des Strömungszustands im Zylinder für Otto, Diesel und Gasmotoren. Trotz der Unterschiede in den physikalischen und chemischen Eigenschaften der Kraftstoffe wie auch in den Gemischbildungs-, Zündungs- und Verbrennungsmechanismen stellt das innerzylindrische Strömungsfeld den gemeinsamen Nenner zur Optimierung der Brennverfahren dar.

In Fall des konventionellen Ottomotors mit seinem homogenen Gemisch haben Strömung und Turbulenzniveau einen sehr hohen Einfluss auf der Qualität der Verbrennung und die Entstehung von Emissionen [1]. Gleiches gilt auch für den Gasmotor mit offenem Brennraum. Dagegen wird die Verbrennung im Vorkammer-Gasmotor durch den einströmenden, hochturbulenten Zündstrahl in den Hauptbrennraum initialisiert. Ebenfalls von großer Bedeutung für die Gemischbildung ist das Drallniveau zum Einspritzzeitpunkt im Dieselmotor.

Die CMD Methodik basiert auf Innenzylinder 3D-CFD Strömungssimulationen jedoch ohne den Einsatz eines Verbrennungsmodells. Insbesondere weil keine Verbrennungsmodelle wie ECFM, G-Gleichung, Shell/CTC oder eine reaktionskinetische Berechnung der detaillierten Chemie benutzt werden, ist der Prozess sehr effizient. Eine Validierung der vorhergesagten Brennparameter und der berechneten Strömungsfelder erfolgt anhand motorischer Messdaten bzw. mittels optischer Strömungsmessung und Visualisierung [1][2].

Obwohl der CMD-Prozess ursprünglich nur für Ottomotoren entwickelt worden ist, konnte die Methodik erfolgreich auf Diesel- und Gasmotoren erweitert werden. Dieser durchgängige Simulationsprozess und seine Anwendungen werden nachfolgend im Detail diskutiert.

2 Grundlagen

Der CMD-Prozess basiert in seinem Ursprung auf den Arbeiten von Wiese [1][2][7], Peters[3][4] und Ewald[5][6]. Ein Überblick des Prozesses ist in Abbildung 1 dargestellt.

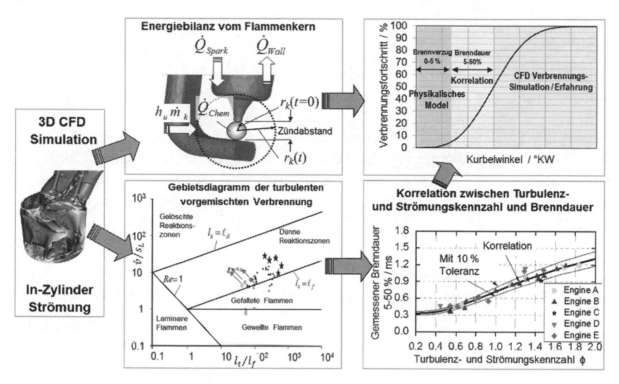

Abbildung 1: Der „Charge Motion Design" (CMD) Prozess

Zunächst wird eine ‚kalte' Strömungssimulation bestehend aus dem Ladungswechsel- und dem Verdichtungstakt durchgeführt. Die Turbulenzmodellierung erfolgt anhand des RNG k-epsilon Modells. Dabei sind Gittergröße, Gitterorientierung und das Diskretisierungsschema standardisiert, um die Vergleichbarkeit der Ergebnisse sicherzustellen. Die Simulation liefert die Verteilung sowohl der thermodynamischen Größen als auch der makro- und mikroskopischen kinetischen Energien. Der Brennverzug (0 bis 5 % des Umsatzes) wird anhand eines physikalischen Modells basierend auf Druckverlauf, Temperatur, Gemischzusammensetzung, Restgasanteil und Turbulenz im Bereich der Zündkerze berechnet. Die Brenndauer zwischen dem 5 und 50 % Umsatzpunkt wird mittels einer an Prüfstandsdaten validierten Korrelationsfunktion bestimmt. Dazu wird eine eigens definierte Strömungskennzahl aus der detaillierten Analyse des dynamischen Strömungsfelds während der Ansaugphase und der Kompression und der turbulenten Brenngeschwindigkeit berechnet. In diesem Zusammenhang wird zur Beurteilung der Flammenpropagation im Brennraum ein Ansatz zur Berechnung der turbulenten Brenngeschwindigkeit nach Peters verwendet [3][4]:

3

$$\frac{s_T - s_L}{v'} = -\frac{a_4 b_3^2}{2b_1} Da + \sqrt{(\frac{a_4 b_3^2}{2b_1} Da)^2 + a_4 b_3^2 Da}$$

Dabei sind a_i und b_i Konstanten und Da die Damköhler-Zahl, welche wie folgt definiert ist:

$$Da = \frac{s_L}{v'} \frac{\ell_t}{\ell_f}$$

Eine ausführliche Beschreibung dazu findet sich unter [1][2].

Die Verbrennung in homogen betriebenen Otto- und Gasmotoren ist als vorgemischt charakterisiert. Die Interaktion des turbulenten Strömungsfelds mit der Verbrennungschemie hängt maßgeblich von den Geschwindigkeits- und Längenskalen ab. Diese lassen sich in das Regimediagramm der turbulenten vorgemischten Verbrennung nach Peters einordnen. In diesem Diagramm wird die Turbulenzintensität v' in Bezug auf die laminare Brenngeschwindigkeit s_L auf der y-Achse und die turbulente Längenskala ℓ_t in Bezug auf die laminare Flammendicke ℓ_f auf die x-Achse aufgetragen.

Die Verbrennung in einem Ottomotor läuft i.d.R. im Gebiet der dünnen Reaktionszonen oder in der Zone der gefalteten Flammen ab (siehe Abbildung 1). In diesen Zonen wird die Verbrennungschemie jeweils durch die turbulenten Wirbelstrukturen beschleunigt.

Die verschiedenen Phasen der homogenen vorgemischten Verbrennung sind in Abbildung 2 dargestellt.

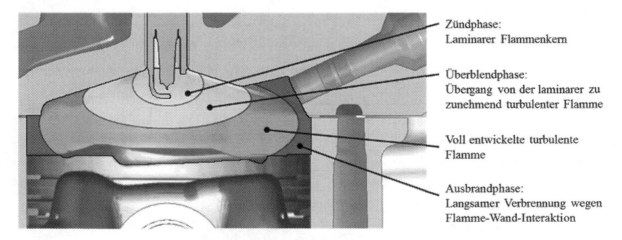

Zündphase:
Laminarer Flammenkern

Überblendphase:
Übergang von der laminarer zu zunehmend turbulenter Flamme

Voll entwickelte turbulente Flamme

Ausbrandphase:
Langsamer Verbrennung wegen Flamme-Wand-Interaktion

Abbildung 2: Verbrennungsphase bei homogener vorgemischter Verbrennung [1]

Der Brennverzug wird anhand einer Energiebilanz am Flammenkern nach Ewald[5][6] modelliert. Für die Berechnung des Brennverzugs wird das Gitter im Bereich der Zündkerze (Radius ~ 10 mm) verfeinert [2]. Der Übergang von laminarer Verbrennung zur voll turbulent ausgebildeten Flamme erfolgt über einen Skalierungsansatz der turbulenten kinetischen Energie. Dieser berücksichtigt die Tatsache, dass ausschließlich turbulente Wirbel der Größe des Zündfunkens oder kleiner die Flammenfront beeinflussen können. Die Berechnung der turbulenten Brenngeschwindigkeit wird mittels einer normalisierten Flammendicke vollzogen, die im Zusammenhang mit dem Verhältnis von Zeit zu turbulentem Zeitmaß t_t steht. Ein entscheidender Vorteil des physikalischen Brennverzugsmodells ist, dass es ebenfalls Einflussgrößen wie den Restgasgehalt und das Verbrennungsluftverhältnisses berücksichtigt.

In Ergänzung zur Vorhersage des Brennverzugs wurde eine Korrelation für die 5-50 % Brenndauer von Wiese [1][2] entwickelt. Ausgangspunkt ist die Annahme, dass die Brenndauer sich in Abhängigkeit von einer charakteristischen Länge L der Brennraumgeometrie und der turbulenten Brenngeschwindigkeit s_T darstellen lässt. Die charakteristische Länge wird dabei als proportional zu der integralen Längenskala ℓ_t gesetzt, so dass sich ergibt:

$$t_B = \mathbf{f}\,(\frac{\ell_t}{s_T})\ .$$

Mit der Approximation für die turbulente Brenngeschwindigkeit s_T und dem Zusammenhang zwischen integraler Längenskala ℓ_t, der Turbulenzintensität v' und dem turbulenten Zeitmaß t_t ($\ell_t \sim v'{\cdot}t_t$), ergibt sich folgende Korrelation:

$$t_B = \mathrm{f}\,(t_t\,[c_1\frac{s_L}{v'} + f(c_2 Da)]^{-1}) = \mathrm{f}\,(\Phi)\ .$$

Damit wird die Vorhersage der Brenndauer auf eine Bestimmung der charakteristischen Strömungskennzahl Φ reduziert. Zur Berechnung dieser Kennzahl wird das Strömungsfeld im gesamten Brennraum ausgewertet.

Die Eingrenzung auf eine Brenndauer zwischen den Umsatzpunkten 5 und 50 % steht im Zusammenhang mit den Flamme/Wand-Interaktionen bzw. dem Quenching. Beide Effekte beeinflussen den zweiten Teil der Verbrennung maßgeblich und sind daher nicht allgemeingültig zu modellieren. Eine genaue Vorhersage der 5-50 % Brenndauer ist jedoch i.d.R. vollkommen ausreichend, um das Brennverfahren hinsichtlich seiner Qualität zu bewerten.

3 Der CMD-Prozess bei Ottomotoren

3.1 Einfluss von Brennverzug und Brenndauer auf das Brennverfahren

Die Verbrennungsqualität von ottomotorischen Brennverfahren kann maßgeblich über Brennverzug und Brenndauer beschrieben werden. Abbildung 3 zeigt für zwei Motorgeometrien, die sich nur im Kanallayout unterscheiden, deutliche Unterschiede im Brennverhalten. Layout A hat signifikant längere Brennverzüge als Layout B. Außerdem ist ersichtlich, dass längere Brennverzüge mit größeren zyklischen Schwankungen dieser einhergehen. Üblicherweise ist zudem eine Korrelation zwischen Brennverzugsschwankungen und Schwankungen im indizierten Mitteldruck feststellbar. Aus diesem Grund ist ein kürzerer Brennverzug ein gewünschtes Entwicklungsziel.

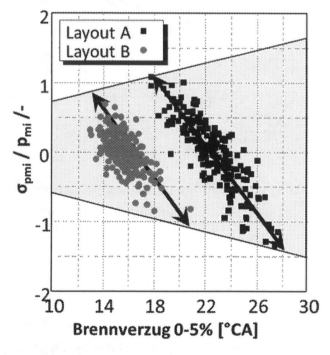

Abbildung 3: Abhängigkeit der zyklische Schwankungen des indizierten Mitteldrucks vom Brennverzug für zwei Kanallayouts

Auch die Brenndauer spielt eine wichtige Rolle bei der Auslegung des Brennverfahrens. Aus einer kurzen Brenndauer ergibt sich in der Regel ein kurzer Brennverzug, da der Zündwinkel zu Zeiten hin verschoben wird, wo diese kurz sind. Bei frühen und bei späten Zündwinkeln ist der Brennverzug in der Regel deutlich verlängert, siehe Abbildung 4. Eine kurze Brenndauer ist somit auch für kritische Betriebszustände, wie dem Kat-Heizen, notwendig. Der Motor wird dabei bei besonders späten Verbrennungsschwerpunktlagen betrieben, um die notwendigen Abgasenthalpie bereitstellen zu können. Die Vermeidung zu großer zyklischer Schwankungen stellt eine große Anforderung an das Brennverfahren dar. Des Weiteren ist auch die Schichtung durch Einspritzung nicht zu vernachlässigen.

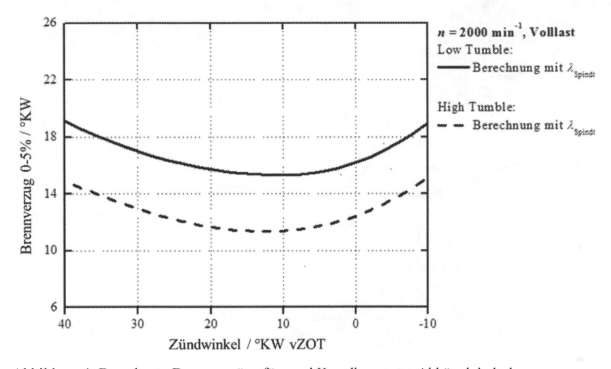

Abbildung 4: Berechnete Brennverzüge für zwei Kanalkonzepte: Abhängigkeit des Brennverzugs vom Zündwinkel

3.2   Einfluss der Strömung auf Brennverzug und Brenndauer

Brennverzug und Brenndauer werden direkt durch die Strömungs- und Turbulenzintensität sowie Restgasanteil und Gemischschichtung beeinflusst. Die drei zuerst genannten Größen können über den CMD-Prozess bewertet werden. Das Gemisch wird dabei als perfekt homogen angenommen. In der Tat ist es so, dass eine Einspritzung beim konventionellen Ottomotor so ausgelegt werden sollte, dass eine möglichst homogene Gemischverteilung vorliegt, siehe Kapitel 3.4.

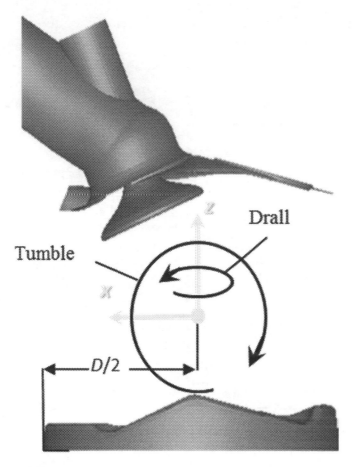

Abbildung 5: Tumble- und Drallströmung im Ottomotor

Die Strömung wird maßgeblich von den Komponenten Brennraumdach, Kanäle und der Kolbenkrone beeinflusst. Bei Ottomotoren ist der sogenannte Tumble die wichtigste Strömungsform der Ladungsbewegung, siehe Abbildung 5. Der Tumble ist ein großskaliger Wirbel der in Form einer Walze senkrecht zur Zylinderachse dreht. Dieser Wirbel wird im Verlauf der Kompression in kleinskalige Turbulenz konvergiert. Die Turbulenz trägt nach Kapitel 2 maßgeblich zur Brenngeschwindigkeit bei. Neben dem Tumble sind noch andere Formen der Ladungsbewegung, wie zum Beispiel der Drall, denkbar; diese lassen sich jedoch weniger gut zu den relevanten Zeiten in Turbulenz umwandeln.

3.3 Maßnahmen zur Optimierung von Brennverzug und Brenndauer

In Kapitel 3.1 ist eingangs bereits aufgezeigt worden, dass das Kanaldesign das Brennverhalten und damit den Tumble maßgeblich beeinflusst. Abbildung 4 zeigt den Tumble für zwei verschiedene Kanallayouts. Während des Saughubs wird die Ladungsbewegung über den Kanal generiert. Auch die Brennraumdachgeometrie kann in dieser Phase positiv unterstützen. Zu späteren Zeiten muss der Tumble konserviert und schließlich konvertiert werden; dafür sind Brennraumdach- und Kolbenkronengeometrie maßgeblich verantwortlich. Abbildung 6 zeigt den Einfluss verschiedener Kolbenvarianten auf die späte Entwicklung der Tumble-Strömung.

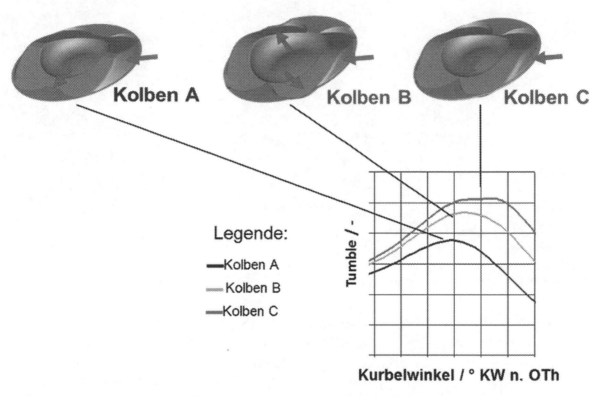

Abbildung 6: Einfluss der Kolbengeometrie auf Tumblegenerierung

Die Tumblegenerierung über den Kanal wird in der Regel über eine Strömungsablösung zum Ende des Kanals und zeitgleicher Beschleunigung der Strömung bewerkstelligt. Abbildung 7 zeigt die typischen Merkmale eines Tumblekanals. Im unteren Teil befindet sich die Abrisskante für die Strömung. Des Weiteren ist der effektive Strömungsquerschnitt des Kanals so reduziert, dass die Strömungsgeschwindigkeit zur Ablösung ausreichend groß ist. Dies führt jedoch auch zu einer Reduktion des Durchflusses, siehe Abbildung 10. Bei der Kanalentwicklung ist somit darauf zu achten, die für die gewünschten Leistungszielwerte des Motors benötigte Füllung realisieren zu können.

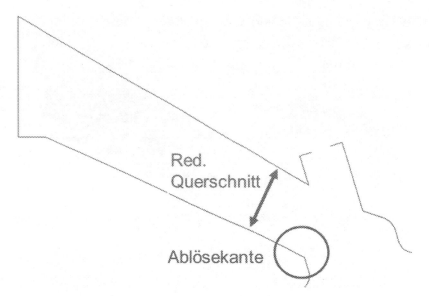

Abbildung 7: Typische Merkmale eines Tumblekanals

3.4 Bewertung der Einspritzung

Der CMD-Prozess basiert auf der Annahme einer perfekten Homogenisierung. Trotzdem kann der Prozess für geschichtete Brennverfahren mit der Einschränkung genutzt werden, dass keine Brenndauerkorrelation durchgeführt werden kann. Auch geschichtete Brennverfahren profitieren in der Regel von einer Anhebung der Ladungsbewegung. Eine wichtige Bewertungsgröße ist auch die Schichtung selber; insbesondere muss das Konzept in der Lage sein, ein zündfähiges Gemisch zum Zündzeitpunkt an Zündkerze bereitzustellen. Konventionelle Brennverfahren hingegen sollten möglichst gut homogenisieren können.

Da die Einspritzung somit eine große Rolle spielt, ist die Durchführung von Einspritzrechnungen für direkteinspritzende Ottomotoren sinnvoll.

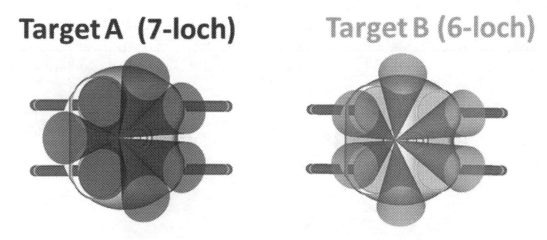

Abbildung 8: Vergleich eines 7-loch und eines 6-loch-Spraytargets für zentrale Injektorlage

Eine typische Vorgehensweise bei der Auslegung eines konventionellen Brennverfahrens soll an dieser Stelle skizziert werden. Das Spraylayout ist wichtig für die initiale Tröpfchenverteilung. Außerdem kann über die Anzahl der Löcher der jeweilige Lochdurchmesser und damit der Strahlaufbruch beeinflusst werden. Eine möglichst homogene initiale Tröpfchenverteilung durch die Einspritzung ist anzustreben. Jedoch steht dies i.d.R. im Gegensatz zur unerwünschten Wandbenetzung, weshalb in der Auslegung stets ein Kompromiss zu wählen ist. Da die Töpfchen und später das verdampfte Gemisch von der Strömung transportiert werden, spielt auch hierbei der Tumble eine wichtige Rolle. Eine erhöhte Ladungsbewegung transportiert das Gemisch besser. Auch die Turbulenz liefert einen großen Beitrag zur Homogenisierung, da diese die diffusiven Mischungsvorgänge beschleunigt.

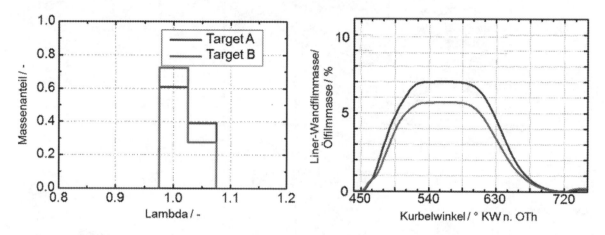

Abbildung 9: Homogenisierung und Wandfilmbildung[1] für zwei Injektortargets im Vergleich

Abbildung 9 zeigt den Vergleich von zwei Spraylayouts für zentrale Injektorlagen. Das etwas weitere Spraybild von Injektor B führt in diesem Fall gegenüber Injektor A zu einer reduzierten Wandbenetzung bei ähnlicher Homogenisierung, siehe Abbildung 8. Damit ist Injektor B in diesem Fall zu bevorzugen.

3.5 Interaktion von 1D und 3D Simulation

Die CAE Werkzeuge der 1D Motorprozessrechnung und der 3D-CFD Simulation sind bei der Auslegung der Kanalgestaltung und des Ladungsbewegungsniveaus stets eng miteinander verbunden. Dabei dient insbesondere der Rücktransfer der gewonnen Ver-

---

[1] Die gezeigte Wandfilmmasse ist die akkumulierte Kraftstoffmasse. Die Reduktion der Masse während der Kompression resultiert aus der zunehmenden Überdeckung vom Liner durch den Kolben.

brennungsparameter aus der transienten CFD Simulation zur Steigerung der Vorhersagequalität des Motorprozessmodels.

Der Beginn des Prozesses erfolgt seitens der 1D Motorprozessrechnung. In einem ersten Schritt erfolgt eine Abschätzung der Durchflusscharakteristik des Einlasskanals unter Berücksichtigung des Lastenheftes des jeweiligen Motors. Hierbei ist stets ein Kompromiss aus initialer Ladungsbewegung und dem Durchsatzvermögen zu wählen, wobei stets ein Erreichen der Leistungszielwerte des Motors sichergestellt sein muss. Abbildung 10 zeigt den Verlauf der Durchflusszahl α_K bei max. Ventilhub in Abhängigkeit des integralen Tumbles, welcher als Kennzahl der initialen Tumbleintensität anzusehen ist.

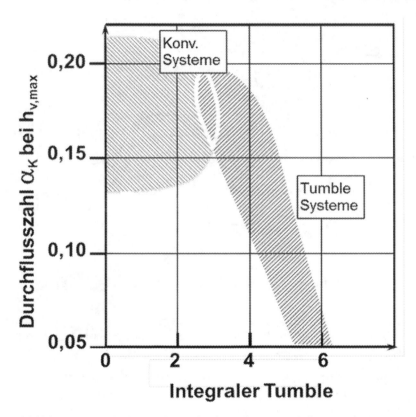

Abbildung 10: Zielkonflikt zwischen des Durchflussvermögens und der Generierung von Ladungsbewegung in der Kanalauslegung

Die Nachteile im Durchsatzvermögen von Tumble-Einlasskanälen lassen sich zunächst bei aufgeladenen Motoren meist durch eine Anhebung des Ladedrucks kompensieren. Dabei gilt es jedoch stets negative Konsequenzen hinsichtlich Ladungswechselverluste und Klopfneigung zu berücksichtigen.

Ferner stellt die Motorprozessrechnung unter Abschätzung eines Brennverlaufs Randbedingungen hinsichtlich Druck und Temperatur an den Grenzen des CFD Models sowie die Ventilerhebungen und zugehörige Steuerzeiten bereit, vgl. Abbildung 11.

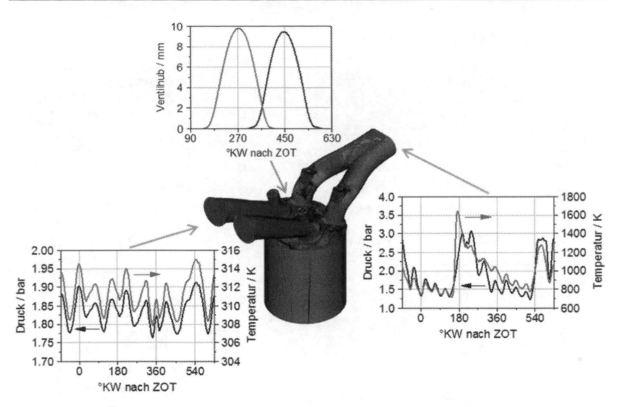

Abbildung 11: Übergabe von Daten der 1D Motorprozessrechnung als Randbedingungen des 3D CFD Models

Unter Annahme einer mit der 1D Simulation identischen Verbrennungsschwerpunktlage liefert die transiente CFD Rechnung Vorhersagen des Brennverzugs und der Brenndauer. Ein Rücktransfer dieser Informationen in die Motorprozessrechnung führt zu einer Anpassung des Brennverlaufs, wodurch die individuelle Charakteristik des Brennraums- und Kanalkonzepts berücksichtigt wird, vgl. Abbildung 12.

Für den Fall, dass das Ladungsbewegungsniveau bzw. die Verbrennungsparameter nicht den Zielwerten entsprechen, kann durch Änderungen der Kanal- bzw. Brennraumgestaltung eine iterative Optimierung erfolgen. In dieser Phase liegen bereits Messdaten aus einer stationären Strömungsmessung des Kanals vor, mit denen die Durchflusscharakteristik des Kanals in der Motorprozessrechnung präzisiert werden kann.

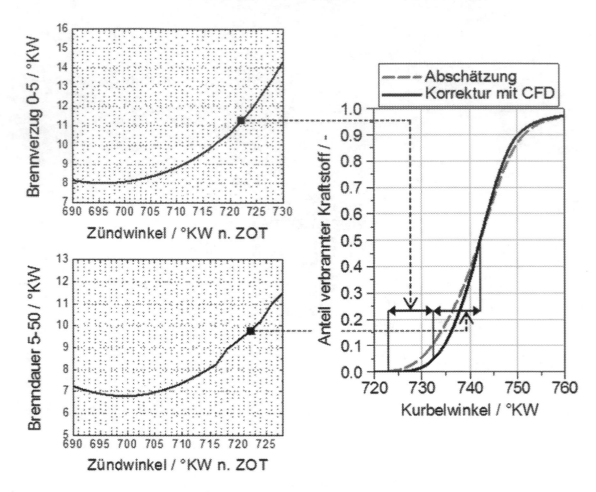

Abbildung 12: Anpassung der Verbrennung in der Motorprozessrechnung unter Berücksichtigung der vorhergesagten Verbrennungsparameter aus der Zylinderströmung

Neben der Untersuchung verschiedener Einlasskanalvarianten bildet das Verfahren auch den Einfluss der Kolbengeometrie auf die Konvertierung von Ladungsbewegung in Turbulenz ab. So kann die Gestaltung der Kolbenmulde neben ihrer Funktionalität in der Gemischbildung auch anhand ihres Einflusses auf die Brenncharakteristik bewertet werden. Die Interaktion zwischen den beiden CAE Werkzeugen ermöglicht außerdem eine präzise Bestimmung des Ladedruckbedarfs sowohl Eckdrehmoment als auch im Nennleistungsbetriebspunkt, wodurch eine optimale Auslegung des Turboladers erfolgen kann.

4 Der CMD-Prozess beim Pkw-Dieselmotoren

4.1 Bewertung der Brennrauminnenströmung auf die Gemischbildung

Für Pkw-Dieselmotoren ist erwiesen, dass eine optimale Drallinnenströmung im Brennraum zu einer guten Gemischbildung und damit Verbrennung führt. Daher gilt bis zu einem gewissen Maß, dass die Erhöhung des Dralls die Emissionsentstehung durch die dieselmotorische Verbrennung reduziert. Eine auf der dieselmotorischen Gemischbildung basierende Auswertung von 3D-CFD-Simulationen kann deshalb genutzt werden, um den Strömungszustand im Brennraum zu analysieren und bewerten. Es werden dazu zwei verschiedene Ansätze herangezogen, zum einen der globale Strömungszustand mittels der Drallzahl (Verhältnis von radialer Tangentialgeschwindigkeit zu Rotationsgeschwindigkeit der Kurbelwelle), zum anderen die Bestimmung von integralen Zustandsgrößen zu einem festen definierten Zeitpunkt. Als integrale Zustandsgrößen werden die Standardabweichung der Rotationsgeschwindigkeit und die Drallhomogenität dimensionslos berechnet, um eine Bewertung unabhängig von der Motorgeometrie (Bohrung, Hub) vorzunehmen. Darüber hinaus erfolgt ebenso eine Analyse von emissionsrelevanten Parametern wie der Restgasverteilung, O2-Konzantration oder der Gastemperatur zum Zeitpunkt der Einspritzung.

Damit eine Bewertung des integralen Zustands möglich ist, wird ein statistischer Ansatz verfolgt. Hierzu werden für die Bewertung des Strömungsfeldes, der thermodynamischen oder chemischen Parameter für einen zuvor definierten Zeitpunkt Querschnitte parallel in konstanten Abständen zum Zylinderkopf im Brennraum erzeugt. Jeder Querschnitt wird darüber hinaus in mehrere konzentrische Ringe unterteilt, siehe Abbildung 13. Die Berechnung des Mittelwerts jedes Querschnitts erfolgt in zwei Schritten. Als erstes wird die betrachtete Komponente in jedem Ring über die Anzahl der Zellen pro Ring massengemittelt und dieser Wert dann in einem zweiten Schritt flächengemittelt auf die gesamte Querschnittsfläche bezogen bewertet [8]

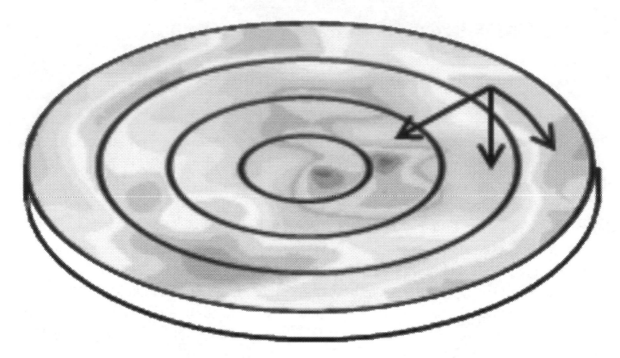

Abbildung 13: Einteilung eine Querschnittsebene in mehrere konzentrische Ringe zur Auswertung des Strömungsfeldes, thermodynamischen oder chemischen Parameter

Diese Auswertemethoden stellen ein geeignetes Werkzeug dar, um den Einfluss des Kanal- und Zylinderkopfdesigns auf die Strömungs- und Gemischbildungseigenschaften in einer frühen Phase der Entwicklung bewerten zu können. Deshalb soll nun die Anwendung der vorgestellten Auswertung an einem aktuellen Thema in der Pkw-Dieselentwicklung des variablen Ventiltriebs dargestellt werden.

4.2 Einfluss des variablen Ventiltriebs auf das Einströmverhalten beim Pkw-Dieselmotor

In der Vergangenheit sind bei der FEV GmbH als auch am VKA RWTH Aachen University eine Vielzahl an Ventiltriebsuntersuchung am Pkw-Dieselmotor vorgenommen worden. Die folgenden Ergebnisse sind durch die Forschungsarbeit aus dem FVV-Vorhaben Nr. 1027 „Potenziale von Ladungswechselvariabilitäten beim PKW-Dieselmotor" abgeleitet [9].

Zur Bewertung der Strömungscharakteristik, die eine Ventiltriebsvariabilität erzeugt, werden die in Abbildung 14 dargestellten Ventiltriebsvarianten „Basis" und „VVT" miteinander vergleichen.

16

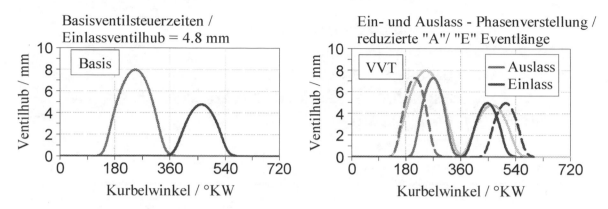

Abbildung 14: Untersuchte Ventiltriebsvariabilitäten

Damit neben der geänderten Nockenkontur der Variante „VVT" auch der Effekt von unterschiedlichen Steuerzeiten dargestellt werden kann, sind für diese Varianten folgenden Steuerzeitenverstellungen in dem Teillastbetriebspunkt $n = 2000$ 1/min, $p_{mi} = 3.0$ bar, $ISNO_x = 0.5$ g/kWh betrachtet worden:

- Parallel Verstellung: Auslass 24 KW nach früh, Einlass 24 KW nach spät
- Parallel Verstellung: Auslass 48 KW nach früh, Einlass 48 KW nach spät
- Asynchrone Verstellung: Auslass 24 KW nach früh, Einlass 48 KW nach spät

Die verschiedenen Verstellungen führen zu unterschiedlichen inneren AGR-Raten, die zu einer Restgasschichtung im Brennraum bei Einspritzbeginn, 10 °KW vor dem oberen Totpunkt der Hochdruckphase (v. OTH) führen, Abbildung 15. Zur besseren Vergleichbarkeit ist die gesamte AGR im Brennraum stets konstant gehalten worden.

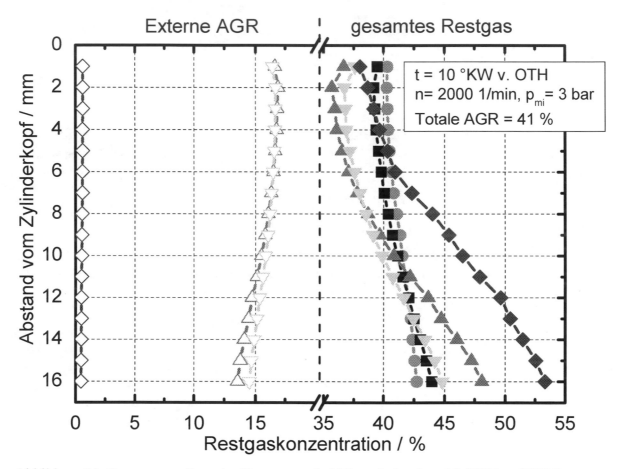

Abbildung 15: Restgasverteilung im Brennraum bei Einspritzbeginn, 10 °KW v. OTH für Variante „VVT" im Vergleich zur „Basis"

Es ist deutlich zu erkennen, dass durch eine kontinuierliche Phasenverstellung der Auslassseite in Richtung früh der Anteil der inneren AGR wegen des ebenfalls früheren „Auslass Schließt" ansteigt. Die parallele Verstellung der Einlassseite in Richtung spät bewirkt die vollständige Expansion der rekomprimierten inneren AGR im Ladungswechsel-OT und verhindert zugleich eine Vorlagerung des Restgases in den Einlasskanälen. Beide, die Steuerzeitenverstellung als auch die innere AGR, haben einen entscheidenden Einfluss auf die globale Strömung im Brennraum, denn sowohl die Intensität des Muldendralls als auch die Drallstruktur werden reduziert bzw. beeinflusst.

Diese Parameter sind dabei zwei wichtige Größen zur Bewertung der Strömung, da sie Aufschluss über die erforderliche Ladungsbewegungsintensität geben, die während Einspritzung und Verbrennung zur Vermischung und optimaler Luftausnutzung notwendig ist. Moderne Pkw-Dieselmotoren besitzen in der Regel ein rotationsymmetrisches Brennraumdesign mit zentrischem Injektor. Eine weitgehend rotationssymmetrische Drallströmung ist Voraussetzung dafür, eine eindeutige Optimierung der über den Umfang gleichmäßig verteilten Einspritzstrahlen und ihrer Interaktion mit der Muldenströmung und- geometrie vornehmen zu können [10]. Eine quantitative Bewertung der Homogenität der Rotationssymmetrie der Drallströmung wird durch Analyse der statistischen Verteilung der Tangentialgeschwindigkeit ermöglicht. In Abbildung 16 ist die in Umfangsrichtung ermittelte Schwankungsgröße $RMS_{V,theta}$ als Funktion der Brennraumhöhe dargestellt.

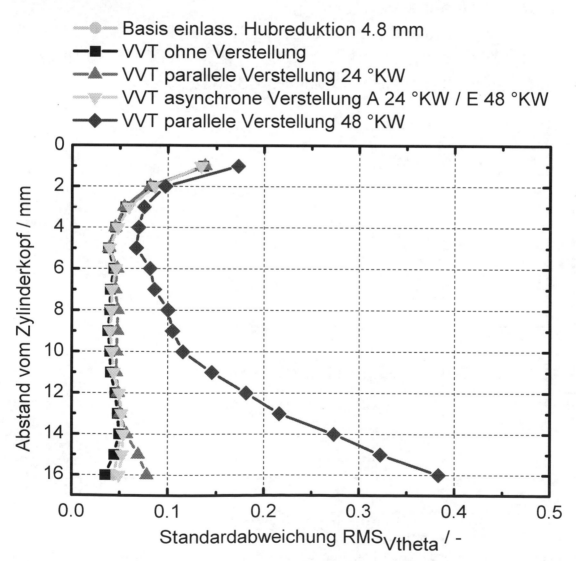

Abbildung 16: Standardabweichung der Rotationsgeschwindigkeit über Brennraumhöhe bei 10°KW v. OTH

Die allgemein große Standardabweichung in der Nähe des Zylinderkopfes entsteht aus der lokal unterschiedlichen Tangentialgeschwindigkeit. So ist die äußere Geschwindigkeit an den Ventilsitzen deutlich höher als im Inneren am Injektor. Darüber hinaus führen die starke Restgasschichtung und die geringe Drallintensität bei symmetrischer Verstellung um 48 °KW zu einer signifikanten Spreizung der Standardabweichung mit zunehmender Entfernung vom Zylinderkopf.

Schon eine leichte parallele Verstellung ergibt eine erhöhte Standardabweichung verglichen zur Basisnockenwellenstellung. Im Gegensatz dazu zeigt die asynchrone Verstellung lediglich im Muldengrund einen leichten Anstieg von $RMS_{V,theta}$.

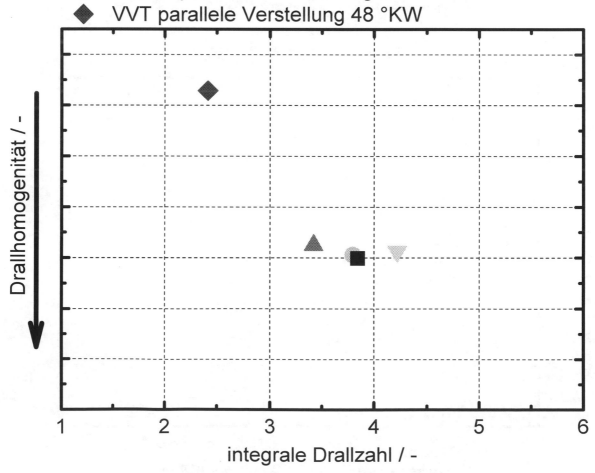

Abbildung 17: Drallhomogenität als Funktion der integralen Drallzahl 10 °KW v. OTH

Die Homogenität der Drallströmung als Funktion der integralen Drallzahl bestätigt abschließend die Vorteile der asynchronen Verstellung der Variante „VVT", Abbildung 17. In Relation zu den anderen Verstellungen sowie der Basisnockenkontur wird das gleiche Homogenitätsniveau mit einem erhöhten Drall trotz der inneren AGR erreicht [8].

Insgesamt zeigen die Ergebnisse der 3D-CFD-Berechnung der Brennraumströmung, dass die asynchrone und leichte parallel Verstellung keine Nachteile in der Drallqualität trotz der inneren AGR aufweisen. Zusätzlich lassen sich Vorteile bei der asynchronen Verstellung durch eine Erhöhung der integralen Drallzahl und damit einer verbesserten Gemischbildung beweisen [9].

5   CMD Gasmotoren

5.1   ATAC-Muldenkonzept für offenen Brennraum

Das Brennverfahren eines homogen-vorgemischten Erdgasmotors benötigt eine deutliche Turbulenzunterstützung, um die aktive Oberfläche der Flamme während ihrer Ausbreitung zu vergrößern und den Verbrennungsprozess zu beschleunigen. Dabei bietet die Gestaltung der Kolbenform eine relativ einfache und effektive Möglichkeit, das Strömungsfeld während der Kompressionsphase bzw. des Zündvorgangs zu beeinflussen. Zur Erzeugung eines hochturbulenten Strömungsfeldes zum Zeitpunkt der Entflammung bzw. Verbrennung wurde der sogenannte ATAC-Kolben (advanced turbulence assisted combustion) mit den speziell gestalteten Quetschflächen (siehe Abbildung 18) entwickelt. Kolbenformen mit ähnlicher Zielsetzung wurden in der Vergangenheit in [11][12][13][14] untersucht, wobei die Herstellung der komplexen Geometrien mit hohem Fertigungsaufwand verbunden war. Für das ATAC-Verfahren wurde daher eine Lösung untersucht, die mit nur geringem Zusatzbearbeitungsaufwand auskommt. Darüber hinaus kann es mit evtl. erforderlichen Ventiltaschen kombiniert werden.

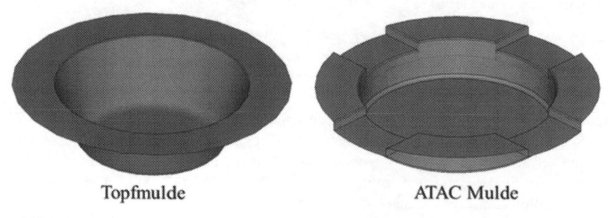

Topfmulde   ATAC Mulde

Abbildung 18: Untersuchte Kolbenformen (Prinzipdarstellung)

Im Folgenden soll die Funktionsweise eines ATAC-Konzepts hinsichtlich seiner Aus-wirkung auf Entflammung in einem Teillastbetriebspunkt (Drehzahl 1200 min[-1], effek-tiver Mitteldruck 2 bar) mittels CMD demonstriert werden. Die Einlasssteuerzeiten ent-sprechen einem Millerprozess mit frühem „Einlass Schließt". Zur Verdeutlichung des Prinzips wurde ein Kolben mit Topfmulde mit dem ATAC Kolben verglichen. Beide Kolbenmulden sind in Abbildung 18 dargestellt. Sie besitzen denselben Durchmesser und führen zum gleichen Verdichtungsverhältnis des Motors.

Abbildung 19 zeigt den Verlauf der dimensionslosen Drallzahl und der turbulenten ki-netischen Energie (TKE) über dem Kurbelwinkel. Hieraus ist deutlich zu erkennen, dass schon in der Ladungswechselphase die eingebrachte Drallbewegung der Strömung an den Kanten des ATAC-Kolbens gebrochen wird und dadurch die turbulente kinetische Energie ansteigt. Dieser Effekt wird in der anschließenden Kompressionsphase weiter verstärkt.

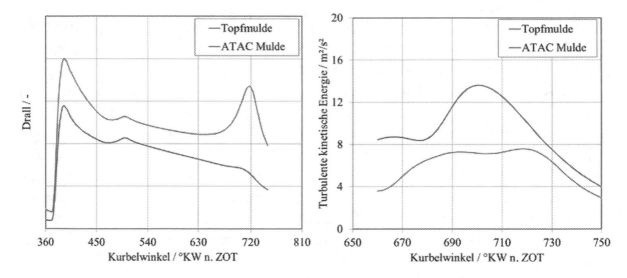

Abbildung 19: Vergleich der beiden Muldenformen hinsichtlich Drallzahlverlauf und lokale gemittelte turbulente kinetische Energie für einen Teillastbetriebspunkt

Die Konvertierung des Dralls in turbulente kinetische Energie zeigt Abbildung 20 in einen Schnitt senkrecht zur Zylinderachse unmittelbar unterhalb der Brennraumdecke zum Zeitpunkt 700°KW n. ZOT. Die Lage des Schnittes und auch der Zeitpunkt sind repräsentativ für die Zündung. Die Drallbewegung wird beim ATAC-Kolben durch ho-he Scherströmungen an den Brennraumwänden beeinflusst. Daraus resultiert eine Zu-nahme der lokalen Turbulenz im Vergleich zur Topfmulde. Die Verwirbelung konzen-triert sich im Brennraumzentrum und unterstützt den Entflammungsprozess bei Konfigurationen mit zentral angeordneter Zündkerze.

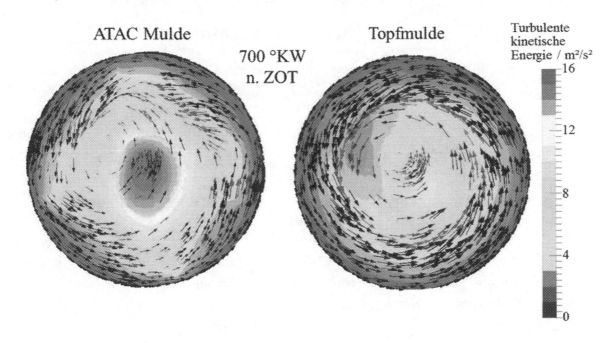

Abbildung 20: Lokale turbulente kinetische Energie in einem Schnitt 90° zur Zylinderachse, 1 mm unterhalb des Zylinderkopfbodens für einen Teillastbetriebspunkt

Die mit Hilfe der CMD-Simulation ermittelten Brennverzüge und Brenndauern sind für beide Kolbenvarianten in Abbildung 21 dargestellt. Die höhere Turbulenzerzeugung der ATAC-Mulde führt zu einer Verbesserung der Verbrennung, was einhergeht mit einer Verkürzung des Brennverzugs sowie der Brenndauer.

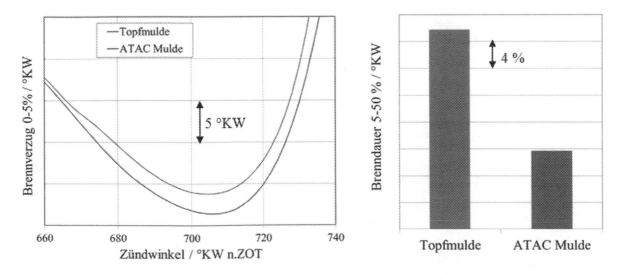

Abbildung 21: Mit Hilfe des CMD-Prozesses simulierte Brennverzüge und Brenndauern in einem Teillastbetriebspunkt für 2 Kolbenvarianten

5.2 Der CMD-Prozess für Vorkammer-Gasmotoren

Gespülte Vorkammer-Gasmotoren mit Fremdzündung finden hauptsächlich Anwendung bei größeren Bohrungsdurchmessern von mehr als 200 mm. Bei diesen Brennverfahren wird ein homogen-mageres Gemisch mittels Zündstrahlen gezündet, die aus einer meist stöchiometrisch betriebenen Vorkammer austreten. Diese Zündstrahlen erreichen durch Überströmbohrungen den Hauptbrennraum und sind aufgrund der hohen Einströmgeschwindigkeiten hochturbulent. Aufgrund der turbulenzdominierten Verbrennung ist der CMD-Prozess prädestiniert zur Vorhersage der Verbrennungsqualität und damit zur Optimierung von Kolbengeometrie, Vorkammergestalt oder Kanalform. Die für die CMD-Korrelation genutzten Parameter sind abhängig vom Brennverfahren, so dass für Gasmotoren eine vom Standard-CMD-Prozess für Ottomotoren abweichende Modellkalibrierung genutzt werden muss. Zur Kalibrierung wurden Messdaten eines Einzylinder-Gasmotors verwendet.

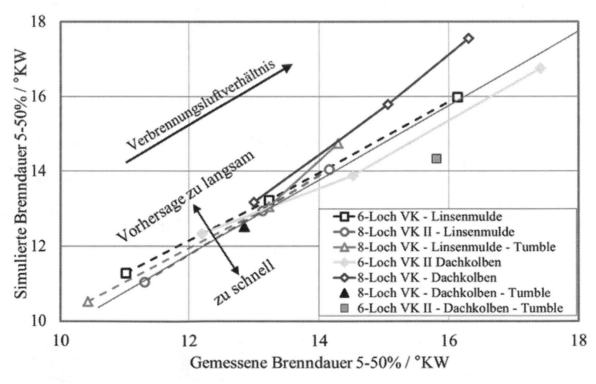

Abbildung 22: Validierung des CMD Prozesses für gespülte Vorkammer Gasmotoren [16]

Anschließend wurden 2 unterschiedliche Kolben-Formen, Vorkammern und Ventilsitzringdesigns simuliert und getestet. Zusätzlich wurden einige Varianten auch mit 3 verschiedenen Luft / Kraftstoff-Verhältnissen untersucht. Abbildung 22 zeigt die Gegenüberstellung der vorausberechneten zu den gemessenen Brenndauern, wobei die gestrichelten Varianten für die Modellkalibrierung und die durchgezogenen Linien für die Vorausberechnung herangezogen worden sind. Es konnten absolute Brenndauern mit einer mittleren Abweichung von 3% vorhergesagt werden und es konnten für gleiche Luftverhältnisse alle gemessenen Trends der individuellen Konfiguration folgerichtig wiedergegeben werden. Mit Hilfe des CMD Prozesses konnten somit Maßnahmen identifiziert werden, welche zum Beschleunigen des Verbrennungsprozesses führen.

Im Hinblick auf die Analyse der einzelnen Varianten, stellte sich heraus, dass Vorkammern mit 6 Überströmbohrungen in Kombination mit einem ungünstigen Strahlwinkel zu Wechselwirkungen mit der Zylinderkopfwand führen, was letztendlich zu einer längeren Brenndauer führt. In Konfigurationen mit Dachkolben gegenüber dem Linsenkolben wurde eine langsamere Verbrennung beobachtet, da die Fackelstrahlen aus der Vorkammer zwischen Kolben und Flammdeck eingequetscht werden.

Die beste Konfiguration aller untersuchten Varianten war eine 8-Loch-Vorkammer in Kombination mit Linsenkolben und leichten Tumble-Kanten. Eine optimierte Geometrie der Löcher ermöglichte zwar ein schnelleres Eindringen der Vorkammerstrahlen und zunächst eine höhere Turbulenzerzeugung, aber führte auch zu früheren Wand-Wechselwirkung mit der Kolbenmuldenfläche und damit zu einem schnelleren Abbau der turbulenten Energie.

Bezüglich der Generierung von Tumble wurden unterschiedliche Effekte mit verschiedenen Kolbenmulden-Designs beobachtet. Während die Dachkolbenform den Tumble im Vergleich zum Linsenkolben zu schnell zerstörte, erreichte letzterer ein höheres Energieniveau und eine langsamere turbulenten Dissipationrate.

Basierend auf den Ergebnissen dieser Studie konnte die Brennraumgeometrie für den untersuchten Motor verbessert werden. So konnte eine 6-Loch Vorkammer durch Einstellen eines unkonventionellen Strahlwinkels im Hinblick auf die Brenndauer optimiert werden. Mit Hilfe der in der Datenbank befindlichen Korrelationsfunktionen ist es jetzt auch möglich, den CMD Prozess zur Optimierung neuer Geometrien ohne vorherigen Abgleich anzuwenden.

Zusammenfassung

In der vorliegenden Arbeit wird der „Charge Motion Design"-Prozess vorgestellt, welcher basierend auf dem Strömungsfeld von 3D-CFD-Simulationen Brennverzüge und Brenndauern vorhersagen kann. Dieser Prozess nutzt die physikalische Modellierung der initialen Verbrennung (0-5 % Massenumsatz) und eine Korrelationsfunktion zur Berechnung der weiteren Verbrennung (5-50 % Massenumsatz).

Für den ottomotorischen CMD-Prozess werden der Einfluss des Brennverzugs und der Brenndauer auf die Qualität der Verbrennung diskutiert. Der Einfluss der Brennraumgeometrie auf die Verbrennung wird anhand von Beispielen erläutert. Basierend darauf werden gängige Optimierungsmaßnahmen beschrieben. Der Basisteil des CMD-Prozesses basiert auf der Annahme einer perfekten Homogenisierung. Insbesondere bei direkteinspritzenden Ottomotoren kann es zu Abweichungen von dieser Idealannahme kommen. Einspritzrechnungen dienen zur Bewertung der Gemischbildung; darüber hinaus kann eine Bewertung der Wandbenetzung vorgenommen werden. Eine Kopplung des CMD-Prozesses mit 1-D Simulationen führt zur Steigerung der Vorhersagequalität des Motorprozessmodels und ermöglicht eine präzise Bestimmung des Ladedruckbedarfs und optimale Auslegung des Turboladers.

Für den dieselmotorischen CMD-Prozess stellt die vorliegende Arbeit spezielle Auswertemethoden vor. Die dabei eingesetzten Routinen nutzen den integralen Wert der Standardabweichung von der Rotationsgeschwindigkeit und Homogenität des Dralls zur Bewertung des Brennverfahrens. Beispielhaft wird eine Untersuchung an einem Brennverfahren mit variablem Ventiltrieb vorgestellt.

Der CMD-Prozess wird außerdem erfolgreich für Erdgasmotoren genutzt. Dazu wird eine angepasste Variante der Modellierungs- und Korrelationsansätze genutzt, welche die geänderte Geometrie und Kraftstoffe berücksichtigt. Eine spezielle Muldenform zur Verbesserung der Verbrennungsqualität bei Nutzfahrzeug-Erdgasmotoren wird anhand des Prozesses bewertet. Außerdem thematisiert die vorliegende Arbeit die Kalibrierung und Validierung des Prozesses anhand eines Vorkammer-Gasmotors.

Der vorgestellte CMD-Prozess stellt zusammenfassend eine günstige und effektive Methodik dar, die Verbrennungsentwicklung für Otto-, Diesel- und Gasmotoren mittels numerischer Strömungssimulation zu unterstützen.

Literaturverzeichnis

1. Wiese, Adomeit, Ewald; Veröffentlichung – „Strömungsentwicklung zur Darstellung robuster Otto-Brennverfahren" 11. Tagung "DER ARBEITSPROZESS DES VERBRENNUNGSMOTORS", Graz 2007
2. Wiese, Pischinger, Adomeit; Veröffentlichung – „Prediction of Combustion Delay and –Duration of Homogeneous Charge Gasoline Engines based on In-Cylinder Flow Simulation" SAE 2009-01-1796, 2009
3. N. Peters; "The turbulent burning velocity for large scale and small scale turbulence." J. Fluid Mech., 384:107–132, 1999
4. N. Peters; "Turbulent Combustion." Cambridge University Press, 2000.
5. J. Ewald; Dissertation – „A Level Set Based Flamelet Model for the Prediction of Combustion in Homogeneous Charge and Direct Injection Spark Ignition Engines" RWTH Aachen, 2006.
6. J. Ewald, N. Peters; Veröffentlichung – „On unsteady premixed turbulent burning velocity prediction" 31st Symposium on Combustion, 2006

7. W. Wiese; Dissertation – "Vorhersage von Brennverzug und –dauer bei Ottomotoren auf Basis der Brennraumströmung", RWTH Aachen – 2009

8. R. Rezaie, S. Pischinger, J. Ewald und P. Adomeit, „A New CFD Approach for Assessment of Swirl Flow Pattern in HSDI Diesel Engines," SAE 2010-032-0037, 2010

9. S. Pischinger, S. Honardar und K. Deppenkemper, „FVV Vorhaben Abschlussbericht F1027 "Potentiale von Ladungswechselvariabilitäten beim PKW-Dieselmotor," Heft 1034, Frankfurt a. Main, 2013

10. D. Adolph, R. Rezaie, S. Pischinger, A. Kolbeck, M. Lamping, T. Körfer und P. Adomeit, „Optimierung des Ladungswechsels und Emissionsreduktion an einem PKW-Dieselmotor", 3. MTZ-Fachtagung, Stuttgart, 2010

11. Olsson, K. and Johansson, B., "Combustion Chambers for Natural Gas SI Engines Part 2: Combustion and Emissions," SAE Technical Paper 950517, 1995.

12. Einewall, P. and Johansson, B., "Combustion Chambers for Supercharged Natural Gas Engines," SAE Technical Paper 970221, 1997.

13. Tilagone, R., Monnier, G., Satre, A., Lendresse, Y. et al., "Development of a Lean-Burn Natural Gas-Powered Vehicle Based on a Direct-Injection Diesel Engine," SAE Technical Paper 2000-01-1950, 2000.

14. Wohlgemuth, S., Wachtmeister, G., "Optimierung des Magerbrennverfahrens eines Zweizylinder-Erdgasmotors mittels 3D-CFD-Simulation und Prüfstandsmessung" / "Lean Combustion System Optimization of a Natural Gas Two-Cylinder Engine by 3D-CFD-Simulation and Test Bed Measurements", 14. Tagung " Der Arbeitsprozess des Verbrennungsmotors", 24./25. September 2013.

15. Schlemmer-Kelling, Hamm, Reichert, Struckmeier; Veröffentlichung – „FEV Single Cylinder Engine Family for Large Engine Applications of MAN" 22nd Aachen Colloquium Automobile and Engine Technology 2013.

Herausforderungen zur Abbildung von hochdynamischen Betriebszuständen von Verbrennungsmotoren am Motorenprüfstand

J.Gerstenberg, Dr. F. Wirbeleit, H.Hartlief, Dr.S. Tafel

© Springer Fachmedien Wiesbaden GmbH, ein Teil von Springer Nature 2018
J. Liebl und G. Rainer (Hrsg.), *VPC.plus 2014*, Proceedings,
https://doi.org/10.1007/978-3-658-23775-2_5

1 Einführung

Der Gesetzgeber hat die Randbedingungen für die Zulassung neuer Fahrzeuge für die nächsten Jahre noch nicht definiert. Soweit scheint klar, dass der NEFZ (Neuer Europäischer Fahrzyklus) dem Entwickler noch einige Jahre erhalten bleiben wird. Zusätzlich wird der WLTC –Test (World Harmonized Light-Duty Test Cycle) eingeführt.

Analog zu der derzeitigen NKW- Gesetzgebung ist davon auszugehen, dass die Fahrzeuge auch in einem Realfahrprofil (RDE- Real Driving Emission) mit transportabler Abgasmesstechnik (PEMS- Portable Emission Measurement System) oder einem den Realfahrbetrieb abbildenden Satz von Rollenzyklen vermessen werden. Zu diesem Test sind die Randbedingungen Kaltstart, Fahrverhalten, Emissionsfaktoren (cf: compliance factor) derzeit noch ungeklärt.

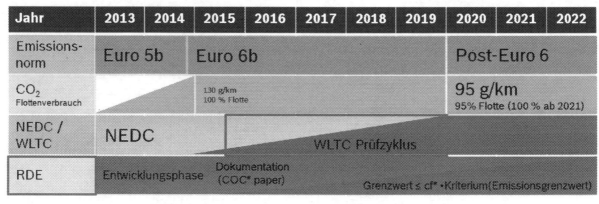

-> Alle Angaben sind nicht durch finale Gesetzgebung bestätigt

Real Driving Emissions RDE
RDE Test Emissions ≤ NEDC (WLTC) limit * compliance factor cf
COC Certificate of Conformity

Abbildung 1 Einführung WLTC und RDE, Stand Juli 2014

Die Zusatzaufwände für die Realisierung des WLTC- Tests zusätzlich zur NEFZ- Umsetzung und der Übergang von Fahrspuren auf Streckenprofile mit dem RDE Procedere stellen die Herausforderungen in der Applikation in den nächsten Jahre dar.

2 Anpassung Motoren an zukünftige Betriebsstrategien

Die Anpassung an zukünftige gesetzliche Anforderungen und die steigende spezifische Leistung führt zu einer Erhöhung der Komplexität der Motoren.

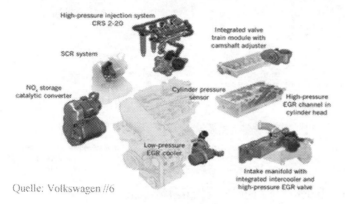

→ Vielfältige Aufladungsvarianten

→ Hoch-/ Niederdruck-AGR

→ Temperaturgeregelte Abgasrückführung

→ Wassergekühlte Ladeluftkühler

→ NSC und SCR Abgasnachbehandlung

Quelle: Volkswagen //6

Abbildung 2 Komplexe Motoren für Euro 6

Der WLTC- Test sowie möglicherweise auch der RDE- Test warten mit höherer Dynamik im Fahrbetrieb auf. Um diese Dynamik ohne eine Zunahme an Rußemissionen umsetzen zu können, werden die Luftsysteme weiter ausgebaut. Auch bei Beschleunigungen nahe der Volllast ist ein übermäßiges Anreichern des Luftkraftstoffgemischs zu vermeiden. Dies erhöht die DPF- Beladung (Dieselpartikelfilter) was zu einer Anhebung der Regenerationshäufigkeit führt; bzw. die CO_2 Emissionen erhöhen kann.

Saugmotoren, die diese Problematik weniger betreffen, wird es in Zukunft nur noch in kleineren Stückzahlen bei Ottomotoren geben //2, das aufgeladene Luftsystem ist und bleibt ein tragendes Element aller Verbrennungsmotoren und muss an alle dynamischen Betriebsbedingungen angepasst werden.

Maßnahmen wie Zweistufige Aufladung, Registeraufladung, elektrischer Zusatzverdichter, geregelte Abgasrückführung, Niederdruckabgasrückführung und wassergekühlte Ladeluftkühler sind für die Darstellung zukünftiger Emissionsnormen für viele Fahrzeugklassen von Bedeutung.

Ferner wird die Stickoxidnachbehandlung der motorischen Abgase weiter ausgebaut werden, um den hohen Gasdurchsätzen im Bereich der Volllast gerecht zu werden. Rohemission und Abgasnachbehandlungssystem müssen bis in den dynamischen Volllastbereich aufeinander abgestimmt sein.

3 Zusammenhang Dynamikbetrieb und Emissionen

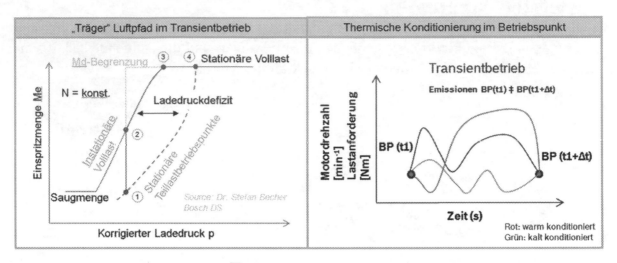

Abbildung 3 Dynamisches Luftsystem und Thermische Einflüsse auf Emissionen

Abbildung 3 (links) zeigt den Ladedruck bei einem Lastwechsel für den dynamischen und quasistationären Fall. //2 Im dynamischen (instationären) Betrieb ist im Vergleich zu den Stationärbetriebspunkten weniger Luft zur Verfügung. Bei einer klassischen Applikation für den NEFZ kann dies je nach der Auslegung des Luftsystems wenig Einfluss nehmen, bei einer Applikation für höhere Dynamik sollte jedoch eine Funktionalität (Transientkorrekturen) für das Luftsystem eingesetzt werden bzw. eine Hardwareanpassung stattfinden.

Auf Abbildung 3 (rechts) ist der zeitliche Verlauf dreier Fahrspuren dargestellt. Der Betriebspunkt 1, der mit einer definierten Motorapplikation durchfahren wird, kann bei einem freien Fahrprofil unterschiedlich konditioniert erneut angefahren werden (Betriebspunkt 1n). An dieser Stelle wird die gleiche Motorapplikation zu einem unterschiedlichen Emissionsbild führen.

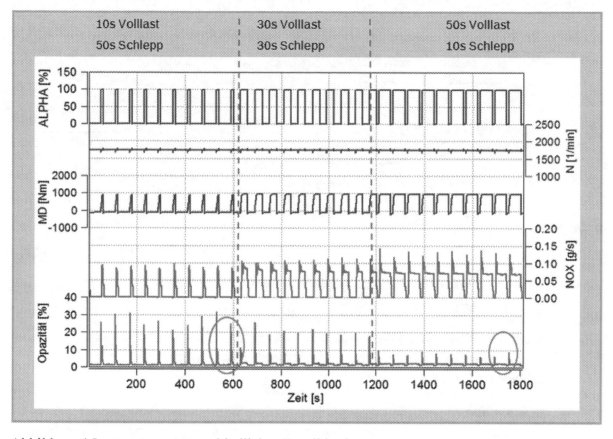

Abbildung 4 Lastsprünge unterschiedlicher Konditionierung

Um diesen Zusammenhang näher zu erläutern, sind in Abbildung 4 Lastsprünge über der Zeit dargestellt. Diese sind in 3 Gruppen aufzuteilen. Lastsprünge nach 50 Sekunden Schleppbetrieb („Schubbetrieb" bei Realfahrt), nach 30 Sekunden und nach 10 Sekunden Schleppbetrieb. Alle Lastsprünge werden mit exakt gleicher Applikation durchgeführt. Die dritte Gruppe ist vor dem Lastsprung auf die höchste Temperatur konditioniert. Die thermische Vorgeschichte der Lastsprünge der dritten Gruppe führt zu einer deutlichen Reduktion des Rußes (rot). D.h. bei gleicher Applikation ändern sich die Rauchwerte von 30% auf 10% Opazität.

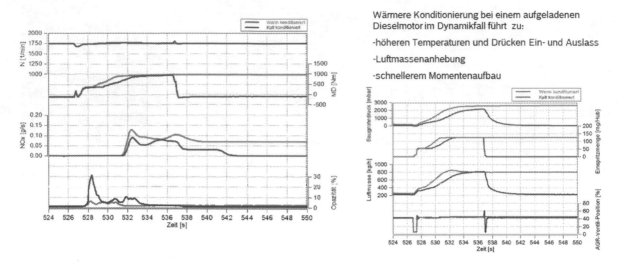

Abbildung 5 Wärmer und kälter konditionierte Lastsprünge

Abbildung 5 zeigt einen Detailvergleich eines Lastsprungs. Die Konditionierung erfolgte im Schleppbetrieb bei der Gruppe 1 (blau) und einem warm konditionierten Lastsprung (rot) bei der Gruppe 3.

Die warme Konditionierung führt zu einem erhöhtem Drehmomentgradienten, erhöhten NOx- Emissionen, einem Anstieg der Saugrohrtemperatur und Anstieg der Luftmasse. Der wärmer konditionierte Motor stellt einen schnelleren Ladedruckaufbau dar, welcher wiederum durch eine höhere Luftmasse die Einbringung einer zusätzlichen Kraftstoffmenge über das Rauchkennfeld zulässt. Damit findet eine klassische Verschiebung auf dem NOx/Ruß Trade-Off statt.

Bei der Planung zur Durchführung von reproduzierbaren dynamischen Tests ist vor Projektbeginn folgendes detailliert zu berücksichtigen:

– Betriebszustände des späteren Fahrzeugs
– Softwarefunktionalität für das Luftsystem
– Abbilden der zukünftigen Randbedingungen auf dem Prüfstand

4 Entwicklung dynamische Abgastests und Auswirkungen

Bei einer Umsetzung von Abgastests auf dem Motorenprüfstand sind folgende Themen von Relevanz.

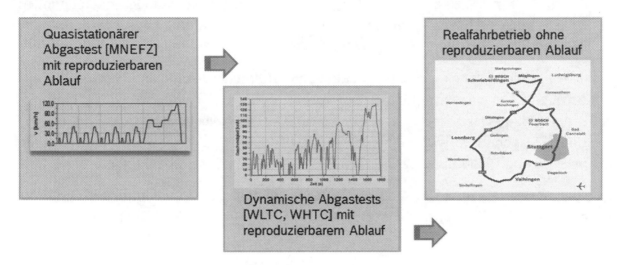

Abbildung 6 Dynamische Fahrzyklen

Der PKW Abgaszyklus NEFZ wird nach einer Mindestkonditionierzeit von 8 Stunden bei einer Temperatur zwischen 20 und 30°C durchgeführt. Das Kühlwasser, geregelt durch ein Thermostat, sowie das Motoröl heizen sich im Verlauf des Zyklus auf. Die Emissionen resultieren aus einem Mix aus kaltem und einem sich aufwärmenden Motor.

Abhängig der Leistung des Aggregats und des Gewichts des Fahrzeugs können sich zwei völlig unterschiedliche Betriebszustände einstellen. Das eine Fahrzeug bewegt sich im Schwachlastbetrieb durch den NEFZ und das andere nutzt nahezu den ganzen Volllastbereich, um die außerstädtische Rampe auf 120 km/h zu erklimmen.

Wichtig ist aber, dass der Betriebspunktablauf reproduzierbar für dieses Fahrzeug immer gleich bleibt. Das schwerere Fahrzeug wird bei gleicher Motorisierung immer in höheren Lastbereichen und das leichtere immer im Teillastbereich vermessen und kann auf die Emissionsgrenzwerte eingestellt werden. Weiterhin ist der thermische Verlauf bei beiden Fahrzeugen immer steigend bzw. die Lastanforderungen sinken über den Zyklusverlauf nicht so weit ab, dass eine Auskühlung des Motors stattfindet.

Der Fahrzyklus WLTC (World- Harmonized Light-Duty Test Cycle) weist im Gegensatz zu dem sehr schwachlastig beginnenden NEFZ deutlich höhere Beschleunigungen auf, die zu einer Veränderung des thermischen Verlaufs führen. In diesem Test erreicht

7

der Motor sehr viel schneller die Betriebstemperatur. Gleich bleibt, dass die Lastanforderungen nicht sinken und der Brennraum des Motors nicht auskühlt.

Diese Randbedingungen müssen für einen Realfahrbetrieb nicht mehr gewährleistet sein. Lange Schubphasen können zu einem Auskühlen des Brennraums führen bzw. sehr geringe Lasten ein Abkühlen der Abgasnachbehandlung bewirken. Ganz besonders werden im Gegensatz zu den klassischen Prüfstandsapplikationen die Randbedingungen für ein Realfahrprofil auch wechselnde Umgebungstemperaturen, unterschiedliche Luftfeuchte und Fahrereinflüsse sein.

An dieser Stelle bietet sich eine Entwicklung am Motorenprüfstand an, da dort ein Realfahrbetrieb immer wieder reproduzierbar dargestellt werden kann und so Applikationsänderungen bzw. Hardwareanpassungen sowie Änderung der Randbedingungen (Modifikation Temperaturen von Verbrennungszuluft und Ladeluft) allein zum Tragen kommen bzw. gezielt eingesetzt werden können.

Bei einer Messung im Fahrzeug müssen Randbedingungen, Fahrereinflüsse und Verkehrslage von Applikationsanpassungen getrennt analysiert werden, was sicherlich nicht immer möglich ist.

Moderne Motorenprüfstände ermöglichen eine detaillierte Untersuchung von Auswirkungen der unterschiedlichen Randbedingungen und Fahrerverhalten auf Emissionen.

5 Steigerung Entwicklungseffizienz

Sicher ist, dass aufgrund des Kostendrucks eine Reduktion der Anzahl an Versuchsträgern in der Entwicklung angestrebt wird. Die Verbrennungs-applikation sowie die Abgasnachbehandlung müssen einen weiteren Abgaszyklus mit erhöhter Dynamik mit komplexeren Motorensystemen bearbeiten. Ferner ist der Projektumfang für die OBD-Applikation (On- Board – Diagnose) rapide angestiegen, das Getriebe hat eigene Softwarefunktionalitäten, einen aktiven, intelligenten Wandler um zum Beispiel einen 8-Gangautomat anzusteuern. Die Getriebeapplikation muss in Zusammenarbeit mit den Abgasingenieuren die Anforderungen für die Fahrdynamik erfüllen. Zusätzlich müssen noch Höhe, Kälte und Komfortfunktionen überprüft und CO_2- Emissionen gesenkt werden.

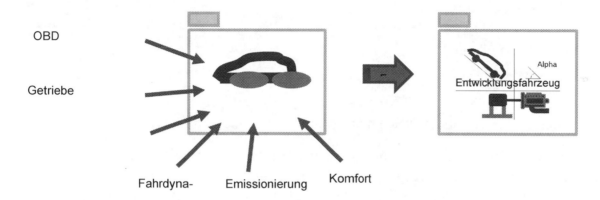

Abbildung 7 Hoher Bedarf an Versuchsträgern

Heute sieht sich der Fahrzeugentwickler in der Situation, dass er den Bedarf seiner Entwicklung an Versuchsträgern kaum mehr decken kann (siehe Abbildung 7). Es kommt sogar soweit, dass ganze Entwicklungsgruppen auf Versuchsträger warten müssen.

Um die Entwicklungseffizienz weiter steigern zu können, bieten moderne Motorenprüfstände Betriebsmöglichkeiten an, die den realen Fahrbetrieb nachstellen. Dies führt zu einer Entlastung bei der Verfügbarkeit der Testfahrzeuge.

Um ein Arbeitspaket vom Fahrzeug auf den Motorenprüfstand zu übertragen bedarf es einer Überprüfung der Anforderungen und Randbedingungen.

Als Beispiel sollen an dieser Stelle dynamische Tests am Motorenprüfstand dargestellt werden. Um die Randbedingungen einschätzen zu können, ist es wichtig zuvor die Eigenheiten der bestehenden und zukünftigen Fahrprofile darzulegen //1.

6 Definition Dynamikfälle

Neben der Umsetzung von Abgaszyklen sind auch immer wieder Detailuntersuchungen, wie der Einfluss einer Komponente auf das Fahrererlebnis bzw. die Leistungsentfaltung angefragt.

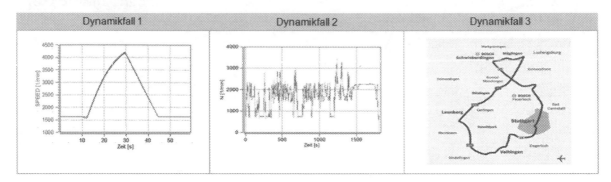

Abbildung 8 Dynamikfälle

Um bei der Umsetzung von Dynamiktests am Motorenprüfstand ein klares Bild der Zielsetzung zu bekommen, werden hier drei Dynamikfälle definiert.

Dynamikfall 1 beschreibt ein Event, das reproduzierbar wiederholt wird. Dabei steht die Qualität der wiederholten Tests im Vordergrund und soll maximal genau dargestellt sein. Betrachtet man eine thermische Historie eines einmaligen Beschleunigungsevents, ist sie im Dynamikfall 1 klar definiert. Die Ausgangssituation vor jedem Event muss exakt gleich konditioniert sein.

Der Dynamikfall 2 beschreibt einen klassischen Abgastest, der nach einer Fahrspur abgefahren wird und wiederholt in einem definierten thermischen Zustand gestartet wird. Hier nimmt man bewusst in Kauf, dass Abweichungen zum gesetzlichen Test mit dem Fahrzeug auf der Abgasrolle auftreten können, nutzt aber die hohe Reproduzierbarkeit und die Möglichkeit einer Schnellkühlung zur Steigerung der Effizienz.

Der Dynamikfall 3 beschreibt ein Loslösen von festen Drehzahl- und Lastvorgaben und wird nach Geschwindigkeit, Steigung oder Strecken beschrieben.

Das freie Fahren beschreibt eine willkürliche Fahrspur und beinhaltet eine nicht voraussehbare thermische Historie. An dieser Stelle nimmt die Luftsystemauslegung und das Fahrprofil stark Einfluss auf das Emissionsergebnis.

Ist die Anforderung nach Fall 1-3 geklärt, kann ein Vorschlag zur Realisierung eines Fahrprofils am Motorprüfstand ausgearbeitet und ein Projekt- Scenario erarbeitet werden.

Die Grenzen der Untersuchung und der Zeitpunkt zur Überprüfung der Applikation in einem Fahrzeug müssen vor Beginn des Projekts diskutiert werden.

7 Dynamische Fahrzyklen am Motorenprüfstand

Um den Einfluss minimaler Änderungen am System auf die Leistung darstellen zu können, muss eine perfekte Konditionierung gewährleistet sein.

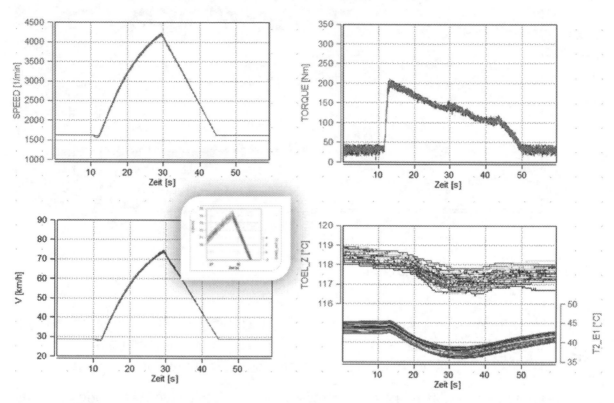

Abbildung 9 Beschleunigungen im zweiten Gang

In diesem Beispiel (Abbildung 9) sind zu Darlegung der Reproduzierbarkeit 80 Beschleunigungen im zweiten Gang von 30 km/h auf 75 km/h durchgeführt worden. Während der Umsetzung haben sich zwei thermische Führungsgrößen als dominant herausgestellt. Die Saugrohrtemperatur und die Öltemperatur wurden auf 1°C Toleranz vor jeder Beschleunigung zeitunabhängig konditioniert, bevor die Freigabe zum nächsten Event erfolgte.

In Abbildung 10 werden ein hochdynamischer Zyklus (Ausschnitt aus dem NRTC) und zwei Funktionen zur Unterstützung des Luftsystems (Transientkorrekturen) dargestellt.

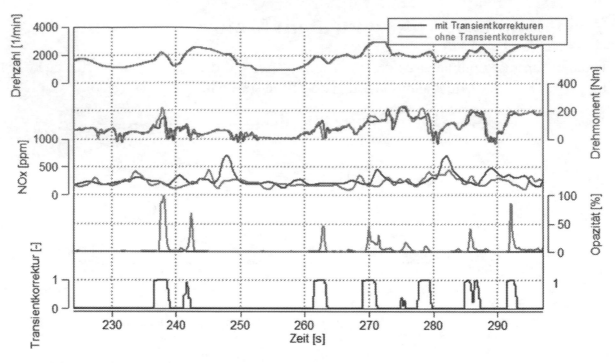

Abbildung 10 Dynamischer Fahrzyklus

Drehzahl und Momentenverläufe, sowie NOx und Trübungsmessungen sind in Abbildung 10 aufgeführt. Der rote Modalverlauf zeigt ein Durchlaufen der Fahrspur ohne Transientkorrekturen und der blaue Verlauf basiert auf einer Funktionserweiterung.

Hier wird eine lambdaabhängige (Kraftstoff- Luft- Verhältnis) Korrektur und eine Anpassung des Abgasrückführstellers im Abhängigkeit des Fahrverhaltens dargestellt.

In Abbildung 11 ist eine Fahrzeugsimulation einer Autobahnfahrt dargestellt. Hier wurden verschiedene Themen rund um die Dynamik untersucht.

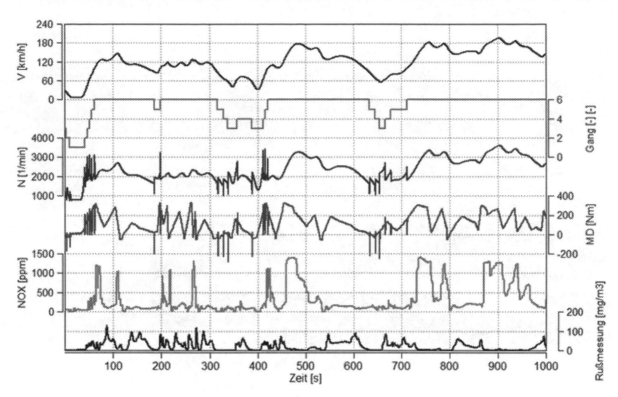

Abbildung 11 Simulation Autobahnfahrt, maximale Dynamik

Aufgetragen sind in Abbildung 11 das Schaltverhalten eines Sechsgang Handschalters, die Fahrzeuggeschwindigkeit, Motordrehzahl und Drehmoment.

Um die Randbedingungen umzusetzen bzw. die Anforderungen der Entwickler für eine Übertragung einer Aufgabe vom Fahrzeug auf den Motorprüfstand zu erfüllen, bedarf es eines voll konditionierten hochdynamischen Motorprüfstands, der folgende Punkte erfüllen muss.

– Hochdynamische Bremsenregelung
– Fahrzeugsimulation
– Konditionierung von Motoröl, Kühlmedium
– Geschwindigkeits- und temperaturgeregeltes Ladeluftkühlergebläse
– Konditionierung Prüfzelle
– Mehrlinienabgasmesstechnik

13

8 Toolkette

Um effizient Serienentwicklungen durchführen zu können, muss die Verfügbarkeit der Versuchsträger für alle beteiligten gewährleistet sein. In einigen Fällen kann der Arbeitsumfang vom Fahrzeug auf einen hochdynamischen Motorprüfstand übertragen werden und so der Bedarf in dieser Phase an Versuchsträgern reduziert werden.

Zusätzlich können gerade im Realfahrbetrieb Umgebungsbedingungen, Fahrereinflüsse und ggf. Modellvarianten gezielt und hoch reproduzierbar untersucht werden.

Abbildung 12 Toolkette Dynamik

Ist ein akzeptabler Stand bzgl. des Luftsystems und des thermischen Verhaltens des Motors und der Abgasnachbehandlung am Motorprüfstand entstanden, kann auf einem höheren Niveau ein Fahrzeugtest mit einer mobilen Abgasmesstechnik [PEMS] durchgeführt werden.

9 Zusammenfassung

Die aus den RDE Anforderungen abzuleitenden steigenden Freiheitsgrade, wie unterschiedliche thermische Zustände, vielfältige Umgebungsbedingungen und Dynamik, führen zu einem Anstieg in den Entwicklungs-aufwänden, sowie zu einem steigenden Bedarf an Versuchsträgern.

In manchen Bereichen müssen ganze Entwicklungsgruppen auf Versuchsträger warten, was zu einer Verlängerung der Entwicklungsphase führen kann.

Um diesen Anforderungen zu begegnen, können Arbeitspakete auf einen entsprechend ausgerüsteten, hochdynamischen Motorprüfstand übertragen werden.

Abbildung 13 Hochdynamischer Motorprüfstand

In diesem Zusammenhang ist es nötig zusätzlich zu den klassischen Drehzahl und Last-Fahrzyklen reale Fahrzustände darzustellen. Bei dieser Engine-in-the-Loop-Simulationen wird ein Fahrzeug inklusive Getriebeübersetzung simuliert und der Motor am Motorenprüfstand eingebunden. Damit lassen sich geschwindigkeits- und steigungsabhängige Fahrzustände, sowie Schubbetrieb und Schaltvorgänge darstellen und mit der vollkonditionierten Prüfzelle Randbedingungen gezielt einstellen.

15

Darüber hinaus lassen sich sehr komfortabel für Fahrzeugvarianten Anpassungen der Applikation durchführen. Das Fahrzeuggewicht, Getriebeübersetzungen bzw. zusätzliche Randbedingungen lassen sich schnell anpassen.

Literaturhinweise

1. Prof. Dr. Christian Beidl: „Evolution in einem revolutionären Umfeld", MTZ Jubiläumsausgabe 75 Jahre, 2014

2. Dr. Stefan Knirsch, Interview: „Wir schauen auf die Balance zwischen Leistung und CO2-Emissionen", MTZ, 2014, 7-8

3. P. Renninger; M. Weirich; Karl von Pfeil; R. Isermann: „Optimierungsstrategien für den transienten Betrieb eines Dieselmotors innerhalb der Rauchbegrenzung", ATZ/MTZ Konferenz Motorenentwicklung auf dynamischen Prüfständen, Wiesbaden, 2006

4. S. Becher; S. Forthmann; B. Tichy: „Abgasrückführregelung beim Nkw-Dieselmotor im dynamischen Betrieb", Emission Control, Dresden, 2002

5. T. Huber; Dr. F. Wirbeleit; H. Hartlief; J. Dehn: "Modern Tools and Methods in Development and Calibration of Internal Combustion Engines to meet Future Emission Legislations", MTZ Heavy Duty, On- and Offhighway Conference, Mannheim, 2010

6. Dr.-Ing. Heinz-Jakob Neußer, Dipl.-Ing. Jörn Kahrstedt, Dipl.-Ing. Hanno Jelden, Dipl. Ing. Richard Dorenkamp, Dr. rer. nat. Thorsten Düsterdiek:"Die EU6-Motoren des Modularen Dieselbaukastens von Volkswagen – innovative motornahe Abgasreinigung für weitere NOx- und CO2-Minderung", Wiener Motorensymposium, 2013

Rechnungs- / Messungsvergleich von Großmotoren-Kurbelwellenbelastungen

Alexander Rieß[1], Eckhardt Eisenbeil[1], Andreas Linke[1], Dr. Ulf Waldenmaier[1]

[1] MAN Diesel & Turbo SE

© Springer Fachmedien Wiesbaden GmbH, ein Teil von Springer Nature 2018
J. Liebl und G. Rainer (Hrsg.), *VPC.plus 2014*, Proceedings,
https://doi.org/10.1007/978-3-658-23775-2_6

1 Einleitung

Die Reduzierung des Kraftstoffverbrauchs, die Sicherung und Steigerung der Wettbe-
werbsfähigkeit und hohe Anforderungen an die Schadstoffemissionen verlangen die
ständige Weiter- und Neuentwicklung von Verbrennungsmotoren. Dies hat auch einen
deutlichen Einfluss auf die mechanische Auslegung, vor allem auf das Triebwerk das in
Abbildung 1.1 dargestellt ist.

Bei MAN Diesel & Turbo SE kommen verschiedene Simulationsmethoden in der
Grundmotorentwicklung zum Einsatz. Hierbei wird unter anderem auf eine gekoppelte
Mehrkörpersimulation mit flexiblen Körpern zurückgegriffen. Diese Berechnung erfolgt
unter Einbezug des elastohydrodynamischen Tragverhaltens der beteiligten Lager. Diese effizienten Auslegungsmethoden unterstützen mit einer hohen Qualitätsgüte die vergleichsweise schnelle und kostengünstige Weiterentwicklung des Triebwerks.

Ein Rechnungs-/Messungsvergleich stellt hierbei einen integralen Bestandteil des Berechnungsworkflows dar. Dieser Artikel widmet sich dem Rechnungs- / Messungsver-
gleich einer Großmotorkurbelwelle. Zunächst wird das Simulationsmodell vorgestellt.
Anschließend wird die dazugehörige Messung mit den Simulationsdaten korreliert. Um
eine Robustheitsanalyse des Systems zu ermöglichen und die Ergebnisgüte des Rech-
nungs-Messungsvergleichs zu verbessern werden die Toleranzen der Systemparameter
berücksichtigt.

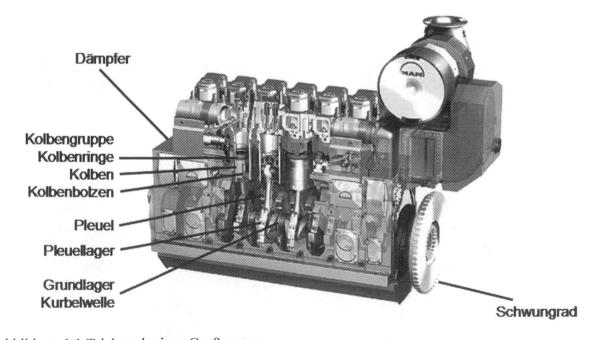

Abbildung 1.1 Triebwerk eines Großmotors.

2 Simulation von Großmotoren

Wichtige Kenndaten für den in dieser Fallstudie untersuchten Motor sind in Tabelle 4.1 zusammengefasst.

Tabelle 2.1 V48/60CR (4-Takt Medium Speed).

Parameter	Wert
Kolbendurchmesser	480 mm
Kolbenhub	600 mm
Nenndrehzahl	514 1/min
Leistung	21.600 kW (18V)
Größe (L x B x H)	14m x 5m x 5,4m
Gewicht	bis zu 265 t
Zylinder	12 – 18

Der Berechnungsworkflow einer Großmotorkurbelwelle zur rechnerischen Absicherung der Struktur gegen Dauerbruch und zur Lagerbewertung ist in Abbildung 2.1 dargestellt.

Die Modellierung erfolgt in Anlehnung an (Krivachy, Linke, & Pinkernell, 2010) und (Rieß, Spengler, Linke, & Hoppe, 2012) im Programmpaket FIRST (Knoll, Lechtape-Grüter, Schönen, Träbing, & Lang, 2000). Im flexiblen Mehrkörpersystem sind unter anderem das Zylinderkurbelgehäuse, Kurbelwelle, Schwungrad und Dämpfer enthalten. Die Kurbeltriebe sind in ebener, analytischer Form berücksichtigt.

Je nach Zielstellung sind die Kurbelwellenlager entweder über eine Kennfeldlösung (Impedanz-Methode) oder über eine elastohydrodynamische Kopplung realisiert.

Aus den transienten Simulationsergebnissen lassen sich die örtlichen Spannungen der Kurbelwelle ermitteln. Hierbei werden insbesondere die hochbeanspruchten Zonen (Hohlkehlen und Ölbohrungen) untersucht.

Zur Beurteilung der Betriebsfestigkeit der Kurbelwelle genügt nicht die Bestimmung der auftretenden Spannungen. Entscheidend ist das Verhältnis aus ertragbaren und maximal auftretenden Spannungen das in Form eines Sicherheitsfaktors ausgedrückt wird, (Pinkernell & Bargende, 2010). Für die Berechnung dieses Sicherheitsfaktors wird das Programm FEMFAT genutzt.

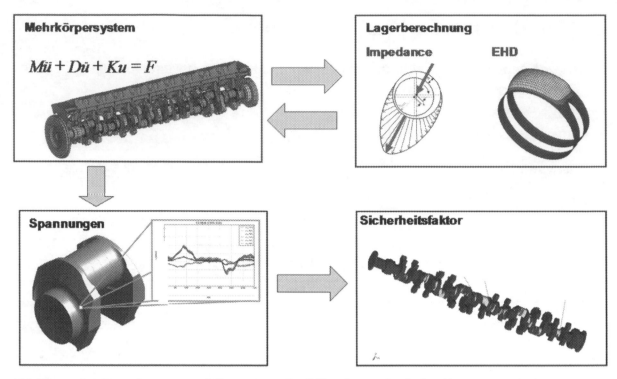

Abbildung 2.1 Berechnungsworkflow einer Großdieselmotorkurbelwelle.

3 Rechnungs-/Messungsvergleich

Die aus der Simulation ermittelten hochbeanspruchten Zonen werden messtechnisch erfasst. Abbildung 3.1 stellt die Applikation eines Dehnungsmessstreifens in einer Hohlkehle dar. Aus den Dehnungen ergeben sich die Spannungen.

Abbildung 3.1 Applikation eines Dehnungsmessstreifens in einer Hohlkehle einer Kurbelwelle.

Durch einen Rechnungs-/Messungsvergleich lassen sich die aus der Simulation gewonnen Ergebnisse verifizieren. Abbildung 3.2 enthält eine Gegenüberstellung von Rech-

nung und Messung für eine ausgewählte Grundlagerhohlkehle. Es zeigt sich eine gute Übereinstimmung zwischen berechneten und gemessenen Spannungen. Die Ausschläge zwischen 90° und 270° Kurbelwinkel (KW) resultieren aus der Zündung der Nachbarkröpfung. Die Ausschläge zwischen 450° und 630° korrespondieren zu der Zündung der Zylinder an der eigenen Kröpfung.

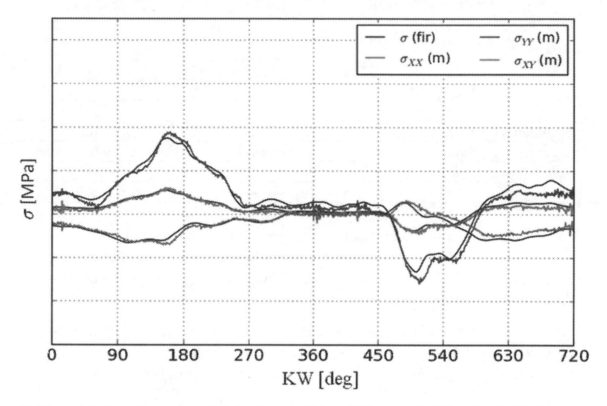

Abbildung 3.2 Spannung σ(KW) aus Rechnung (fir) und Messung (m) für eine Hohlkehle.

4 Einbezug von Toleranzen

Basierend auf tolerierten Zeichnungswerten und Erfahrungswerten aus der Literatur (Maass & Klier, 1981) lassen sich die in Tabelle 4.1 aufgeführten Toleranzen für ausgewählte Parameter im Simulationsmodell abschätzen.

Tabelle 4.1 Eingangsparameter mit Streuung.

Parameter	Toleranz (-)	Toleranz (+)
Lagerspiel Hauptlager (relativ)	-12 %	+12 %
Temperatur Hauptlager	-27 %	+10 %
Lagergassen Versatz-x	- x mm	+ x mm
Lagergassen Versatz-y	- y mm	+ y mm
Gasdruck (Spitzendruck)	-5 %	+ 5 %
Zündzeitpunkt	-2° KW	+2° KW

Basierend auf diesen Toleranzen wurden mehrere Simulationsmodelle mit angepassten Eingangsdaten generiert. Die Variantengenerierung erfolgte mit der Latin-Hypercube Methode (Stein, 1987). Hierbei wurde eine Gleichverteilung der Parameter innerhalb der Grenzen angenommen.

Im konkreten Fall wurden 200 Varianten erstellt. Exemplarisch ist in Abbildung 4.1 eine Gegenüberstellung des Lagergassen Versatz-x und Versatz-y dargestellt. Im Folgenden werden die Auswirkungen dieser Variation auf die Spannungen im Bauteil untersucht.

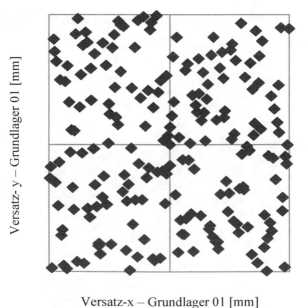

Versatz-x – Grundlager 01 [mm]

Abbildung 4.1 Sampling für Versatz x und Versatz y in Grundlager 01.

Durch den Einbezug der mit Streuung behafteten Parameter entsteht um die Basis-Variante herum ein Streuband, wie in Abbildung 4.2 für den transienten Spannungsverlauf zu sehen ist.

Aufgrund der Ausprägung des Streubands mit einer bezogen auf die angenommenen Parameter-Toleranzen geringen Streubreite handelt es sich hierbei um ein robustes System. Der Rechnungs-/Messungsvergleich lässt sich hierdurch weiter verbessern. Das Streuband für die einzelnen Komponenten des Spannungstensors zeigt eine sehr gute Überdeckung mit dem Messsignal.

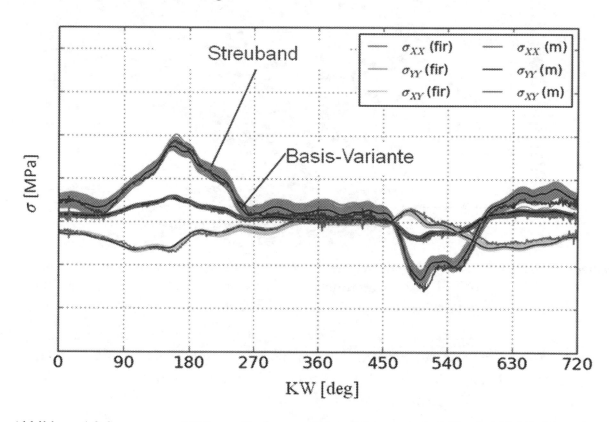

Abbildung 4.2 Spannung $\sigma(KW)$ von Rechnung (fir) und Messung (m) für eine Hohlkehle unter Einbezug von Variabilitäten.

Die Rückwirkung der Toleranzen auf die Mittel- und Amplitudenspannung ist in Abbildung 4.3 dargestellt. Die Basisvariante liegt hierbei im unteren linken Bereich des Ergebnisraums. Dies resultiert unter anderem aus den asymmetrisch angenommenen Toleranzen.

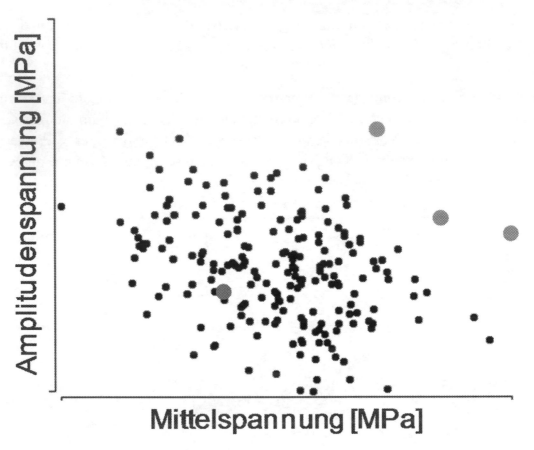

Abbildung 4.3 Einfluss der Variabilitäten auf die Mittelspannung und Amplitudenspannung. Darstellung des Ergebnisraums zwischen Minimal- und Maximalwert.
Einfärbung der Varianten: rot (Basisvariante) und blau (Varianten mit höchster Oberspannung).

Aus der Summe von Mittel- und Amplitudenspannung ergibt sich die Oberspannung. Mit ihr lässt sich der Einfluss auf den Sicherheitsfaktor abschätzen. Die Kombinationen die zu einer hohen Oberspannung führen sind in Abbildung 4.3 farblich blau hervorgehoben.

Abbildung 4.4 enthält ein Histogramm der Oberspannungen. Hieraus erkennt man, dass sich die Oberspannung um maximal 12% erhöht. Die entsprechende Rückwirkung auf die Sicherheit kann mit einer maximalen Reduktion von 11% abgeschätzt werden.

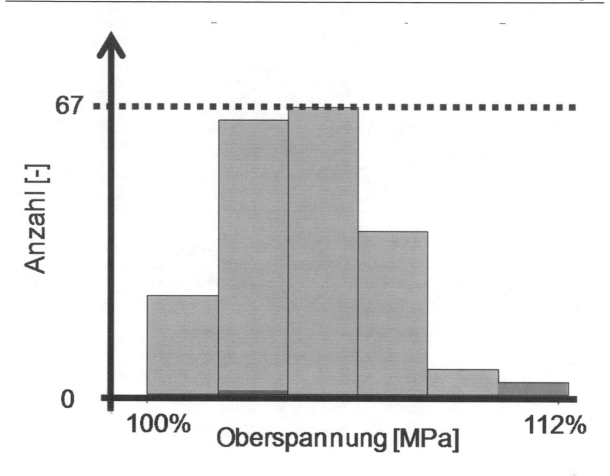

Abbildung 4.4 Histogramm der Oberspannung. Einfärbung der Varianten gemäß: rot (Basisvariante) und blau (Varianten mit höchster Oberspannung).

5 Zusammenfassung

Ein Rechnungs-/Messungsvergleich stellt einen integralen Bestandteil des Berechnungsworkflows dar. Um hierbei die Robustheit des Systems zu überprüfen und die Ergebnisgüte zu verbessern wurden die Parameter mit Toleranzen behaftet untersucht. Dadurch konnte der Rechnungs-/Messungsvergleich deutlich verbessert werden. Für die Zukunft wird die Herausforderung darin bestehen dieses Verfahren auf weitere Bauteile zu übertragen. Die weitgehende Automatisierung des Simulationsprozesses ermöglicht die entsprechende kurzfristige Bereitstellung von Datenmaterial für neue Varianten.

6 Literaturverzeichnis

Knoll, G., Lechtape-Grüter, R., Schönen, R., Träbing, C., & Lang, J. (2000). *Simulationstools für strukturdynamisch/elastohydrodynamisch gekoppelte Motorkomponenten.* Aachen: IST GmbH.

Krivachy, R., Linke, A., & Pinkernell, D. (2010). Numerischer Dauerfestigkeitsnachweis für Kurbelwellen. *MTZ-Motortechnische Zeitschrift, 71(6)* , 384-397.

Maass, H., & Klier, H. (1981). *Kräfte, Momente und deren Ausgleich in der Verbrennungskraftmachine.* Wien; New York: Springer-Verlag.

Pinkernell, D., & Bargende, M. (2010). Engine Component Loading. In K. Mollenhauer, & H. Tschöke, *Handbook of diesel engines* (S. 195-219). Berlin; Heidelberg: Springer.

Rieß, A., Spengler, S., Linke, A., & Hoppe, R. H. (2012). Simulation und Optimierung von Großdiesel und -gasmotoren innerhalb eines Simulations Workflows. *NAFEMS deutschsprachige Konferenz, Bamberg* .

Stein, M. (1987). Large sample properties of simulations using Latin hypercube sampling. *Technometrics, 29(2)* , 143-151.

Simulation Methods for Elastohydrodynamically Coupled Hydraulic Components

Jochen Lang*, Gunter Knoll*, Ian Thornthwaite**, Celia Soteriou**, Christian Lensch-Franzen***
and Morten Kronstedt ***

IST Ingenieurgesellschaft für Strukturanalyse und Tribologie mbH, Schloss-Rahe-Str. 12, D-52072 Aachen, Germany*
Delphi Diesel Systems Ltd, Courteney Road, Hoath Way - Gillingham, Kent, ME8 0RU, UK**
APL Automobil-Prüftechnik Landau GmbH, Am Hölzel 11, 76829 Landau, Germany***
E-Mail: jochen.lang@ist-aachen.com

This paper presents state of the art simulation techniques to analyse and evaluate mechanical systems with fluid film coupling. The algorithms are implemented in a stable and user-friendly software, which considers the hydrodynamic pressure build-up in the lubricated gaps as well as states of mixed lubrication when surface roughness gets into contact. Under high loads, the consideration of the interaction of the local elastic surface deformations and the pressure build-up is absolutely necessary. The analysis of the calculated tribological parameters like gaps, pressures, friction power losses and mixed lubrication areas help to optimize the design of the bearings and their elastic surroundings. The capability of elastohydrodynamic simulation is shown exemplarily on the tribological contacts of one of Delphi's high-pressure fuel pumps.

Keywords: Simulation, Tribology, Multi Body Systems, Elastohydrodynamics, High-Pressure Fuel Pumps
Target audience: R&D Departments, Automotive Industry, Component Supplier

1 Introduction

Transient simulation techniques are increasingly used for the reduction of time- and cost intensive test rig and field studies and to obtain reliable information about the system behaviour in an early stage of development. For pump systems, the focus lies on multi-body dynamic simulations of tribologically coupled components like plunger, roller shoe, camshaft, distributor ring as well as circular slider and spherical joints. Fuel or oil lubricated, these tribological systems are characterized by local elastic running surfaces, pressure and temperature dependent viscosity and characteristic run-in contours, which are necessary to achieve a bearable load distribution. Beside the minimal lubrication gaps and the maximum pressure, the main tribological optimization targets are the reduction of friction power loss and mixed lubrication areas.

The presented simulation software couples the sub-problems hydrodynamics (with mixed lubrication and surface roughness effects), structural dynamics (with local inertia effects) and multi body dynamics. The coupling is realized in the time domain to include the non-linear spring- and damping characteristics of the lubricant film. The simulation software FIRST /1/ was originally developed for the crankshaft to engine block dynamics with main bearing. But with the extension to a general multi body system with general bearing definitions, the field of application now covers all lubricated contacts in an engine and in addition in pump systems /2/, rotor dynamic systems /3/, hydraulic gears /4/ and special bearing constructions like tilting pad bearings or spherical bearings.

In this paper, the basics of the physical modelling as well as application examples for a Delphi high-pressure fuel pump, analysed by IST and APL, are presented. The focus lies on the evaluation parameters of the main camshaft bearings, the roller shoe contacts to roller and housing and on the plunger – housing contact.

1

© Springer Fachmedien Wiesbaden GmbH, ein Teil von Springer Nature 2018
J. Liebl und G. Rainer (Hrsg.), *VPC.plus 2014*, Proceedings,
https://doi.org/10.1007/978-3-658-23775-2_7

2 Methods of Multi Body Systems with Fluid Film Coupling

2.1 Overall Simulation Concept

The simulation of multi body systems with fluid film interactions requires the coupling of the three different tasks

- Nonlinear multi body dynamics (MBS)
- Highly nonlinear elastohydrodynamics and mixed lubrication (EHD)
- Linear structural dynamics

with a stable, step size controlled integration scheme.

Figure 1 shows the basic workflow of the MBS/EHD simulation algorithm. In a first step, Newton's equation of motion is solved with the current local and global forces acting on the elastic structures. The resulting local and global accelerations are integrated to velocities and positions (deformations) of the next time step. With these integration values, the lubricated gaps and their time derivatives are determined and together with the hydrodynamic boundary conditions Reynold's equation is solved. The resulting radial and tangential bearing forces are then again transferred to the MBS module and placed on the right side of Newton's equation again.

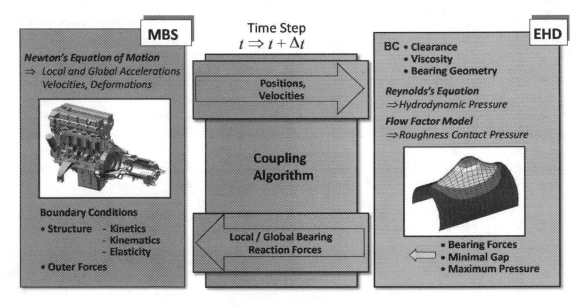

Figure 1: Overall simulation concept of coupled MBS and EHD simulations

2.2 Elastohydrodynamics and Mixed Lubrication of Rough Surfaces

For the calculation of the elastohydrodynamic pressure build-up a special version of Reynolds's equation is used, considering the surface roughness influence on the fluid flow. The idea, based on /5/, is to use so-called flow factors which are calculated in a previous step on a representative piece of measured surface roughness and which consider the change of fluid flow due to shear or pressure flow between the rough surface pairing at different distances (gaps) of the surfaces (s. Figure 2). Further, when the first asperities of the roughness get into contact (mixed lubrication), the algorithm also calculates the local contact pressure between the rough surfaces. This process is continued by moving the surfaces closer and closer together up to very high contact pressures which can be expected in the considered technical application.

Beside the mentioned flow factor model it is also possible to use a simpler surface contact model based on /6/, which only focuses on the surface roughness contact but neglects the effect on the fluid flow. This algorithm is suitable if only statistical parameters of the surface roughness are known. Nevertheless, this roughness model also lead to reliable results concerning the identification of mixed friction areas in a bearing.

The overall friction power loss of a bearing consists of the hydrodynamic friction and the surface roughness friction. The latter is based on a Coulomb friction coefficient which is dependent on surface properties like temperature, manufactured layers, tribological layers and fluid additives.

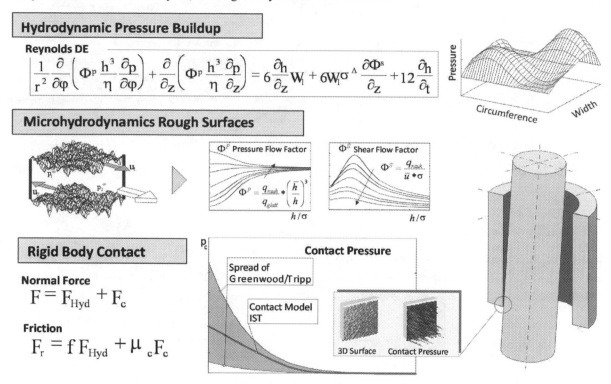

Figure 2: Elastohydrodynamics and mixed lubrication of rough surfaces

2.3 Determination of Run-In Contours of Bearing Surfaces

For the wear simulation, the friction power loss due to surface roughness contact is set in relation to the wear process of the bearing shell. Starting with an EHD simulation with new surfaces, the local surface roughness contact friction power losses are analysed and transferred into a contour modification. With the new contour, the next EHD simulation is started and with the new local surface roughness contact friction power losses the next modified contour is determined. This procedure is carried on until the surface contact pressure converges or the shape of the contour does not change anymore.

3 Case Study: High Pressure Fuel Pump

Fuel lubricated high-pressure pumps like Delphi's DFP6.1 are subject to high specific loads on their running surfaces caused amongst other by high fuel pressure and low fuel viscosity. These conditions make high demands on the complexity of the simulation model and the stability and accuracy of the simulation software.

The following case studies on several tribological pairings show a good overview over the possible field of application on elastohydrodynamically coupled multi body systems and the range of tribological evaluation parameters. Concerning the optimization of hydrodynamic carrying, reduction of wear and friction power loss, the following aspects are considered:

- Influence of component design (stiffness)
- Contour optimization of running surfaces by manufacturing or run-in processes
- Influence of bearing parameters like clearance, surface roughness and lubrication fluid

The simulation, analysis and evaluation were carried out by IST and APL, using IST's multi body simulation software FIRST.

3.1 Overall System

The multi body system of the DFP6.1 high-pressure pump consists of the elastic components camshaft, roller shoe, plunger and housing. Besides the finite element stiffness matrix, the mass and damping matrices are considered, so that structural vibrations are included into the model. The roller is modelled as a rigid body as its deformation is small in comparison to the roller shoe. The forces applied in the system are the dynamic belt forces on the camshaft and the dynamic fuel pressure acting on the plunger. Both forces come from measurements at several operation points. Corresponding to the operation point, the camshaft is driven at a constant speed. Structural boundary conditions are the Young's modulus, the density and the Poisson ratio of the materials of each elastic component.

The multi body components of the pump are coupled by the fluid films in the tribological pairings (s. Figure 3):

- Camshaft to housing
- Roller to roller shoe
- Roller shoe to housing and
- Plunger to housing

The calculation of the hydrodynamic pressure build-up is done by solution of Reynolds equation via Finite Element Method (FEM). In case of roughness contact of the running surfaces, the hydrodynamic pressure and friction is superposed by the roughness contact pressure and the Coulomb solid body friction.

The boundary conditions for the fluid film calculations are clearance, viscosity, surface roughness and the pressure at the bearing edges. The contact between camshaft and roller is modelled as an ideal line contact moving with the contact point depending of the cam contour and the roller diameter.

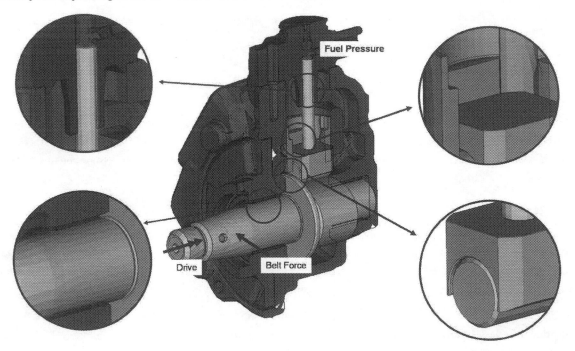

Figure 3: Overall model and tribological contact pairings of DFP6.1 high-pressure pump

In the following, calculation results for each of the tribological pairing are shown exemplarily to give an overview of the analysis potential of the used simulation tool.

3.2 Plunger-Housing Contact

The contact between plunger and housing is primarily not of interest because of high loads but because of the leakage flow into the cam chamber and the drop of the pressure from the compression chamber to the cam chamber (s. Figure 4). These two factors are strongly influenced by the deformation of plunger and housing.

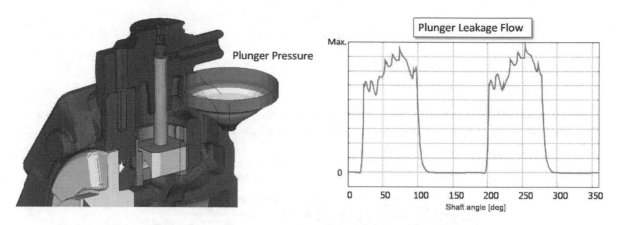

Figure 4: Plunger pressure and leakage flow

3.3 Roller Shoe-Housing Contact

The tribological contact between roller shoe and housing has a linear slider-like geometry, characterized by a high clearance and tilting moments due to plunger and roller forces. In consequence, the tribological contact area is not evenly distributed over the sliding surface but is mostly located at the bottom of the roller shoe sliding surface (s. Figure 5).

Figure 5: Pressure build-up between roller shoe and housing

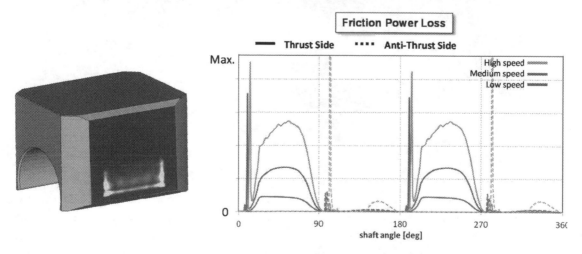

Figure 6: Friction power loss at different operation points

The different operation points of the pump lead to different speeds and loads on the roller shoe which again lead to different friction power losses at the thrust side of the roller shoe (s.Figure 6). The friction power loss vs. shaft angle for the different operation points shows short high peaks at 10, 100, 190 and 280 deg. where the shoe changes the side of contact in the housing. These peaks are caused by the squeeze effect. In the phase between 10 and 90 deg. as well as between 190 and 270 deg. the friction power loss is dominated by the roller shoe stroke speed.

3.4 Roller-Roller Shoe-Contact

The tribological contact between roller and roller shoe has a cylindrical geometry, characterized by the high speed of the roller and the large plunger force (Figure 7). These forces lead to significant deformations of the roller shoe in the contact surface to the roller.

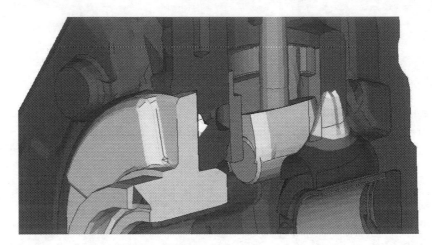

Figure 7: Pressure build-up between roller and roller shoe

Figure 8 shows the comparison of the pressure distribution between roller and roller shoe for a rigid and an elastic roller shoe. The elastic deformation influences dramatically the distribution and the magnitude of the pressure as well as the friction power loss.

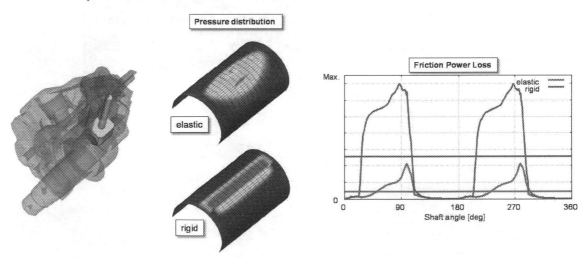

Figure 8: Pressure and friction power loss in the roller shoe bearing, elastic - rigid

The effect of a change of the lubrication medium from fuel to oil is shown in Figure 9. As oil has a higher viscosity, the maximum pressure is smaller with oil lubrication. On the other hand, the friction power loss is higher with oil lubrication. Both effects only occur if the surfaces are completely separated. In the case of mixed lubrication in the fuel lubricated system, the mixed friction coefficient will quickly exceed the oil friction values.

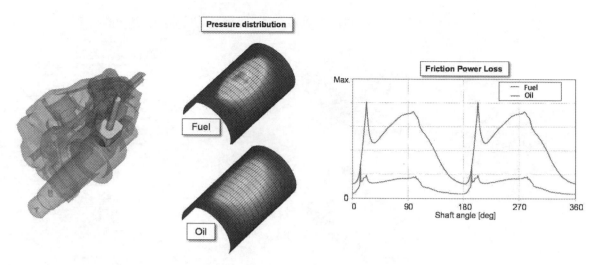

Figure 9: Pressure and friction power loss in the roller shoe bearing, fuel – oil lubrication

During the run-in process, the characteristic of the surface roughness changes. To evaluate the effect of surface roughness on mixed lubrication and friction power loss, Figure 10 shows the comparison of roller shoe with new, unworn roughness and a roller shoe with worn roughness. The roughness parameters of both surfaces come from measurements.

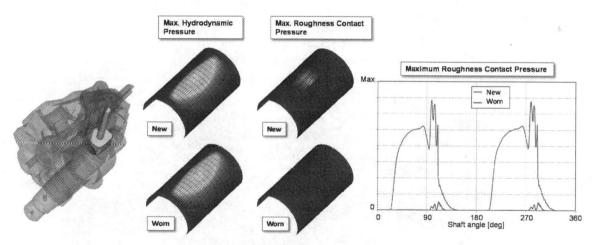

Figure 10: Hydrodynamic pressure and surface contact pressure of new and worn surfaces

With the smoother, worn surface, the hydrodynamic pressure build-up is higher and the roughness contact pressure is lower (almost zero). The reason is that with smoother roughness the first roughness contact occurs at smaller gaps and in consequence the fluid can build-up higher pressure and carry more load and then the roughness carries almost no load.

Simulation capabilities of multi body systems with tribological coupling can also be used to show the optimization potential of the design of a roller shoe. Figure 11 shows exemplarily the effect of two different shoe designs on the pressure build-up in the roller bearing.

7

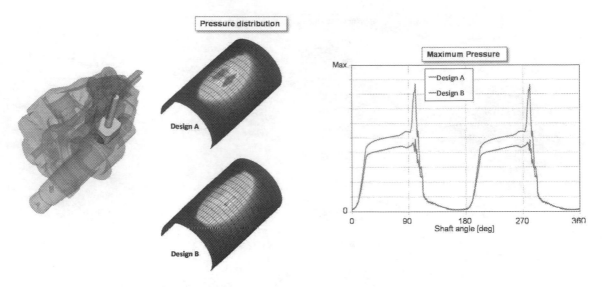

Figure 11: Pressure distribution and maximum pressure of two roller shoe designs

Design A and B see the same resulting load on the roller shoe but design B leads to a better pressure distribution in the roller shoe. Also the dynamic maximum pressure peak is reduced with design B.

3.5 Camshaft-Housing Contact

The pressure build-up in the main bearings of a high pressure pump is characterized by the compression force acting on the cam and the belt forces acting on one shaft end (s. Figure 12). The cam forces lead to a more even load distribution on the width of each camshaft bearing, whereas the belt force acting alone, causes a strong tilting and thus an edge carrying in both bearings.

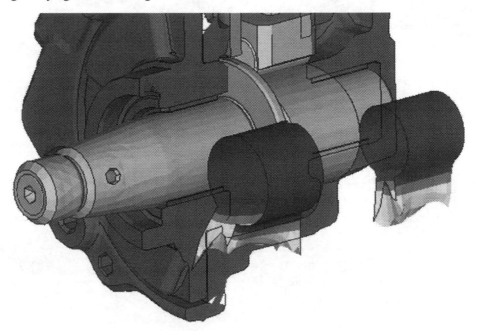

Figure 12: Pressure build-up between camshaft and housing

The loads cause a bending and tilt of the camshaft and a complex deformation of the housing and the bearing shells. A comparison of a simulation with rigid and with elastic housing and camshaft is shown in Figure 13.

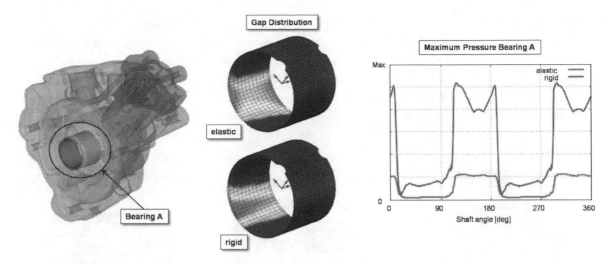

Figure 13: Gap distribution and maximum pressure, rigid - elastic

The tilting moment of the shaft due to the belt forces (between 90 and 180 deg. as well as between 270 and 360 deg.) lead with rigid and with elastic structures to an edge carrying at the outer edge of the considered bearing. When the cam forces are dominant (between 0 and 90 deg. as well as between 180 and 270 deg.), the loading of the rigid shaft leads to an almost constant gap in the bearing, whereas the elastic shaft shows an edge carrying at the inner edge of the bearing. This effect is due to the bending of the shaft. Moreover, the maximum values of pressure and friction power loss are significantly higher in the rigid case.

The variation of the clearance of a bearing influences the minimum gap, the maximum pressure and the friction power loss in a significant way. Generally, starting with a large clearance, the reduction of clearance lead to bigger minimum gap, smaller maximum pressures and lower friction power loss (s. Figure 14). Of course, there is an optimum clearance and when the clearance falls under this value, the tribological parameters get worse again. In addition, the oil flow through the bearing is strongly influenced by the clearance and often the clearance with the maximum minimal gap shows too small oil flows and thus the bearing gets hot. So this parameter also has to be considered in the optimization process.

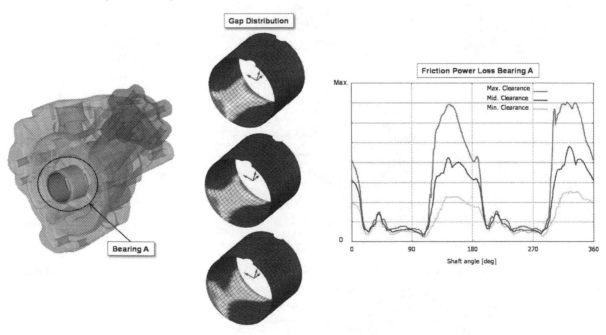

Figure 14: Gap distribution and maximum pressure at different clearances

One of the most important effects in high loaded hydrodynamic bearings is the run-in process of the bearing layer material. As described in chapter 2.3, the run-in process in the bearings can be simulated by analyzing the local friction power input into the surface and calculating a contour relief. This simulation process is continued until a stable bearing contour is reached. Figure 15 shows qualitatively the simulated wear contour of the two camshaft bearings resulting from the acting belt and cam forces. The change of the running surface contour leads to a more even gap distribution with higher minimal gaps (for bearing A, see exemplary Figure 16).

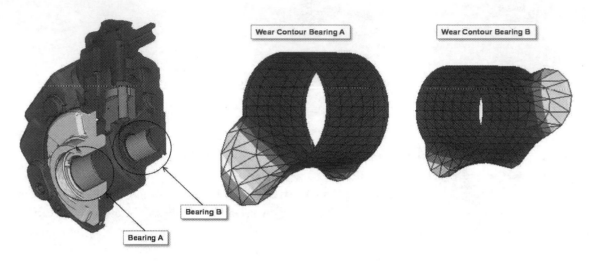

Figure 15: Wear contour of the two camshaft bearings

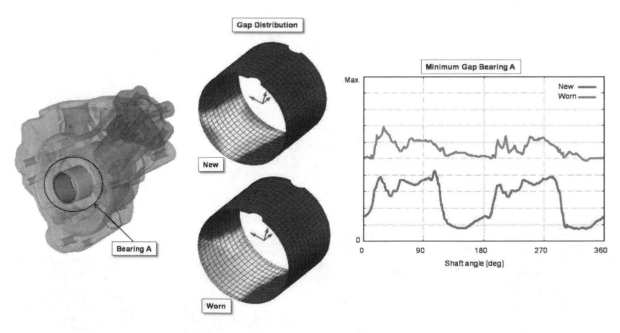

Figure 16: Gap distribution and minimal gap vs shaft angle for bearing A

In consequence, the edge carrying of bearing A due to the belt forces completely vanishes and the minimum gaps rise up to the mixed lubrication boundary so that almost no mixed lubrication occurs any more. Thus, almost all load is carried by the fuel film (s. Figure 17).

10

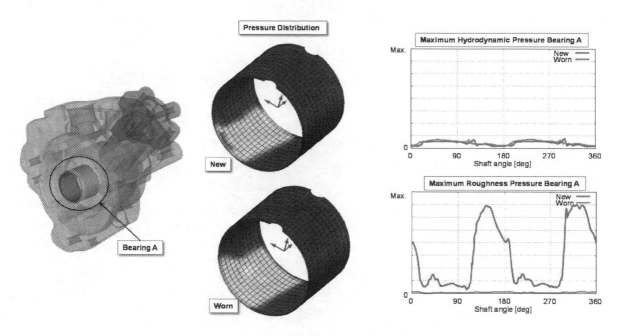

Figure 17: Pressure distribution, hydrodynamic and contact pressure ratio for new and worn surfaces

The positive effect of the run-in process continues in the resulting friction power loss. The mean value of friction power loss is reduced to 1/3 of the value of the new surface (s. Figure 18).

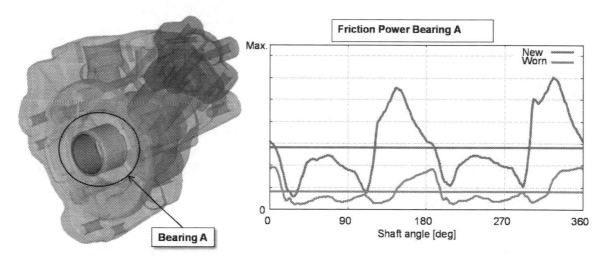

Figure 18: Friction power loss of new and worn bearing surfaces

4 Summary and Conclusion

The presented simulation software couples multi body system techniques (MBS), with elastohydrodynamic fluid film and mixed lubrication reactions (EHD) and elastic structural dynamics. Complex systems with several elastic bodies and fluid films can be simulated with stable algorithms in workable calculation time. Using coupled MBS/EHD simulation techniques, it is possible to analyse the tribological behaviour of hydrodynamic bearings and sliding surfaces considering states of mixed lubrication and the interaction with the structural dynamics of the elastic components. The simulations were carried out by IST and APL on a Delphi high-pressure pump with different designs and boundary conditions or operating points to evaluate the optimization potential of the current design by comparing e.g. minimum gaps, maximum pressure, friction power losses and fluid flows. The calculation of a run-in contour of the sliding surface on basis of the surface roughness friction power loss shows a different behaviour of the worn contour in comparison to the new contour and helps understanding the measured data of the real system.

5 References

/1/   Knoll, G., Longo, C., Schlerege, F., Brandt, S., Lang, J.: Software-Entwicklungswerkzeuge zur reibungsoptimierten Auslegung von Kurbeltriebskomponenten. In: *ATZ/MTZ-Konferenz – Reibungsminimierung im Antriebsstrang,* 9.-10. Dez., Esslingen, 2009

/2/   Leonhardt, L., Murrenhoff, H., Lang, J. und Knoll, G.: Tribologische Analyse der Kolben/Zylinder-Baugruppe von hydrostatischen Axialkolbenpumpen – Elastohydrodynamische Simulationstechnik und experimentelle Validierung. In: *Tagungsband Tribologie Fachtagung der Gesellschaft für Tribologie,* 26.-28. Sept., Göttingen, 2011

/3/   Knoll, G., W. Seemann , C. Proppe, R. Koch, K. Backhaus, A. Boyaci: Hochlauf von Turboladerrotoren in nichtlinear modellierten Schwimmbuchsenlagern, MTZ Motorentechnische Zeitschrift 2010-04, 2010

/4/   Lang, J., Knoll, G.: Elastohydrodynamic Simulation of the High Speed Crankshaft Bearing of a Hydraulic Wind Turbine Transmission. In: *Tagungsband Conference for Wind Power Drives CWD 2013, 19.-20. März, Aachen,* 2013

/5/   Patir, N. und Cheng, H.S.: An Average Flow Model for Determening Effects of Three-dimensional Roughness on Partial Hydrodynamic Lubrication. *Transactions of the ASME, Series F, Journal of Lubrication Technology,* Vol.100, 1978, S. 12-17

/6/   Greenwood, J.A. und Tripp, J.H.: The Contact of Two Nominally Flat Rough Surfaces, *Proc. Instn. Mech. Engrs.* 185, 1970-1971

Thermomechanische Festigkeitsoptimierung hochbelasteter Turbolader am Beispiel des Audi S3

Dipl. – Ing. Ekkehard Rieder[1], Dr. Peter A. Klumpp[2],Michael Werner[3], M.Sc.

[1] Audi AG Ingolstadt, ekkehard.rieder@audi.de

[2] Audi AG Ingolstadt, peter.klumpp@audi.de

[3] Dassault Systèmes SIMULIA, michael.werner@3ds.com

© Springer Fachmedien Wiesbaden GmbH, ein Teil von Springer Nature 2018
J. Liebl und G. Rainer (Hrsg.), *VPC.plus 2014*, Proceedings,
https://doi.org/10.1007/978-3-658-23775-2_8

Kurzfassung (Einleitung)

Die Turboaufladung hat in Zeiten von Leistungssteigerungen bei zu minimierenden Emissionen und zu verbessernder Energieeffizienz einen hohen Stellenwert in der Fahrzeugentwicklung. Geforderte Leistungssteigerungen der zu entwickelnden Abgasturbolader führen damit unweigerlich zu Designs nahe am Leistungslimit von Geometrie und Material. Dabei gewinnt die beanspruchungsgerechte Auslegung der Turbolader mit Hilfe von Simulation und modernen Optimierungslösungen immer mehr an Bedeutung. Durch gezielten Materialeinsatz lässt sich die Lebensdauer des Bauteils maßgeblich beeinflussen.

Hierfür werden in der FE-Analyse standardmäßig Thermowechsel-Zyklen simuliert, welche aus experimentellen Untersuchungen als besonders kritisch für das Turbinengehäuse (TG) bekannt sind. Auf Schwankungen der globalen Abgastemperatur reagiert die Wärmedehnung des TG lokal unterschiedlich schnell, und die entstehenden transienten Thermospannungen plastifizieren das Material zyklisch, schlimmstenfalls bis zur Rissbildung. In dieser Festigkeitsberechnung wird eine Aussage über die Haltbarkeit des Turboladers im Freigabetest hinsichtlich Sensitivität gegenüber Randbedingungen, Rissbildung, Geometrie, Thermodynamik und Material erarbeitet werden.

Der Einsatz von modernen Optimierungslösungen ermöglicht die hier notwendigen Voraussetzungen zu erfüllen. Durch die Gestaltoptimierung wird automatisch eine gezielte Detailverbesserung der Bauteiloberfläche vorgenommen um thermomechanische Beanspruchungen zu reduzieren, Materialermüdung vorzubeugen und damit die Lebensdauer zu erhöhen. Hierbei sind lokale Betrachtungen der kritischen Bereiche häufig nicht ausreichend, weshalb sich ein zweistufiger Optimierungsansatz bewährt hat. Dieser Ansatz identifiziert zuerst in einer Sensitivitätsstudie die vorherrschenden Wechselwirkungen im Turbolader und ermöglicht die positiven Effekte auszunutzen und die Negativen zu eliminieren. Basierend auf dieser global optimierten Geometrie werden anschließend die noch nötigen Detailverbesserungen mittels lokaler Gestaltoptimierung umgesetzt.

Schlagworte: Abgasturboaufladung, Emissionen, Gewichtsreduzierung, Dynamik, FEM- und CFD-Simulation, Optimierung, Shape – Optimierung, Strukturoptimierung

Einleitung

Die Abgasturboaufladung hat bei AUDI eine lange Tradition. Seit über 30 Jahren kommen turboaufgeladene Benzin-Motoren zum Einsatz. Beginnend mit den aufgeladenen 5-Zylinder-Motoren in den 80iger Jahren über die V6- und R4-Motoren mit Turboaufladung in den 90igern bis hin zum weltweit ersten aufgeladenen direkteinspritzenden Motor (TFSI) im Jahre 2004 stellten AUDI–Motoren immer die technologische Spitze dar.

Turboaufladung steht bei AUDI für Emotionen und Fahrspaß bei gleichzeitig geringem Kraftstoffverbrauch und ist für AUDI-Kunden ein wichtiges Kaufargument. [4]

Inhalt

Auflademodul

Zu Beginn der Entwicklung bestand die Aufgabe darin, bei der Auslegung des neuen Auflademoduls einerseits einen Benchmark Richtung Leistung / Eckdrehmoment / Dynamik / CO_2-Emisionen zu setzen, andererseits Gewicht und Kosten zu minimieren. Bei der Reduzierung der Kosten stand vor allem die Verringerung des Nickelanteils im Vordergrund. Ein weiterer Entwicklungs-schwerpunkt war die Minimierung der Außenabmessungen, um den ATL für die modularen Baukästen (Längs bzw. Quereinbau) des VW-Konzerns nutzen zu können. Gleichzeitig galt es, die Bauteilevielfalt zu reduzieren und möglichst viele Gleichteile zu verwenden. Erstmals bei AUDI kam ein elektrischer Wastegatesteller zum Einsatz. Dieses System stellte eine besondere Herausforderung für das Design des Auflademoduls dar (Festigkeit, Toleranzen …). Um den Komfortansprüchen der Marke AUDI gerecht zu werden, wurde das Geräuschverhalten des ATL so gestaltet, dass die Akustik optimal auf das jeweilige Fahrzeug abgestimmt ist.

Das neue Auflademodul wurde auf die speziellen Erfordernisse der neuen R4-Motorengeneration abgestimmt. Als Aufladesystem kommt bei der neuen R4-Motorengeneration ein Abgasturbolader in Mono-Scroll-Bauweise zum Einsatz. Dieses System bietet die besten Voraussetzungen, um die Auslegungsziele, ein möglichst hohes Low-End-Torque bei gleichzeitig großer Nennleistungs-ausbeute gepaart mit einer sehr guten Dynamik, umzusetzen.

Im Turbolader kommt, bedingt durch eine auf 980°C erhöhte Abgastemperatur T3, für alle Leistungsvarianten als Turbinengehäuse Werkstoff Stahlguss zum Einsatz. Bei den Volumenanwendungen wird ein niedriglegierter Werkstoff 1.4837 eingesetzt, während in den High-Performance Anwendungen auf das höher legierte Material 1.4849 zurückgegriffen wird. Je höher der Nickelanteil, desto teurer wird die Legierung (18,50 USD je 1 kg Nickel / Stand: August 2014). Erstmalig in einem AUDI-Motor wird die Lambda-Sonde vor der Turbine angeordnet, was deutliche Vorteile bzgl. Einzelzylinderkennung mit sich bringt. Die Lambda-Sonde ist damit integraler Bestandteil des Auflademoduls. Sie wird dadurch aber auch höher belastet.

Durch eine optimale Radauslegung gelang es, den Standard-Turbinenrad-Werkstoff Inconel 713C auch bei einer Temperatur von 980°C vor Turbine (T3) einzusetzen.

Beim Ladergehäuse standen eine strömungsoptimale Auslegung des Wassermantels zur Senkung des Druckverlustes sowie Einheitsanschlüsse für die Medienversorgung (Öl/Wasser) im Fokus der Entwicklung.

Das Verdichtergehäuse ist bei AUDI traditionell mit integriertem elektrischem Schubumluftventil (ESUV) und Pulsationschalldämpfer (PSD) ausgestattet. Es hat außerdem eine integrierte Kurbelgehäuseentlüftungs- (KUKA) bzw. Tankentlüftungs- (AKF) Einleitstelle. Das Verdichterrad ist aus dem Vollen gefräst und bietet damit Vorteile in Bezug auf Drehzahlfestigkeit und Geräuschemissionen.

Der Lader ist mit Einheitsanschlüssen über alle Hubraum- und Leistungs-varianten für die Luft- bzw. Abgasführung sowohl auf der Turbinen- als auch auf der Verdichterseite ausgestattet. Dies gilt für alle Hubraumvarianten jeweils für den modularen Längs- (MLB) und Quereinbau (MQB). Das führt zu einer deutlichen Reduzierung der Varianten für Ansaugung, Ladeluftführung und Abgasanlage. [4]

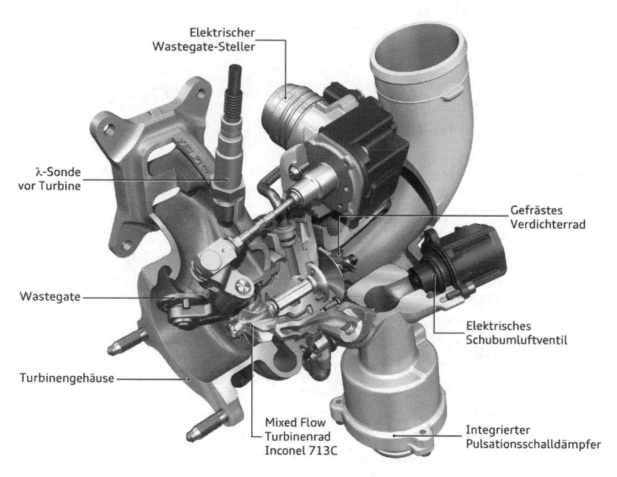

Abbildung 1: Allgemeiner Aufbau eines Auflademoduls

Schadensmechanismen

Als dominierender Schadensmechanismus kann die thermozyklische Werkstoffbeanspruchung (TMF) mit Ermüdungsrissschädigung bezeichnet werden. Sie kann der Kategorie Low Cycle Fatigue (LCF) zugeordnet werden. abwechselnd schnelles Aufheizen und Abkühlen des Turboladers

- lokal unterschiedlicher Wärmeintrag
- unterschiedlich starke und schnelle Materialdehnung
- zyklisches „Kneten" des Materials
- langsam wachsende, interne Risse

Zusätzlich treten stationäre Betriebszustände mit Haltezeiteinflüssen (Kriech- / Oxidationsschädigung) und mechanische Ermüdungsbeanspruchung im höherfrequenten Bereich (HCF) infolge von Bauteilschwingungen und Strömungskräften auf.

Ziel der Berechnung

In einer Simulation soll eine Aussage über die Haltbarkeit des Turboladers im Freigabetest (Prüfung von Abgaskrümmern, Abgasturbolader und weiterer abgasführenden Bauteilen auf Rissbildung durch Thermospannungen (Thermoschock) als Komponentenentwicklungstest) hinsichtlich Rissbildung, Sensitivität gegenüber Randbedingungen, Geometrie, Thermodynamik und Material erarbeitet werden.

Materialmodell

Die Abbildung des Werkstoffes erfolgt über den elastischen und plastischen Modul sowie die kinematische Verfestigung. Die berücksichtigten Größen werden abhängig von der Temperatur im Materialmodell hinterlegt. Vorteilhaft an dieser Darstellung ist die äußerst einfache Kalibrierbarkeit. Dehnratenabhängigkeit, Haltedauer ab- hängigkeit und Entfestigung werden nicht berücksichtigt.

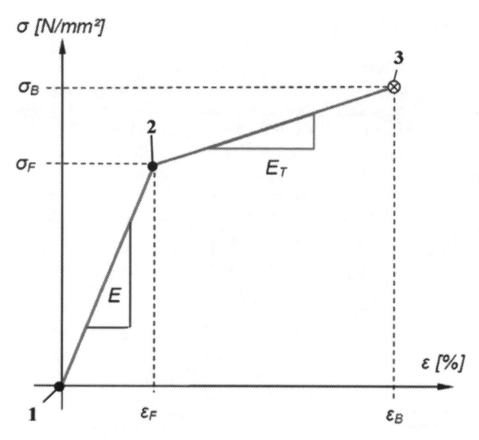

Abbildung 2: Materialmodell (bilinear)

Werden Metalle rein elastisch belastet, dann verschwindet die Verformung vollständig, wenn die Belastung zurückgenommen wird. Elastische Ver-formungen sind somit reversibel. Plastische Verformungen sind irreversibel. Eine Verformung ist auch nach Entfernen der Belastung vorhanden.

Zur Beschreibung des elastisch-plastischen Materialverhaltens wird im Allgemeinen von der Fließtheorie ausgegangen. Dabei werden zusätzliche Beziehungen zur elastischen Spannungs-Dehnungsbeziehung notwendig. Im Einzelnen sind dies eine mehrachsige Fließbedingung, bei der der Übergang zum plastischen Fließen beginnt, ein Fließgesetz, das den Anstieg an plastischer Dehnung mit augenblicklichen Spannungen und Spannungszunahmen verbindet und ein Verfestigungsgesetz, in welchem eine Modifikation des Fließgesetzes während der plastischen Verformung beschrieben wird. Das Materialverhalten wird standardmäßig als isotrop vorausgesetzt, was bei polykristallinen Werkstoffen mit hinreichend kleinen Körnern auch gültig ist. Weitere Annahmen betreffen die Inkompressibilität. Das bedeutet, dass eine plastische Verformung zu keiner Volumenänderung führt. [7]

Kinematische Verfestigung

Bei kinematischer Verfestigung wird davon ausgegangen, dass bei der Entlastung der anfängliche elastische Bereich rück- wärts und danach in Gegenrichtung durchlaufen wird. Im Kurvenverlauf des Spannungs- Dehnungs-Diagramms ist bei der Umkehr der Belastung die elastische Grenze 2-fach zu erkennen. Der Fließbereich wird nicht vergrößert, sondern nur verschoben. Bei einer Lastumkehr muss lediglich die zweifache Streckgrenze überwunden werden, bevor ein erneutes Fließen auftritt. In Bezug auf die Hauptspannungen ergibt sich daraus eine *Fließflächenverschiebung*. Dies ist hier für einen 2-dimensionalen Fall skizziert, bei dem ein einfaches bilineares Materialverhalten zugrunde gelegt ist. [6]

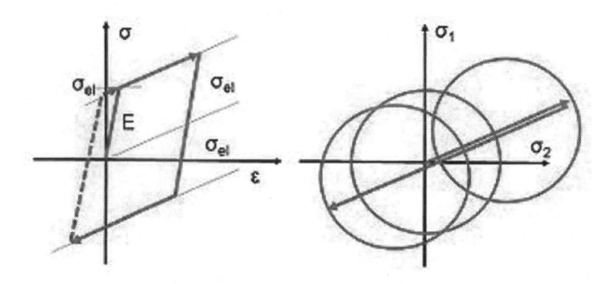

Abbildung 3: Kinematische Verfestigung

Isotrope Verfestigung

Bei isotroper Verfestigung wird davon ausgegangen, dass bei der Entlastung die aktuelle Spannung rück-wärts und danach in Gegenrichtung durchlaufen wird. Im Kurvenverlauf des Spannungs- Dehnungs-Diagramms ist bei der Umkehr der Belastung die aktuelle Spannung 2-fach zu erkennen. Bei einer Belastung auf Zug und anschließendem Druck muss die bereits erfolgte Verfestigung im Zugbereich überwunden werden, bevor im Druckbereich Fließen auftritt. Dies bedeutet, dass erst die bis dahin aufgetretene maximale Spannung überwunden werden muss, bevor mit erneutem Fließen zu rechnen ist.

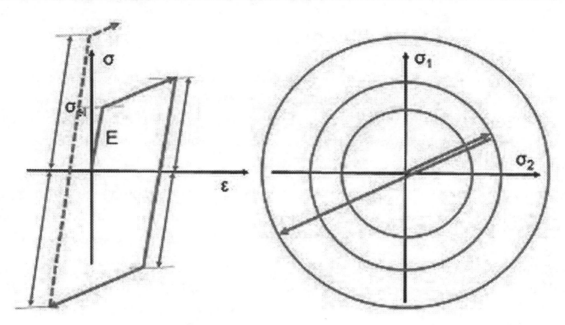

Abbildung 4: Isotrope Verfestigung

Dadurch vergrößert sich der Fließbereich. Es sind nach einmaliger Plastifizierung größere Spannungen notwendig, um weiteres Fließen einzuleiten. In Bezug auf die Hauptspannungen ergibt sich daraus eine *Fließflächenvergrößerung*. Dies ist für einen 2-dimensionalen Fall in Abbildung 4 skizziert. [6]

In der Simulation ergibt sich dadurch, dass der Verlauf der Spannungs-Dehnungs-Kurve oberhalb der elastischen Grenze von der Geraden abweicht. Damit liegt eine Materialnichtlinearität vor.

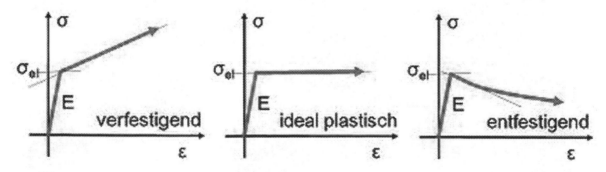

Abbildung 5: Materialeigenschaften in Realität

Durch das verfestigende Materialverhalten ergibt sich eine Zunahme der Tragfähigkeit. Ein horizontaler Verlauf der Spannungs-Dehnungs-Kurve oberhalb der elastischen Grenze ergibt ein ideal plastisches Verhalten. Ein entfestigendes Material mit einer abnehmenden Spannungs-Dehnungs-Kurve oberhalb der elastischen Grenze ergibt ein instabiles Tragverhalten. [6]

Werkstoffwahl Turbinengehäuse

Für die neue Motorengeneration wurde im Zusammenhang mit dem integrierten Abgaskrümmer Konzept (IAGK) eine Erhöhung der Abgastemperatur vor Turbine (T3) auf 980°C vorgegeben. Für diese Temperaturniveau war eine Anwendung der bisher verwendeten Eisengusslegierung D5S aus der zweiten Generation der Motorenbaureihe EA888 nicht mehr möglich.

Bekannte Anwendungen für Abgastemperaturen in diesen Größcnordnungen greifen üblicherweise auf den Stahlgusswerkstoff 1.4848 zurück, welcher allerdings durch einen sehr hohen Nickelanteil (ca. 20%) gekennzeichnet ist.

Durch umfangreiche Versuchsreihen gelang es, den Werkstoff 1.4837 (ca. 12% Nickelanteil) einzusetzen. Dieser erwies sich als ausreichend für die Temperaturen und Massenströme der Volumenvarianten des EA888 Gen.3. Nur für die High-End Motorisierungen (S3) musste auf Grund der erhöhten Anforderungen auf den Stahlguss 1.4849 zurückgegriffen werden. Abbildung 6 zeigt schematisch den Zusammenhang zwischen der Werkstoffauswahl, der Abgastemperatur vor der Turbine sowie dem Massenstrom.

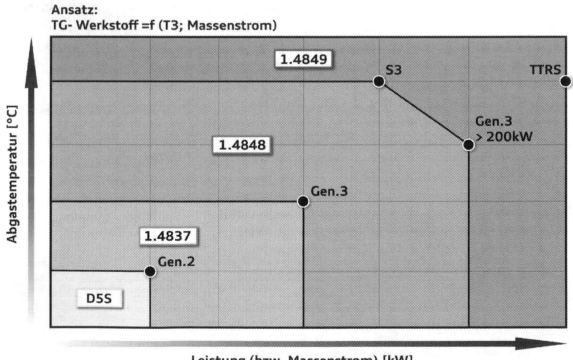

Abbildung 6: Materialauswahl Turbinengehäuse als Funktion von Abgastemperatur und Massenstrom

Das Turbinengehäuse (TG) zählt thermomechanisch zu den kritischsten Bauteilen des Abgasturboladers. Die Belastungen sind auf Grund der zu ertragenden hohen Abgastemperaturen und Massenströme enorm. Dabei ist aber weniger die Beanspruchung im sogenannten „Heißpunkt" schädigend, sondern speziell die stark zyklisch (LCF) wechselnde Belastung. Deshalb muss besonderes Augenmerk auf die Auslegung des Turbinengehäuses gelegt werden. Neben der Anforderung hinsichtlich Festigkeit muss das TG selbstverständlich primär strömungstechnisch optimal ausgelegt sein. Wesentlich dabei ist zudem die besondere Berücksichtigung des Herstellungsverfahrens, d.h. die serientaugliche Giessbarkeit des TG. Basierend auf CAD-Modellen wurden CFD- und FEM-Simulationen durchgeführt.

In der FE-Analyse werden standardmäßig Thermowechsel-Zyklen simuliert, welche aus experimentellen Untersuchungen als besonders kritisch für das TG bekannt sind. Auf Schwankungen der globalen Abgastemperatur reagiert die Wärmedehnung des TG lokal unterschiedlich schnell. Die entstehenden transienten Thermospannungen plastifizieren das Material zyklisch, schlimmstenfalls bis zur Rissbildung.

Das FEM-Modell liefert zu diesen Prozessen Informationen über Temperaturen, Verformungen, Spannungen und Dehnungen. Die hochbelasteten Bereiche der Konstruktion lassen sich über die summierte plastische Dehnungsamplitude (PEEQ) identifizieren und optimieren. Weitere Ergebnisse beziehen sich auf die Ermittlung des Setzverhaltens der Schrauben und die Funktion der Dichtungen.

Parallel fanden die Prüfstands- bzw. Fahrzeugerprobungen statt. Für das TG besonders kritisch sind der bereits erwähnte Thermoschocktest sowie ein am Prüfstand simulierter Fahrzeugdauerlauf.

Im Laufe der Entwicklung zeigte sich, dass zwischen der Simulation und den Tests an Bauteilen eine gute Korrelation besteht, so dass durch den frühzeitigen Einsatz der Simulation und die sich anschließende rechnerische Optimierung des Datenmodells vor der Werkzeugerstellung wertvolle Entwicklungszeit und Prüfstandskapazität eingespart werden kann.

Schwerpunkte der Thermomechanik-Entwicklung am TG waren der Wastegate-Bereich, die Spiralen-Zunge, die Flansche zu Zylinderkopf und Katalysator, der Turbinenhals sowie der gesamte Abströmbereich zum Katalysator. [4]

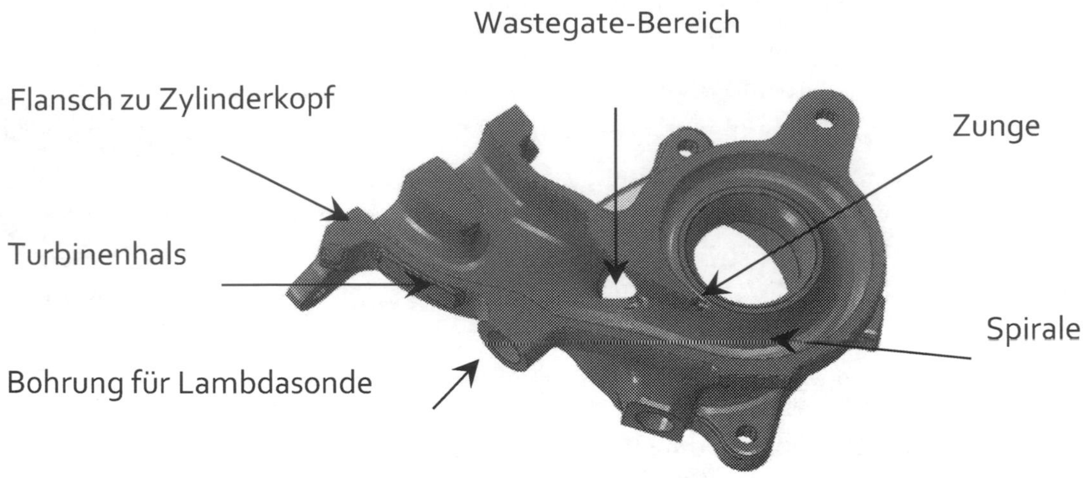

Wastegate-Bereich
Flansch zu Zylinderkopf
Zunge
Turbinenhals
Spirale
Bohrung für Lambdasonde

Abbildung 7: Geometrie / Beschreibung

1,297 %
1,315 %
0,231 %
0,190 %
0,581 %
0,502 %
FEM
orginal
optimiert
Test

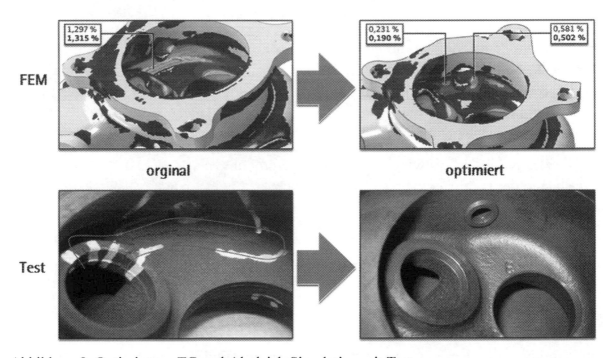

Abbildung 8: Optimierung TG und Abgleich Simulation mit Test

Prozessablauf Turboladerentwicklung

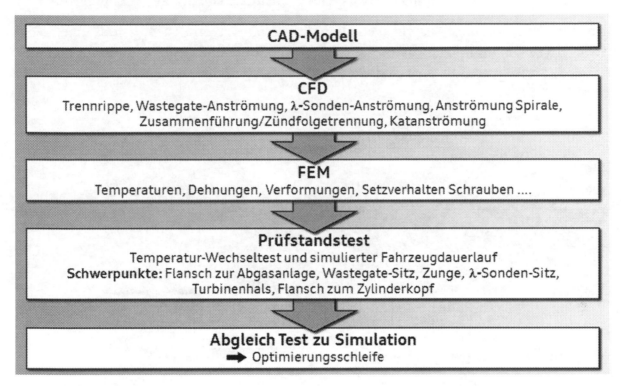

Abbildung 9: Prozessablauf

Thermodynamik

In der thermodynamischen Auslegung war es notwendig, ein großes Paket von Entwicklungsumfängen abzuarbeiten, um alle Zielvorgaben zu erfüllen. Stellvertretend dafür wird an dieser Stelle auf zwei Schwerpunkte detaillierter eingegangen:

Strömungsoptimale Gasführung bzw. Zündfolgetrennung
Integration einer Lambda-Sonde vor Turbineneintritt

Die Auslegung der Gasführung des Turbinengehäuses erfolgte mit dem Fokus auf eine strömungsoptimierte Geometrie. Dabei sollte das Abgas mit minimalen Strömungsverlusten in Richtung Turbine geleitet werden.

Um eine Beeinflussung des Abgases (vor allem durch den Vorauslassstoß) von nacheinander ausströmenden Zylindern zu verhindern, mussten die sich gegenseitig beeinflussenden Kanäle so weit wie möglich voneinander separiert werden. Dies wurde durch eine Trennung der Fluten Zyl.1/4 und Zyl.2/3 bis in das Turbinengehäuse hinein erreicht, wobei die Separierung über eine in das Turbinengehäuse hineinragende Trennrippe dargestellt wurde. Die Strömungsführung der Abgasstränge innerhalb des Turbinengehäuses erfolgte dabei derart, dass die Ströme annähernd parallel, und somit ohne wesentliche gegenseitige Beeinflussung in die Spirale eingeleitet werden. Die Gestaltung des Turbineneintrittes wurde durch umfangreiche CFD-Simulationen optimiert (Abbildung 10).

Um weiterhin ein gutes Ansprechverhalten der Turbine zu erreichen, galt es einen Mittelweg zwischen minimaler Lauflänge (Auslassventil bis Eintritt in die Spirale) und maximaler Zündfolgetrennung zu finden. [4]

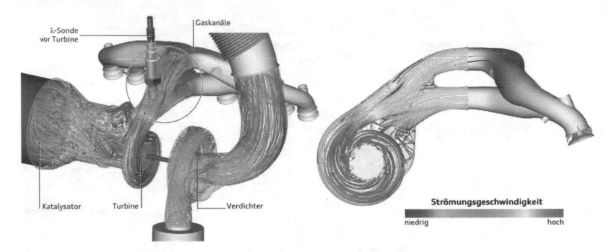

Abbildung 10: CFD-Simulation zur Optimierung Zündfolgetrennung

Transiente Temperaturfeldberechnung

Mit der **Temperaturfeldberechnung** wird untersucht, welche **Temperatur-verteilung** sich unter bestimmten Einsatzbedingungen ergibt. Dazu können **Temperaturen, Konvektion**, Leistungen und **Leistungsdichten** in den einzelnen Bereichen einer Baugruppe definiert werden. Als Berechnungsergebnis zeigt die Temperatur-verteilung, an welcher Stelle sich eine bestimmte Temperatur einstellt. Die **Wärmestromdichte** verdeutlicht sozusagen den "Stau" des Energieflusses und gibt dadurch wertvolle Hinweise, wie sich der **Wärmehaushalt** optimieren lässt.

14

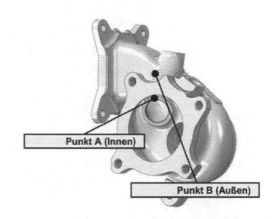

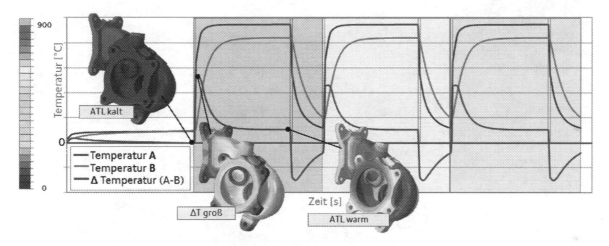

Abbildung 11: Simulierter Freigabetest

Thermomechanische Festigkeitsberechnung

Im Turbolader entsteht die thermomechanische Belastung durch eine inhomogene Temperaturverteilung. Diese wird durch Heiß–Kalt–Zyklen aus dem Start–Stopp-Betrieb des Motors oder eine rasche Variation der Last im Betrieb hervorgerufen. Der zyklischen thermomechanischen Last wird die Montagelast als statische, mechanische Beanspruchung vorgeschaltet. Sie bildet das Verschrauben des Turboladers gegen das Kurbelgehäuse ab. Im ersten Berechnungsschritt der FE–Analyse werden die Montagekräfte der Schrauben zur Verpressung der Dichtung zwischen Kurbelgehäuse und Turbolader ermittelt. Im zweiten Berechnungsschritt wird die Bauteiltemperatur aufgebracht und im nächsten Schritt wieder entfernt. Diese Vorgehensweise wird fortgesetzt, bis sich eine stabilisierte Spannungs-Dehnungsantwort einstellt. Bei Verwendung eines Materialmodells mit reiner kinematischer Verfestigung haben sich dafür drei dieser thermischen Zyklen als ausreichend erwiesen. Dadurch wird ein stabiler Zustand erreicht.

Hierbei werden die Deformationen, Dehnungen und Spannungen für den simulierten Zyklus ermittelt. Außerdem wird zu jedem Iterationsschritt das Temperaturfeld aus der

15

transienten Temperaturberechnung ausgegeben. Vorgeschaltet zu den thermischen Lastfällen sind statische Montagelastfälle. Ebenfalls wird das Setzverhalten von Verschraubungen und Dichtungen bewertet.

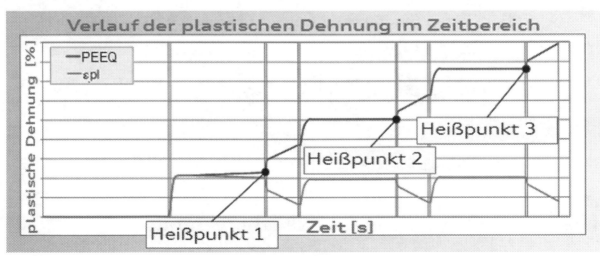

Abbildung 12: Verlauf der plastischen Dehnung im Zeitbereich

Bewertungsgröße hierfür ist der Amplitudenbelastungszustand mit der Hauptauswertegröße *„Plastische Vergleichsdehnung"* (PEEQ). Die Aussagekraft wird weiter gesteigert durch die Analyse des Verlaufs der plastischen Dehnung im Zeitbereich. Weiterhin werden die Temperaturverteilung und die thermischen Deformationen ausgewertet.

Eine inelastische zyklische thermomechanische Analyse eines Turboladers ist heute Stand der Technik. Schematisch können **vier** Situationen im zyklisch belasteten Bauteil beschrieben werden:

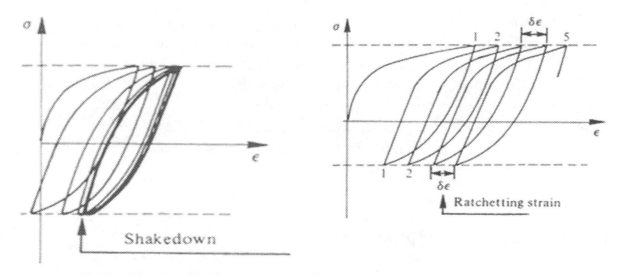

Abbildung 13: Effekte zyklischer Beanspruchung

Das Bauteil verhält sich zunächst elastisch (1). Nach einem inelastischen *„Einschwingen"* verhält sich das Bauteil nur noch elastisch, man bezeichnet dies als *„elastic shakedown"* (2). Nach einer Zeit entsprechend der Zykluszahl, wird im Bauteil ein inelastischer zyklisch stationärer Zustand erreicht, das bedeutet *„plastic shakedown"* (3). Es wird nie ein zyklisch stationärer Zustand erreicht (4). Dies z.B. ist der Fall beim *Ratchetting* oder *zyklischen Kriechen*, wenn äußere Lasten wirken. Die zwei ersten Fälle werden mit zunehmenden Temperaturen immer unwahrscheinlicher. Die letzte Situation wird normalerweise schon bei der Bauteilauslegung ausgeschlossen, so dass der dritte Fall für Hochtemperaturbeanspruchung als zutreffend angesehen wird. Die Lebensdauerabschätzung wird normalerweise dann auf der Grundlage des stabilisierten Zyklus durchgeführt. [16]

Zweistufige Optimierungsstrategie

Die Turboaufladung hat in Zeiten von Leistungssteigerungen bei zu minimierenden Emissionen und zu verbessernder Energieeffizienz einen hohen Stellenwert in der Fahrzeugentwicklung. Geforderte Leistungssteigerungen der zu entwickelnden Abgasturbolader führen damit unweigerlich zu Designs nahe am Leistungslimit von Geometrie und Material.

Ziel ist es mit minimaler Anzahl von Prototypen und Versuchen die Gehäusegeometrien zu verbessern und so die Lebensdauer der Turbolader bei den geforderten Leistungssteigerungen zu erhöhen.

Hier kommt die Simulation der thermomechanischen Belastungen ins Spiel. Dies erfolgt wie oben beschrieben mit vorangehender Strömungssimulation, daraus resultierender thermischer Analyse und letztendlich der thermomechanischen Analyse. Aus den Simulationsergebnissen lassen sich die hochbelasteten Bereiche des Turboladergehäuses ermitteln, die eine besonders hohe Rissanfälligkeit aufweisen. An dieser Stelle zeigt sich die Komplexität der hochbelasteten Abgasturbolader. Einerseits sind die strömungsführenden Bereiche häufig bereits strömungstechnisch optimiert und damit ebenso wie Funktionsflächen nicht veränderlich. Andererseits machen sich Wechselwirkungen bemerkbar. So können minimale lokale Geometrie-änderungen lokale Verbesserungen hervorrufen, aber dabei in weit entfernten Bereichen zu drastischen Verschlechterungen führen.

Simulationsbasierte Optimierung

Ein konsequenter Einsatz der Simulationstechnologien setzt nun auf simulationsbasierte Optimierung. Mit Hilfe von Simulationsergebnissen und Optimierungsalgorithmen wird das Bauteildesign verändert, neu bewertet und iterativ verbessert. In der simulationsbasierten Strukturoptimierung werden Topologie-, Sizing-, Gestalt- und Sickenoptimierung unterschieden ([14],[12]). Für die geringfügigen aber detaillierten Veränderungen der Bauteiloberfläche und damit die Änderungen der Gehäusewandstärken zur Verbesserung der thermomechanischen Festigkeit bieten sich davon die Methoden der Gestaltoptimierung (Shapeoptimierung) an.

Theorie der Gestaltoptimierung

Basierend auf der in [14] vorgestellten Definition des allgemeinen Optimierungsproblems, lässt sich das Gestaltoptimierungsproblem mathematisch nach [15] wie folgt formulieren:

$$
\begin{aligned}
&\min \quad q(s,u) \qquad\qquad s \in \mathbb{R}^n \\
&\text{s. t.} \quad Ku = f \\
&\qquad\quad g_j(s,u) \leq 0 \quad j = 1,\ldots,m \\
&\qquad\quad h_k(s,u) = 0 \quad k = 1,\ldots,l \\
&\qquad\quad s^L \leq s \leq s^U.
\end{aligned}
$$

Dabei ist die Zielfunktion q(**s**, **u**) eine beliebige die Qualität der zu betrachtenden mechanischen Struktur bewertende Funktion, welche durch den Vektor der Gestaltoptimierungsdesignvariablen **s** und den Zustandsvektor der mechanischen Verschiebungen **u** beeinflusst wird. In der Finite Elemente basierten Strukturoptimierung müssen die Gleichungen der Finite Elemente Methode (**K u** = **f**) als grundlegende Nebenbedingung zu jeder Zeit erfüllt sein. Daneben müssen während der Verbesserung der Zielfunktion noch mögliche Ungleichheitsnebenbedingungen g_j und Gleichheitsnebenbedingungen h_k mit den Designvariablen innerhalb von unteren und oberen Schranken erfüllt werden.

Zur Lösung dieses Optimierungsproblems bieten sich nun stochastische, auf gradientenbasierte oder auf Optimalitätskriterien basierte Verfahren an. Eine detaillierte Gegenüberstellung der Verfahren mit Vor- und Nachteilen in der Gestaltoptimierung findet sich unter anderem in ([11], [13]).

Wie im oben formulierten Gestaltoptimierungsproblem beschrieben, spielt die Geometriebeschreibung und die Wahl der Designvariablen **s** eine entscheidende Rolle. Erst eine exakte Geometriebeschreibung kombiniert mit einer maximalen Flexibilität der Designänderungen erlaubt das Potential der Gestaltoptimierung voll zu nutzen. Die Geometriebeschreibung kann einerseits auf der CAD Geometrie oder der für die FE Simulation vernetzten Geometrie erfolgen. Bei der Wahl der Designvariablen wird nach [13] zwischen parametrischen und nicht-parametrischen Ansätzen unterschieden. Während der parametrische Ansatz direkt Parameter des CAD Modells wie z.B. Radien oder manuell definierte sogenannte Shapebasisvektoren verändert, ermöglicht der nicht-parametrische Ansatz auf dem FE Modell durch direktes Modifizieren der Position jedes einzelnen FE Knotens im Designgebiet die maximal mögliche Designfreiheit.

Dabei kann der Optimierer jeden zur Optimierung freigegebenen FE Knoten orthogonal zur Bauteiloberfläche verschieben und damit in diesem Bereich Material aufbringen oder entfernen. Die Entscheidung an welchen Stellen wie stark die Oberflächengeometrie verändert wird, trifft der Optimierungs-algorithmus basierend auf den als Qualitätskriterien definierten FEM-Ergebnissen.

Im Zusammenhang mit dem nicht-parametrischen Ansatz beschreibt [13] eine auf einem Optimalitätskriterium basierende Gestaltoptimierungsstrategie, welche bezogen auf Konvergenz und Robustheit der Lösung, sowie die Qualität der Optimierungsergebnisse für eine hervorragende industrielle Anwendbarkeit sorgt.

Optimalitätskriterien sind keine allgemeingültigen Lösungen, bieten aber für spezielle Anwendungsfälle perfekt abgestimmte effiziente Lösungsstrategien. Typische industrielle Gestaltoptimierungen sollen die kritischen Maximalwerte von mechanischen Feldgrößen wie z.B. Spannungen minimieren. Dabei greift der Homogenisierungsansatz von [13], der bei Spannungsspitzen bzw. Spannungen oberhalb eines Spannungsmittelwertes Material aufbringt und dadurch die Spannung senkt. In Bereichen geringer Spannung kann Material entfernt werden. Dies führt letztendlich zu einer Homogenisierung der Spannungsverteilung und damit zu einer Minimierung der Spannungsspitzen.

Gestaltoptimierung am Turbolader

Für die Herausforderungen am Abgasturbolader sind wesentliche Anforderungen an das Optimierungstool unter anderem eine maximale Designfreiheit der zu verändernden Oberfläche, welche mit einem nicht-parametrischen Optimierungstool erreicht wird. Dabei kann jeder einzelne FE- Knoten im Designgebiet direkt verändert werden. Mit parametrischen Ansätzen und den damit entstehenden Gehäusen aus CAD Geometrie-primitiven lassen sich die geforderten Leistungsziele nicht erreichen. Hier sind Frei-formflächen zur Geometriebeschreibung für ausreichende Flexibilität nötig.

Weiterhin sind die Wiederverwendung von bestehenden Simulationsmodellen und eine realitätsnahe Modellierung mit Nichtlinearitäten wie Kontakten essentiell für erfolgrei-che Optimierungsprozesse. Die langen Simulationszeiten erfordern die Verwendung eines Optimierungstools basierend auf Optimalitätskriterien.

Darauf basierend hat sich eine zweistufige Optimierung bewährt. Zuerst werden die globalen Effekte großflächiger Wandstärkenänderungen mit Hilfe einer Sensitivitätsstu-die untersucht. Diese Erkenntnisse werden aufbereitet und mit den bestehenden Inge-nieurserfahrungen zu einer global verbesserten Geometrie kombiniert. Hierauf baut der zweite Optimierungsschritt, der eine lokale Gestaltoptimierung der noch verbliebenen kritischen Bereiche durchführt.

Dieser zweistufige Optimierungsansatz erlaubt lokale Verbesserung unter Ausnutzung der globalen Wechselwirkungen und berücksichtigt dabei auch Fertigungsrandbedin-gungen wie minimale Wandstärken zur Sicherstellung der Giessbarkeit des Gehäuses.

Globale Optimierung

Der erste Schritt der zweistufigen Optimierungsstrategie analysiert mit einer sogenann-ten Design of Experiment (DoE) Untersuchung das physikalische Verhalten des Turbi-nengehäuses unter thermomechanischer Belastung und seine Sensitivität auf Änderun-gen der Wandstärke in verschiedenen Bereichen. Damit lassen sich Zusammenhänge und Wechselwirkungen erkennen, die sich dann für eine globale Optimierung der Geo-metrie ausnutzen und kombinieren lassen.

Morphing

Aufgrund der Komplexität der mechanischen Belastung und Randbedingungen (Strö-mung, Temperatur, Vorspannung) ist eine mathematische Herleitung von Sensitivitäten zur effizienten Lösung mit Optimierungsalgorithmen nicht zielführend. Daher wird in der DoE ein finiter Differenzen Ansatz gewählt und die Oberflächengeometrie in Gebie-te eingeteilt, die dann jeweils einzeln großflächig um einen einheitlichen Betrag aufgedickt werden. Diese veränderte („gemorphte") Geometrie wird mit den beschriebenen Berechnungsroutinen analysiert und ihre Performance ausgewertet. Basierend auf diesen Ergebnissen wird dann eine möglichst gewinnbringende Kombination dieser Veränderungen gesucht. Der Prozess dieser großflächigen Geometrieänderungen wird auch „Shape Morphing" genannt.

Dieses Werkzeug zur einfachen Analyse von Designänderungen innerhalb der Optimierungssoftware ermöglicht großflächige Gestaltänderungen, bei der die bestehenden Simulationsmodelle gültig bleiben. Durch das reine Verschieben von Oberflächenknoten um manuell definierte Beträge unter Berücksichtigung von Fertigungsbedingungen lassen sich schnell Geometrieänderungen umsetzen und die Auswirkungen durch direkte Analyse der Simulation bewerten.

Auswahl der Morphinggebiete

Der erste Aufgabenschritt ist dabei die Einteilung der zu berücksichtigenden Gebiete. Dabei werden basierend auf den Berechnungsergebnissen und evtl. vorliegenden Versuchsergebnissen kritisch belastete, wenig belastete sowie veränderliche und unveränderliche Gebiete unterschieden.

Mögliche Gebietstypen sind:

– Designgebiet (kritisch belastet und veränderlich)

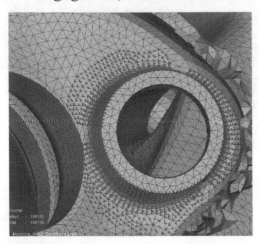

– Trackinggebiet (kritisch belastet und unveränderlich)

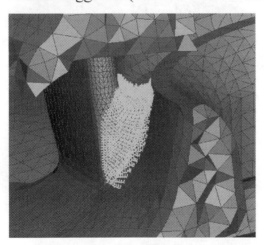

– Morphinggebiet (unkritisch belastet und veränderlich)

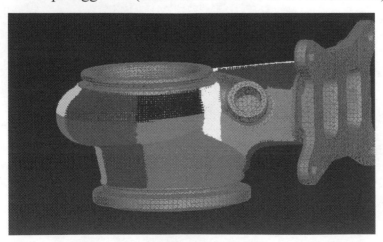

– Unberücksichtigte Gebiete (unkritisch belastet und unveränderlich)

Für die DoE sollen nun alle Designgebiete und Morphinggebiete der Reihe nach geometrisch verändert und der Einfluss dieser Änderung mit der entsprechenden finiten Differenz ausgedrückt werden. Die Einteilung der Gebiete in ca. gleichgroße Bereiche orientiert sich an der grundlegenden Geometrie und den kritischen Bereichen. Die Gebiete werden als Knotengruppen im FEM- oder Optimierungspreprozessor erstellt. Die Anzahl der zu verändernden Bereiche beeinflusst damit natürlich wesentlich den Rechenaufwand der DoE Analyse.

Bewertung der Performance der Designvarianten

Die einzelnen Designvarianten werden basierend auf der oben eingeführten plastischen Vergleichsdehnung (PEEQ) bewertet. Hierzu werden für jede Designvariante jeweils die erforderlichen Systemantworten über die einzelnen Designgebiete und Trackinggebiete betrachtet und ausgewertet, denn dort liegen die kritischen Belastungsbereiche. Anschließend wird mit diesen Werten die finite Differenz mit den Ergebnissen der unveränderten Ausgangsgeometrie berechnet.

PEEQ (org_Gebiet) – PEEQ (morph_Gebiet) / PEEQ (org_Gebiet)

Diese ist bei einem großflächigen Aufdicken („Wachsen") von z.B. 1mm wie folgt zu interpretieren: Positive Werte in einem entfernten Gebiet entsprechen einer Verbesserung der Performance und damit einer Senkung der Belastung durch die aufgebrachte Geometrieänderung.

Erfahrungen haben gezeigt, dass ein annähernd lineares Verhalten vorliegt und eine Verschlechterung der Performance bei Wachstum in der Regel zu einer Verbesserung der Performance bei Schrumpfen (also 1mm Materialentnahme) führt.

Mit dieser Erkenntnis lässt sich nun für jedes Gebiet entscheiden, ob dort zusätzliches Material aufgebracht oder besser Material entfernt wird um die globale Performanz mit den beobachteten Wechselwirkungen des Turboladergehäuses zu verbessern. Gebiete mit gleichzeitig stark verbessernden und stark verschlechternden Einflüssen werden hierbei besser nicht verändert, denn bereits minimale Geometrieänderungen können unerwünschte globale Auswirkungen haben.

Morphing des S3 Turboladers

Für den Turbolader des Audi S3 wurden basierend auf Simulations- und Versuchsstandergebnissen 7 Designgebiete (kritisch belastet und veränderlich) und 7 kritisch belastete aber unveränderliche Trackinggebiete definiert. Die unkritischen frei veränderlichen Oberflächenbereiche wurden in 22 Morphinggebiete aufgeteilt.

Der Optimierer führt die definierten Geometrieänderungen durch, startet die Analysen in einer parallelen Clusterumgebung und erzeugt die Performancebeschreibungen. Aktuell werden diese dann in eine Excel Tabelle mit bedingter Formatierung eingelesen und können dort übersichtlich ausgewertet werden.

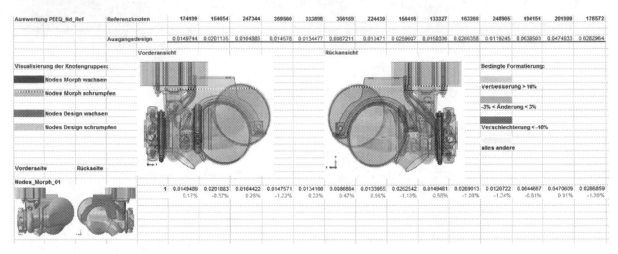

Abbildung 14: Excel Auswertung zur Sensitivitätsstudie

Kombination der Morphingvarianten zur global optimierten Variante

Mit der DoE Analyse werden Sensitivitäten bestimmt, die nun als Richtungsinformationen für die Designentscheidungen dienen. Ziel ist es nun diese Informationen so zu nutzen, dass die globalen Effekte gewinnbringend kombiniert werden und ein global optimiertes Gehäusedesign ergeben.

Hierfür wird für jede gemorphte Designvariante die Performance aller betrachteter Bereiche bewertet. Zuerst werden die Varianten gesucht, die ausschließlich positive Effekte oder ausschließlich negative Effekte hervorrufen, denn dort ist eine klare Designänderungsrichtung (Wachsen bzw. Schrumpfen) gegeben. Damit ergibt sich eine Liste von Oberflächengebieten bei denen Material aufgebracht oder entfernt wird. Diese kombinierte Morphingvariante hat eine global verbesserte thermomechanische Festigkeit. Unter Berücksichtigung weiterer Designvarianten, die z.B. für die kritischen Bereiche für Verbesserungen sorgen und unkritische Bereiche minimal verschlechtern, lässt sich die global optimierte kombinierte Morphingvariante weiter verbessern. Ein besonderes Augenmerk wird dabei auf die selbst unveränderlichen kritischen Bereiche gelegt, um diese mit den identifizierten Fernwirkungen zu verbessern. Hier zahlt sich Erfahrung und Engineering Know-How bei der Auswahl und Bewertung der Varianten aus. Letztendlich gelangt man mit wenigen Varianten zu einem global wesentlich verbesserten Design.

Global optimiertes Design des S3 Turboladers

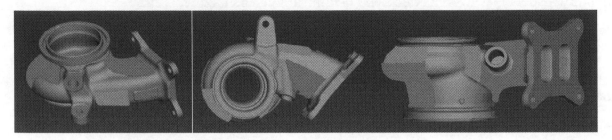

Abbildung 15: Global optimiertes Design
(rote Gebiete schrumpfen, pinke Gebiete wachsen)

Lokale Optimierung

Mit dem Ergebnis der ersten Optimierungsstufe liegt ein durch großflächige Wandstärkenanpassung global verbessertes Design des Turboladergehäuses (TLG) vor, bei dem speziell kritische aber unveränderliche Bereiche durch Fernwirkungen optimiert wurden. In der zweiten Optimierungsstufe werden nun die noch verbleibenden kritischen Bereiche berücksichtigt, die selbst geometrisch verändert werden können. Die erfolgt mit Hilfe der klassischen Shapeoptimierung.

Lokale Gestaltoptimierung des S3 Turboladers

Am Turboladergehäuse des S3 sollen kritisch belastete Gebiete mit der Shapeoptimierung verbessert werden.

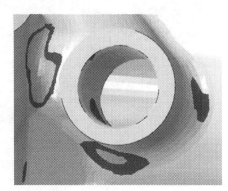

Abbildung 16: Darstellung kritischer Bereiche

Die Optimierung soll in den drei Designgebieten die PEEQ Werte minimieren und dabei eine minimale Wandstärke für die Giessbarkeit sicherstellen. Der nicht-parametrische Ansatz erlaubt maximale Designflexibilität durch Verschiebung jedes einzelnen Designknotens im Designgebiet und damit einer Freiformflächenrepräsentation im FE-Modell.

Die thermischen und mechanischen Analysen können hierfür unverändert mit allen Modellierungsdetails wie Kontakten und Nichtlinearitäten genutzt werden.

Dabei wird eine Homogenisierungsregel verwendet, welche durch geringfügige Oberflächenänderungen die Zielfunktion homogenisiert und damit die PEEQ Maxima minimiert. Dies erfolgt in einem iterativen Prozess und berücksichtigt auch Fertigungsrandbedingungen.

Nach vier Optimierungsiterationen sind die kritischen thermomechanischen Belastungen wesentlich verringert worden.

Finale Optimierungsergebnisse des S3 Turboladers

Original **Global optimiert** **Lokal optimiert**

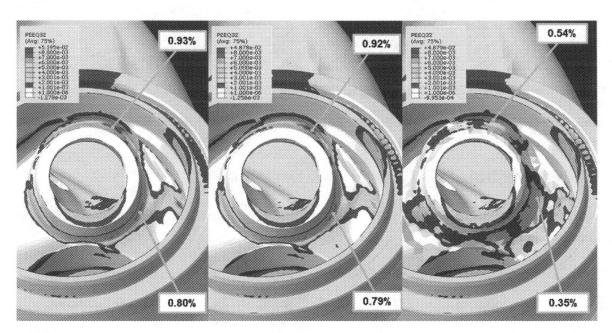

Abbildung 17: Wastegate

Original   **Global optimiert**   **Lokal optimiert**

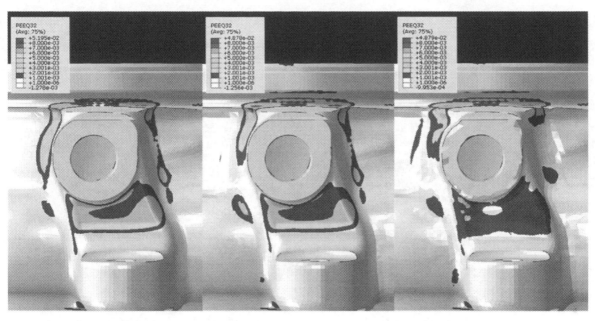

Abbildung 18: Verbindung Stützenauge zu Buchsendom

Original   **Global optimiert**   **Lokal optimiert**

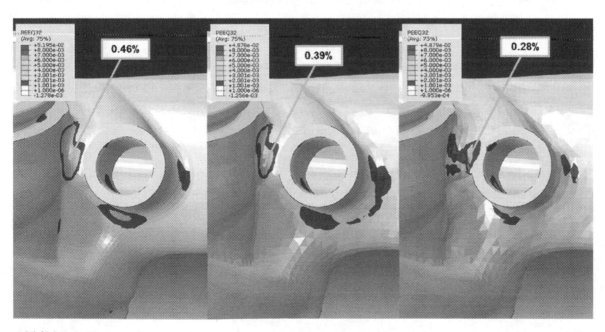

Abbildung 19: Bereich Lambdasonde

Original **Global optimiert** **Lokal optimiert**

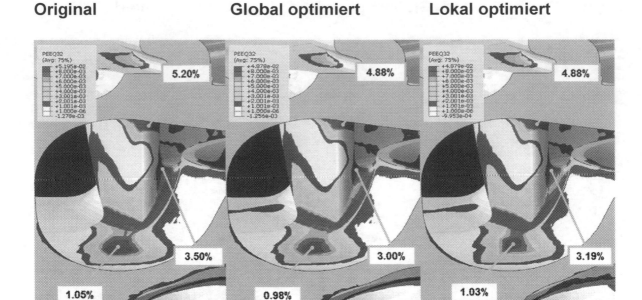

Abbildung 20: Zunge (Trackinggebiet)

Umsetzung der Optimierungsergebnisse in der Konstruktion

Die letztendliche Umsetzung der Optimierungsergebnisse in eine fertigbare CAD Konstruktion entscheidet über den Erfolg der gesamten Optimierungs-anstrengungen. Hier ist eine enge Zusammenarbeit des Berechnungsingenieurs mit dem Konstrukteur notwendig. Die global veränderten Geometriebereiche lassen sich einfach in die CAD Geometrie einarbeiten. Die Ergebnisse der lokalen Gestaltoptimierung werden als STL-Oberflächen herausgeschrieben. Dabei wird die Oberfläche nur im Designgebiet exportiert und dabei das globale Motorkoordinatensystem verwendet. Dies ermöglicht ein direktes passgenaues Einlesen in das ursprüngliche CAD-Modell.

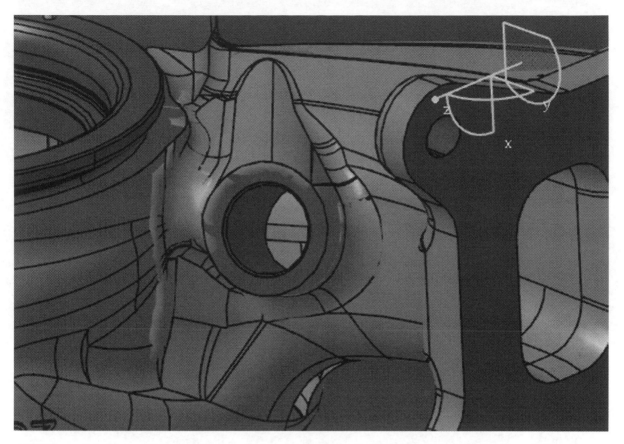

Abbildung 21: Darstellung der optimierten Oberfläche im CAD – System

Durch Überlagerung der neuen Freiformgeometrie mit dem bestehenden Modell kann der Konstrukteur nun unter Verwendung von Freiformflächen das CAD Modell an die vom Optimierer vorgeschlagene Geometrie anpassen. Die Repräsentation der komplexen optimierten Oberflächengeometrie durch parametrische Geometriedarstellungen ist hier nicht zielführend. Bei den hochbelasteten Turboladergehäusen kann ein Zehntelmillimeter über den kritischen Anriss entscheiden. Eine möglichst exakte Darstellung der optimierten Geometrie mit Freiformflächen ist damit unausweichlich. Mit einer frühzeitigen Vorbereitung des CAD Modells für die Verwendung von Freiformflächen in den kritisch belasteten und zu optimierenden Bereichen ist dieser Prozess wesentlich zu vereinfachen.

Zusammenfassung

Der Einsatz der thermomechanischen Festigkeitsoptimierung ist ein entscheidender Schritt zur weiteren Verbesserung in der Entwicklung von Turboladern. Dieser Ansatz identifiziert zuerst in einer Sensitivitätsstudie die vorherrschenden Wechselwirkungen im Turbolader und ermöglicht die positiven Effekte auszunutzen und die Negativen zu eliminieren. Basierend auf dieser global optimierten Geometrie werden anschließend die noch nötigen Detailverbesserungen mittels lokaler Shapeoptimierung umgesetzt. Dies führt zu Abgasturboladern mit verbesserter Performance und Lebensdauer bei effizienteren Entwicklungsprozessen. Durch den konsequenten Einsatz von Simulations- und Optimierungstechnologie können hier Versuche und Prototypen eingespart werden.

Literatur

[1] Heiduk, Th.; Kuhn, M.; Stichlmeir, M.; Unselt, F.
Der neue 1,8l-R4-TFSI Motor von AUDI Teil 2: Gemischbildung, Brennverfahren und Aufladung, Motortechnische Zeitung MTZ 7/8 2011

[2] Heiduk, Th.; Dornhöfer, R.; Eiser, A.; Grigo, M.; Pelzer, A.; Wurms, R.
Der neue EA888 1,8l R4 TFSI Motor von AUDI 32. Internationales Wiener Motoren-symposium [2011]

[3] Hack; Langkabel: Turbo- und Kompressormotoren, Motorbuchverlag, Stuttgart, 1999

[4] Bäumel, F.; Jedro, J.; Weber, C.; Hinkelmann A.; Mayer A.
Der Abgasturbolader für die dritte Generation der AUDI R4-TFSI-Motoren am Beispiel des neuen 1,8l TFSI, 16. Aufladetechnische Konferenz 29./30. September 2011 Dresden

[5] Wikipedia

[6] CADFEM-Wiki PLUS

[7] S. Thalmair: Thermomechanische Ermüdung von Aluminium-Silizium-Gusslegierungen unter ottomotorischen Beanspruchungen, Dissertation 2009

[8] E. Rieder: ABAQUS Festigkeitsbewertung am Turbinengehäuse des Abgasturbola-ders für den neuen R4 1.8l_ TFSI, Abaqus Anwender Treffen 2012

[9] S. Trampert, R. Beykirch, B. Lauber: Vorsprung durch Strukturoptimierung bei der Motorenentwicklung, Sonderausgabe der ATZ und MTZ

[10] R. Meske · J. Sauter · E. Schnack; Nonparametric gradient-less shape optimization for real-world applications

[11] Master Thesis by Michael Werner, Department of Computational Engineering,

Technische Universität Darmstadt, April 2012; Reduction models for stress sensitivities in industrial structural shape optimization

[12] Whitepaper ‚Higher Efficiency by Optimization', M. Werner, J. Allendorf, Dassault Systèmes SIMULIA, 2013;http://www.3ds.com/products-services/simulia/resource-center/white-papers/higher-efficiency-by-optimization/

[13] R. Meske, J. Sauter, and E. Schnack. Nonparametric gradient-less shape optimization

for real-world applications. Structural and Multidisciplinary Optimization, 30:201–218, 2005.

[14] L. Harzheim. Strukturoptimierung: Grundlagen und Anwendungen. Harri Deutsch GmbH, 2008.

[15] C. Le, T. Bruns, and D. Tortorelli. A gradient-based, parameter-free approach to shape

optimization. Computer Methods in Applied Mechanics and Engineering, 200(9-12):985 – 996, 2010.

[16] FVV: TMF Lebensdauerberechnung ATL-Heißteile: Entwicklung von Rechenmodellen zur Lebensdauervorhersage von Werkstoffen für Abgasturbolader-Heißteile unter thermomechanischer Ermüdungsbeanspruchung und Übertragung für Anwendung auf Bauteile

Neuer, ganzheitlicher Ansatz zur Antriebsstrang- / Fahrzeug-Simulation für frühzeitige Konzeptentscheidungen trotz ansteigender Parametervielfalt

Dr. Michael Kordon, AVL List GmbH

Dipl.-Ing. Helmut Theissl, AVL List GmbH

Dipl.-Ing. Christian Kozlik, AVL List GmbH

Prof. Dr. Franz X. Moser, AVL List GmbH

© Springer Fachmedien Wiesbaden GmbH, ein Teil von Springer Nature 2018
J. Liebl und G. Rainer (Hrsg.), *VPC.plus 2014*, Proceedings,
https://doi.org/10.1007/978-3-658-23775-2_9

Einleitung

Die aufgrund der gesetzlichen Anforderungen hinsichtlich Emissionsverhalten und der erwarteten CO_2 – Limitierung stetig steigende Systemkomplexität im Antriebstrang erfordert eine komponentenübergreifende Optimierung des Gesamtsystems. Darüber hinaus spielen bei der Auswahl des Gesamtsystems Kundenakzeptanz, Fahrkomfort und Fahrverhalten eine immer wichtigere Rolle. Die detaillierte Berücksichtigung der Interaktionen zwischen Verbrennungsmotor inklusive Abgasnachbehandlung, Antriebstrang, Motor- und Getriebesteuerung bei unterschiedlichen Fahrzuständen und Umgebungsbedingungen ist bei der Konzeptdefinition unumgänglich. Um dies trotz hoher Komplexität, kostengünstig und in einer frühen Entwicklungsphase zu ermöglichen, ist es nötig, ein virtuelles Abbild des Antriebstranges in der Konzeptphase bereitzustellen. Dieses Modell muss in der Lage sein, das transiente Verhalten realistisch abzubilden und auf Applikationsänderungen unter unterschiedlichen Betriebs- und Umgebungsbedingungen richtig zu reagieren. Um diese Voraussetzungen zu erfüllen, kommen bei AVL semiphysikalische Antriebstrangmodelle zum Einsatz. Damit können in der Frühphase der Konzeptdefinition zum Beispiel die thermodynamischen Größen wie Kraftstoffverbrauch, NOx-Emissionen, Brennraum-Spitzendruck und Abgastemperaturniveau zur Konzeptentscheidung herangezogen werden. Diese semi-physikalischen Modelle werden auch in der Serienapplikation verwendet.

Anhand eines Beispiels aus dem Nutzfahrzeugbereich wird dargestellt wie Kraftstoffverbrauch, Emissionen und Fahrbarkeit für den realen Fahrbetrieb durch verschiedene Motor- und Antriebstrangkonzepte verbessert werden können.

Modellansatz

Bisher kommen empirische Modellansätze in der Konzeptphase nahezu nur in Form von Motorkennfeldern zum Einsatz, welche von einem bestehenden Verbrennungsmotor abgeleitet werden. Damit können die in der Einleitung beschriebenen Anforderungen nicht erfüllt werden. Dafür wären zumindest mehrdimensionale Modelle nötig. Die Notwendigkeit, eine hohe Anzahl von Messdaten zur Erstellung von mehrdimensionalen empirischen Modellen zu Verfügung zu haben, schränkt die Einsatzmöglichkeit von derzeitig gängigen, auf Messdaten basierenden motorspezifischen Ansätzen in der Konzeptphase ein. Diese Problemstellung kann nur durch die Kombination von physikalischen und empirischen Modellteilen gelöst werden. Diese in weiterer Folge beschriebenen Modelle und deren Ansätze stellen eine Erweiterung zu den klassisch in der Konzeptphase angewendeten 1D und 3D Simulationswerkzeugen dar. Im Nachfolgenden werden die einzelnen Modellkomponenten allgemein beschrieben und deren Funktionsweise erläutert.

Verbrennung

Das Verbrennungsmodell besteht aus einem Netzwerk von mehreren physikalischen und empirischen Untermodellen, die miteinander kombiniert sind. Die empirischen Modellteile führen zu einer Reduktion der Komplexität bei gleichzeitiger Erhöhung der Rechengeschwindigkeit. Die Rechengeschwindigkeit wird durch eine nicht-kurbelwinkelaufgelöste Berechnung noch weiter gesteigert, sodass die Simulation sogar schneller als in Echtzeit ablaufen kann. Die Kenngrößen Brennbeginn, Verbrennungsschwerpunkt und Spitzendruck werden dennoch berechnet und ausgegeben. Die Eingangsparameter für die empirischen Modelle werden großteils physikalisch berechnet. Die Koeffizienten der empirischen Modelle sind auf Basis einer Vielzahl von Motoren bestimmt worden, damit generisch und daher nicht nur für einen spezifischen Motor gültig. Die physikalischen Modellteile erhöhen die Extrapolationsfähigkeit, reduzieren die Anzahl der nötigen Modelleingangsparameter in die empirischen Modelle und ermöglichen außerdem eine Reaktion auf Hardwareänderungen. Durch vorhandene Messdaten können die Modelle mit wenigen Parametern fein abgestimmt werden. Die dieselmotorische Verbrennung kann hinsichtlich thermodynamischer Größen und NOx-Emission bereits ohne das Vorhandensein von Messdaten quantitativ berechnet werden. Mit diesem Ansatz ist die Voraussetzung für den Einsatz des Verbrennungsmodells bereits in der Konzeptphase geschaffen. An der Erweiterung der Modelle für Diesel- und Ottomotoren wird laufend gearbeitet, um zusätzliche Aussagen mit Hilfe der Modelle zu ermöglichen.

Da das transiente Verhalten eines Verbrennungsmotors durch den Luftpfad bestimmt wird, kann die Verbrennung für jedes Arbeitsspiel unter den gegebenen Randbedingungen stationär berechnet werden.

Gaswechsel

Die Luftstrecke des Motors besteht im Modell aus Behältern, die nulldimensional abgebildet und mit Drosseln untereinander verbunden sind. Dies bedeutet, dass es keine räumliche Auflösung des Ladungswechselsystems gibt. Das Verhalten von Ladeluft- und AGR-Kühler wird durch Vorgabe von Wirkungsgraden berechnet. Abbildung 1 zeigt die verwendeten Volumina (Rot) und Drosselelemente (Grün) im Vergleich zu einem realen Motor mit Abgasturboaufladung, gekühlter AGR sowie einer Abgasnachbehandlung bestehend aus DOC, DPF und SCR Katalysator. Dabei stellen das Verbrennungsmodell und der Turbolader eine spezielle Art von Drosselelement dar. Es wird angenommen, dass die thermodynamischen Zustände wie Druck, Temperatur und Gaszusammensetzung im gesamten Behälter gleich sind. Die zeitliche Abbildung der Gasdynamik wird berechnet. Ein- und Ausgänge des Behälters sind Massen- und Enthalpiestrom. Das Volumen speichert Masse und Energie. Aus diesen Größen können unter den Annahmen konstanter Massen und idealen Gasverhaltens Druck und Temperatur berechnet werden. In den Drosseln wird der Massenstrom in Abhängigkeit von den Zuständen der angeschlossenen Behälter berechnet. Durch die physikalische Berechnung des Ladungswechsels sind die Gasdurchlaufzeiten im System realistisch abgebildet.

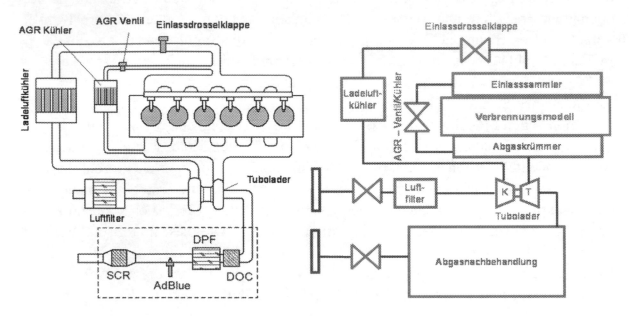

Abbildung 1: Schematische Darstellung des Gaswechselmodells

Sensor- und Aktuatormodelle sorgen für ähnliche regelungstechnische Randbedingungen wie beim realen Motor als Voraussetzung für die Anwendung der Modelle.

Um ein realistisches transientes Verhalten wiederzugeben, werden die mechanische Trägheit der Aufladegruppe und die thermische Trägheit der gasführenden Komponenten berücksichtigt. Dies ist Voraussetzung, um das Lastannahmeverhalten und das transiente Emissionsverhalten für den realen Fahrbetrieb richtig wiederzugeben. Durch die Erhöhung des Aufladegrades ist eine Abschätzung des transienten Kraftstoffverbrauchs und der transienten Emissionen auf Basis von stationären Kennfeldern nicht mehr möglich. Durch die realistische Abbildung des transienten Verhaltens bereits in der Konzeptphase ist die Voraussetzung geschaffen, Systeme hinsichtlich der zukünftigen Einsatzgebiete zu optimieren.

Abgasnachbehandlung

Der Abgasstrang besteht aus katalytischen Komponenten sowie dem Partikelfilter, Zuleitungen, Injektoren und Sensoren. Sowohl das thermische Verhalten der Komponenten als auch Speicherphänomene der einzelnen Abgasspezies werden im transienten Betrieb mit hoher Genauigkeit berechnet. Dies sind nicht nur der Ruß im Partikelfilter, Stickoxide im Speicherkatalysator oder Ammoniak im SCR-Katalysator, sondern zum Beispiel auch flüssige Harnstoff-Wasser-Lösung oder adsorbierte Kohlenwasserstoffe. Für Konzeptuntersuchungen werden die Modellparameter aus einer Datenbank verwendet, die in weiterer Folge durch Daten einer charakterisierenden Messung fein abgestimmt werden können. Damit ist es möglich, das zukünftige Verhalten des Abgasnachbehandlungssystems hinsichtlich der Umsetzungsgrade der Abgasnachbehandlung im realen Fahrbetrieb bereits in der Konzeptphase zu bewerten und zu optimieren. Durch gezielte Anpassungen können damit Regenerationsintervalle und „Adblue"-Verbrauch minimiert werden.

Antriebstrang

Das Antriebstrangmodell wird als mechanisches Mehrkörpersystem mit vorwiegend rotatorischen Freiheitsgraden dargestellt. Die Topologie eines Antriebstranges kann aus einer Bibliothek von Basismodellen zusammengestellt werden. Dabei gibt es Basismodelle für die notwendigen Komponenten. Die einzelnen Komponentenmodelle können in der Konzeptphase ebenfalls bereits anhand von Herstellerdaten parametriert und mit Messdaten noch fein abgestimmt werden.

Fahrzeug

Um eine objektive Bewertung des Fahrverhaltes mittels Simulation durchführen zu können, müssen die wichtigsten Fahrzeugkomponenten und deren Interaktion untereinander physikalisch korrekt modelliert werden. Der Fokus richtet sich in dieser Anwendung im speziellen auf die Modellierung des Antriebstranges sowie der Interaktion des Antriebstranges mit dem Chassis. Des Weiteren müssen auch Elemente wie Reifen, Reifen-Bodenkontakt sowie Radaufhängungen korrekt berücksichtigt werden. Dieser Modellverbund liefert sämtliche notwendigen Informationen, um die Fahrbarkeitsbewertung analog zum Einsatz in Versuchsfahrzeugen in Echtzeit durchführen zu können. Dadurch wird es möglich, die Fahrbarkeitseigenschaften schon in einer frühen Phase der Entwicklung zu optimieren. Des Weiteren können auch Quereinflüsse von diversen Konzeptentscheidungen auf die Fahrbarkeit überprüft und bewertet werden.

Steuergerät

Virtuelle Abbildungen der wichtigsten Steuergerätefunktionen ermöglichen einen realitätsnahen transienten Betrieb unter unterschiedlichen Umgebungs- und Betriebsbedingungen. Zukünftige Verbrennungsmotoren müssen Emissionen nicht nur mehr in einem Zyklus unter Laborbedingungen erfüllen sondern auch im realen Fahrbetrieb bei unterschiedlichen Umgebungstemperaturen und Umgebungsdrücken. Das verwendete virtuelle Steuergerät bildet die wichtigsten Funktionalitäten des Einspritz- und des Luftpfades, sowie die Korrekturfunktionen für unterschiedliche Umgebungsbedingungen ab. Für den transienten Betrieb sind neben einer AGR-Raten-Reduktion und der Rauchlimitierung über die Kraftstoffmenge auch transiente Korrekturen für Einspritzzeitpunkt und Raildruck implementiert. Dadurch ist es möglich, bereits bei der Konzeptdefinition auf unterschiedliche gesetzliche Anforderungen Rücksicht zu nehmen. Die Miteinbeziehung der weltweiten Gesetzgebung in die Konzeptphase hilft die Adaptionsaufwände in der Serie zu verringern.

Anwendungsbeispiel

Die Optimierung des Fahrzeuges hinsichtlich zukünftig zu erfüllender CO_2 Gesetzgebungen hat Einfluss auf verschiedenste Antriebstrangkomponenten zukünftiger Nutzfahrzeugmotoren und deren Betriebsstrategie. Die Reduktion der Motordrehzahl im Lastkollektiv (Downspeeding) ist eine der Maßnahmen, die derzeit diskutiert bzw. teilweise bereits angewendet werden. Im Nachfolgenden sollen anhand eines konkreten Beispiels für ein Langstrecken-Nutzfahrzeug das Potential des Downspeedings und die daraus entstehenden Herausforderungen aufgezeigt werden. Anhand der Simulationsergebnisse wird schrittweise gezeigt wie sich das Downspeedingkonzept auf das Gesamtsystem auswirkt. Durch die Lastpunktverschiebung zu niedrigeren Drehzahlen ergeben sich zum Beispiel neue Herausforderungen an die Auslegung des Antriebstranges, um keine Einbußen hinsichtlich Fahrverhalten und Fahrkomfort hinnehmen zu müssen. Einen wesentlichen Schwerpunkt in der Beurteilung des Gesamtsystems stellt auch das Emissionsverhalten dar. Die Bewertung kann aufgrund der vielen Interaktionen nur durch einen ganzheitlichen Ansatz zur Antriebstrang/Fahrzeug – Simulation durchgeführt werden.

Randbedingungen

Fahrzeugspezifikation

Für die Untersuchungen wird ein schweres Sattelzugfahrzeug mit 40 t Gesamtgewicht mit einem Euro VI Nutzfahrzeugmotor der 12 Liter-Klasse mit gekühlter AGR als Basisvariante verwendet. Der Verbrennungsmotor weist an der Volllast zwischen 1000 min^{-1} und 1400 min^{-1} ein maximales Mitteldruckniveau von 23 bar, bei Nennleistung von 19 bar bei 1900 1/min auf. Die Abgasnachbehandlung besteht aus einem Diesel-Oxidationskatalysator (DOC), einem Diesel-Partikelfilter (DPF) und einem SCR-Katalysator zur Reduktion der Stickoxide. Der Basisantriebstrang besteht aus einem automatisierten 12-Gang-Schaltgetriebe und einer Hinterachse mit einem Übersetzungsverhältnis von 2.5. Die im höchsten Gang bei einer Motordrehzahl von 1150 min^{-1}

erreichte Geschwindigkeit beträgt 85 km/h. Diese Drehzahl wird in weiterer Folge „Road Load Speed" (RLS) genannt.

Strecke

Für die Simulation wird ein reales Fahrprofil einer Autobahnfahrt verwendet, das dem typischen Einsatz eines Fernverkehrs-LKW entspricht. Dieses Profil ist durch die Sollgeschwindigkeit, Steigung und Gefälle definiert. Die Durchschnittsgeschwindigkeit beträgt 83 km/h, insgesamt wird eine Distanz von 200 km zurückgelegt. Die Betriebspunkte des Fahrprofils im Motorkennfeld werden in den nachfolgenden Abbildungen dargestellt.

Antriebstrangsimulation

Basiskonfiguration

Für die Basiskonfiguration sind die Simulationsergebnisse für den stationären und den transienten Betrieb in Abbildung 2 dargestellt. Gezeigt wird der berechnete Betriebsbereich des Fahrprofils im *simulierten* Verbrauchskennfeld. Die Simulation ergibt für das gewählte Fahrprofil eine mittlere Motordrehzahl von 1150 min^{-1} und eine mittlere Motorlast von 125 kW. Eine Änderung der Drehzahl kommt nur bei hohem Leistungsbedarf zustande. Zusätzlich sind in der Abbildung die Leistungshyperbeln, bezogen auf 1150 min^{-1}, für 75 %, 50 % und 25 % Leistung dargestellt. Die Tabelle zeigt die wesentlichen Simulationsergebnisse für die Basiskonfiguration.

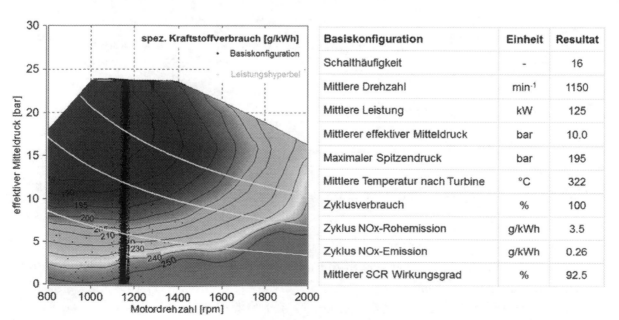

Basiskonfiguration	Einheit	Resultat
Schalthäufigkeit	-	16
Mittlere Drehzahl	min^{-1}	1150
Mittlere Leistung	kW	125
Mittlerer effektiver Mitteldruck	bar	10.0
Maximaler Spitzendruck	bar	195
Mittlere Temperatur nach Turbine	°C	322
Zyklusverbrauch	%	100
Zyklus NOx-Rohemission	g/kWh	3.5
Zyklus NOx-Emission	g/kWh	0.26
Mittlerer SCR Wirkungsgrad	%	92.5

Abbildung 2: Verbrauchskennfeld und Simulationsergebnisse für die Basiskonfiguration

Diese Zyklusergebnisse werden zur Beurteilung der einzelnen Technologieansätze verwendet und berücksichtigen aufgrund des semi-physikalischen Modellansatzes auch die transienten Effekte. Abbildung 3 zeigt den Vergleich zwischen einem Ansatz, der die Ergebnisse auf Basis von stationären Kennfeldern berechnet und dem neuen semi-physikalischen Ansatz. Dargestellt sind Drehzahl, Last, AGR-Rate, NOx-Rohemissionen und der Abgastemperaturverlauf vor SCR Katalysator für einen Ausschnitt des Zyklus. Deutlich sind die Abweichungen zwischen dem stationären und dem semi-physikalischen Ansatz in den transienten Phasen zu erkennen. Beim Drehmomentenaufbau kommt es aufgrund der geforderten Reduktion der AGR-Rate zu einem deutlichen Stickoxidanstieg. Große Abweichungen sind beim Abgastemperaturverlauf zu erkennen, da beim stationären Ansatz die thermischen Trägheit des Abgassystems nicht berücksichtigt werden. Wie aus der semi-physikalischen Simulation deutlich zu erkennen, ist die thermische Trägheit der Abgasanlage so groß, dass die SCR Temperatur für den gewählten Bereich nahezu gleich bleibt. Aus diesem Grund können mit einem stationären Ansatz keine Aussagen über die NOx Emissionen nach Abgasnachbehandlung getroffen werden.

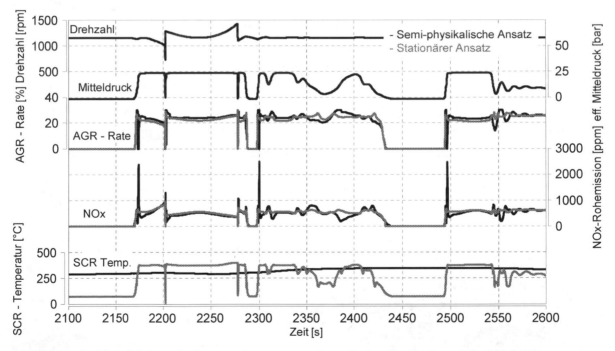

Abbildung 3: Vergleich zwischen stationärem und semi-physikalischem Modellansatz

Durch die Kopplung von Motor- und Abgasnachbehandlungsmodell kann bereits in der Konzeptphase eine Aussage über die NOx-Emissionen nach Abgasnachbehandlung getroffen werden. Aus den Simulationsergebnissen ist ersichtlich, dass die Hardwarespezifikation und die Kalibrierung des virtuellen Steuergerätes den Anforderungen der Euro VI Gesetzgebungen bezüglich der Stickoxidemission hinsichtlich der In-Service Conformity entspricht, da bei der Zertifizierung auch die Emissionen im realen Fahrbetreib bewertet werden.

Reduktion der Hinterachsübersetzung

Durch die Reduktion der Hinterachsübersetzung wird die RLS von 1150 min^{-1} auf eine Drehzahl von 1000 min^{-1} abgesenkt. Für das gewählte Fahrprofil kommt es damit in der Teillast zu einem Anstieg des Mitteldruckniveaus. Bei einer Motordrehzahl von 1000 min^{-1} kann nun die ursprüngliche Motorleistung bei RLS nicht mehr dargestellt werden. Steigt die Leistungsanforderung, zum Beispiel durch das Steigungsprofil, kann die Leistung nur über eine Erhöhung der Motordrehzahl (Gangwechsel) realisiert werden. Die Simulation zeigt, dass es gegenüber der Basiskonfiguration zu einer Verdoppelung der Schaltvorgänge kommt, was nicht nur zu einem reduzierten Fahrkomfort sondern auch zu einer Erhöhung des Kraftstoffverbrauches führt. Das durchschnittliche Mitteldruckniveau im Zyklus erhöht sich von 10.0 bar auf 11.4 bar. Aus Abbildung 4 ist ersichtlich, dass die Gradienten für den spezifischen Kraftstoffverbrauch über der Drehzahl für konstante Leistung in der Teillast größer sind.

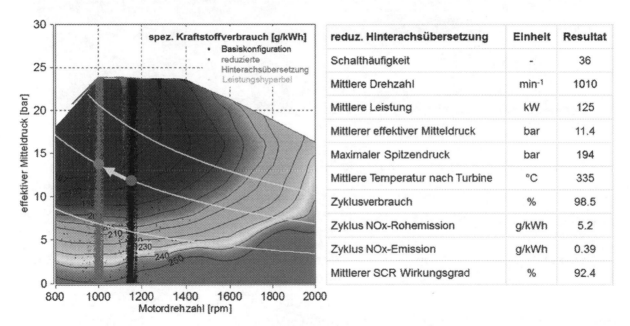

reduz. Hinterachsübersetzung	Einheit	Resultat
Schalthäufigkeit	-	36
Mittlere Drehzahl	min^{-1}	1010
Mittlere Leistung	kW	125
Mittlerer effektiver Mitteldruck	bar	11.4
Maximaler Spitzendruck	bar	194
Mittlere Temperatur nach Turbine	°C	335
Zyklusverbrauch	%	98.5
Zyklus NOx-Rohemission	g/kWh	5.2
Zyklus NOx-Emission	g/kWh	0.39
Mittlerer SCR Wirkungsgrad	%	92.4

Abbildung 4: Verbrauchskennfeld und Simulationsergebnisse für die adaptierte Hinterachsübersetzung

Durch die Lastpunktverschiebung ergibt sich speziell in der Teillast die erwartete Reduktion des Kraftstoffverbrauchs. Im Vergleich zur rein stationären Betrachtung berücksichtigt die semi-physikalische Berechnung der Thermodynamik auch die Erhöhung des Kraftstoffverbrauchs unter transienten Bedingungen. Für den Zyklus kann durch die Adaptierung der Hinterachsübersetzung eine Reduktion des Kraftstoffverbrauches von 1.5 % erzielt werden. Zu beachten ist jedoch der gleichzeitige Anstieg der NOx-Rohemission. Trotz voll geöffnetem AGR-Ventil kann nicht genügend AGR-Rate zur innermotorischen Stickoxidreduzierung generiert werden. Dies ist durch das geringere Spülgefälle zwischen Verdichteraustritt und Turbineneintritt bei reduziert Motordrehzahl begründet. Die verringerten AGR-Raten führen im transienten Betrieb trotz gleichbleibendem SCR-Wirkungsgrad zu einem deutlichen Anstieg der NOx-Zyklusemissionen nach Abgasnachbehandlung. Nachfolgende Abbildung 5 zeigt sowohl die AGR-Rate als auch die Stickoxidrohemissionen im stationären Motorkennfeld sowie die Betriebspunkte des Fahrprofiels für beide Hinterachsübersetzungen.

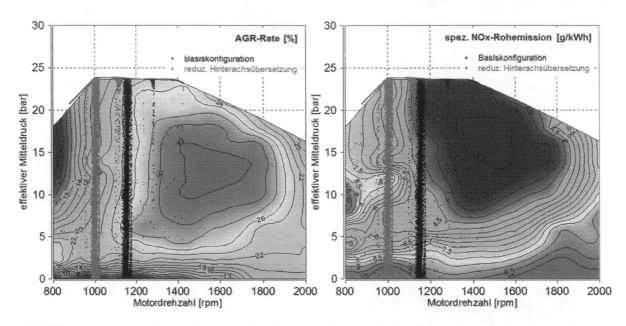

Abbildung 5: NOx-Rohemssions- und AGR-Ratenkennfeld für die Basismotorkonfiguration

Anpassung der Volllastkurve

Die geringere maximale Motorleistung bei RLS für das „Downspeeding Konzept" kann im ersten Ansatz durch eine rein applikative Adaption der Volllastkurve ausgeglichen werden. Um bei 1000 min[-1] die gleiche Leistung wie bei der Basisvariante bei 1200 min[-1] zu erhalten, muss der maximale Mitteldruck von 23 bar auf 27.5 bar angehoben werden. Durch den Anstieg des Mitteldrucks kommt es zur Erhöhung von Spitzendruck, Abgastemperatur und Wandwärmestrom ins Kühlwasser. Mittels des semi-physikalischen Ansatzes werden auch diese thermodynamischen Größen berechnet und können in die Konzeptbewertung und bei der Auslegung des Grundmotordesign berücksichtigt werden. Abbildung 6 zeigt das Verbrauchskennfeld für die adaptierte Volllastkurve. Die Simulation zeigt nun, dass durch die höhere Leistung bei niedrigerer Drehzahl die Schaltereignisse wieder auf das Niveau der Basis gebracht werden können.

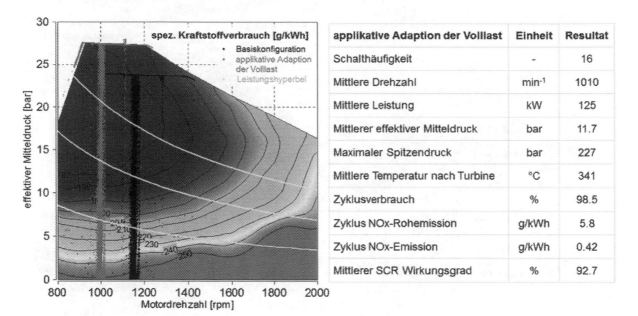

Abbildung 6: Verbrauchskennfeld und Simulationsergebnisse für die applikative Adaption der Volllastkurve

Die Erhöhung der Stickoxidrohemission, hervorgerufen durch die zu geringe AGR-Rate im unteren Drehzahlbereich, kann rein durch applikative Änderungen (Einspritzzeitpunkt, Einspritzdruck,…) nicht ausreichend kompensiert werden.

Hardwareänderung des Verbrennungsmotors

Um die Stickoxidrohemission wieder auf das Ausgangsniveau zu senken, kann beispielsweise eine geänderte Spezifikation der Aufladegruppe helfen. Die detaillierte Auslegung und Spezifikation der Turbolader erfolgt durch eine 1D Thermodynamik Simulation. Im konkreten Beispiel wurde die Turbinengröße, mit der Zielsetzung das Ausgangsniveau der Stickoxidemissionen wieder zu erreichen, um 9% verringert. Durch die angepasste Aufladegruppe gelingt es, das benötigte Spülgefälle zur Generierung der notwendigen AGR-Raten wieder darzustellen. Im Mittel konnte die AGR-Rate bei der relevanten Motordrehzahl um 5% gesteigert werde. Abbildung 7 zeigt die AGR-Rate und die NOx-Rohemissionen im Motorkennfeld.

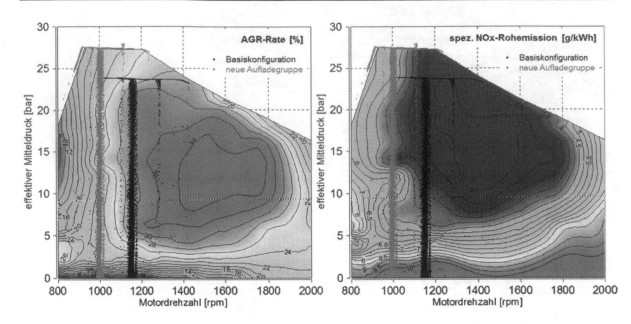

Abbildung 7: NOx-Rohemssions- und AGR-Ratenkennfeld für die adaptiere Aufladegruppe

Die im Vergleich zur Basis etwas höheren NOx-Rohemissionen können durch den höheren SCR-Wirkungsgrad ausgeglichen werden. Zusätzlich kann mit der neuen Aufladegruppe eine weitere Verbrauchsabsenkung erzielt werden, was aus Abbildung 8 ersichtlich wird.

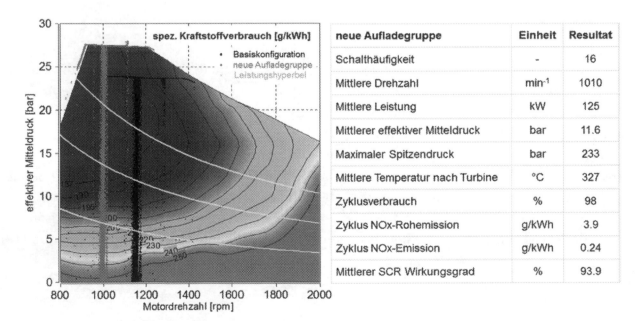

neue Aufladegruppe	Einheit	Resultat
Schalthäufigkeit	-	16
Mittlere Drehzahl	min⁻¹	1010
Mittlere Leistung	kW	125
Mittlerer effektiver Mitteldruck	bar	11.6
Maximaler Spitzendruck	bar	233
Mittlere Temperatur nach Turbine	°C	327
Zyklusverbrauch	%	98
Zyklus NOx-Rohemission	g/kWh	3.9
Zyklus NOx-Emission	g/kWh	0.24
Mittlerer SCR Wirkungsgrad	%	93.9

Abbildung 8: Verbrauchskennfeld und Simulationsergebnisse für die neue Aufladegruppe

Im Vergleich zur Basis zeigt die Simulation mit geänderter Hinterachsübersetzung und neuer Aufladegruppe eine Verbrauchsverbesserung um 2%. Anhand der Simulationsergebnisse ist es bereits in dieser frühen Konzeptphase möglich, Parameter für das Grundmotordesign abzuleiten. Beispielsweise ist bei der vorhergehenden Simulationsvariante der maximale Brennraum-Spitzendruck gegenüber der Basis von 195 bar auf 230 bar angestiegen. Dies muss bei der Auslegung des Grundtriebwerks beachtet werden. Die aus der Simulation gewonnene Information für den Wärmeeintrag ins Kühlwasser bei niedrigen Drehzahlen können für die Auslegung des Kühlpaketes verwendet werden.

Zusammenfassung

Für die stetig steigenden Anforderungen in der Fahrzeug- und Antriebsstrangentwicklung hat AVL mit Cruise M eine Simulationsplattform entwickelt, die es ermöglicht, den immer komplexer werdenden Interaktionen aller Komponenten des Gesamtsystems zu begegnen. Mit diesem Ansatz ist man bereits in der frühen Konzeptphase in der Lage, ein Gesamtsystem zu optimieren. Der semi-physikalische Ansatz ermöglicht es, quantitative Aussagen über thermodynamische Größen des Verbrennungsmotors und dessen Emissionsverhaltens ohne das Vorhandensein von Messdaten zu treffen. Damit ist ein realistisches Abbilden des transienten Motorverhaltens inklusive Emissionen möglich. Das Antriebsstrangmodell reagiert richtig auf Änderungen der Hardwarespezifikation und der ECU Bedatung.

Die Möglichkeiten der Simulationsplattform Cruise M wurden anhand eines konkreten Beispiels an einem Nutzfahrzeug für die Fernverkehrsanwendung demonstriert. Im Beispiel wurden das Potential und die Herausforderungen, welche sich durch das Downspeedingkonzept ergeben, gezeigt. Durch die Simulation konnten Aussagen bezüglich möglicher Verbrauchsreduktion und des Abgasverhaltens getroffen werden. Weiteres liefert die Simulation Ergebnisse für die vollständige Konzeptbewertung wie zum Beispiel den zu erwartenden Spitzendruck oder die ins Kühlsystem eingebrachte Wärme bereits bei niedrigeren Drehzahlen. Der deutlich höhere Spitzendruckbedarf bringt oft die Notwendigkeit eines neuen Grundmotorkonzepts mit sich, da das Festigkeitslimit älterer Motoren überschritten wird. Die Veränderung der Hinterachsübersetzung muss gleich wie die gegebenenfalls nötige Adaption des Kühlpakets auch konstruktiv im Gesamtfahrzeug berücksichtigt werden.

Strategien zur Modellvalidierung – Perspektiven für den Automobilbau

Dr.-Ing. Carsten Schedlinski
ICS Engineering GmbH, Am Lachengraben 5, D-63303 Dreieich
sched@ics-engineering.com

Dr.-Ing. Bernard Läer
Volkswagen AG, Konzernforschung, D-38436 Wolfsburg
bernard.laeer@volkswagen.de

© Springer Fachmedien Wiesbaden GmbH, ein Teil von Springer Nature 2018
J. Liebl und G. Rainer (Hrsg.), *VPC.plus 2014*, Proceedings,
https://doi.org/10.1007/978-3-658-23775-2_10

Einleitung

Um den heutzutage hohen Anforderungen an die Reduktion von unerwünschten Schwingungen sowie von Lärm- und Schadstoffemissionen – bei gleichzeitig hoher Gebrauchstauglichkeit – zeit- und kostengünstig begegnen zu können, ist der umfangreiche Einsatz von CAE-Techniken erforderlich.

Speziell im Bereich der Finite-Elemente-Analysen (FEM) ist dabei für eine zielsichere und aussagekräftige Analyse eine ausreichende Qualität der verwendeten FE-Modelle unabdingbar. Um diese Qualität prozesssicher zu gewährleisten, ist die Anwendung einer systematischen Validierungsstrategie von entscheidendem Vorteil gegenüber dem auch heute noch weit verbreiteten Trial-and-Error-Vorgehen.

In diesem Vortrag wird eine systematische Validierungsstrategie vorgestellt, wie sie heutzutage bereits in Bereichen der Luftfahrt erfolgreich eingesetzt wird. Die Validierungsstrategie nutzt dabei Daten experimenteller Modalanalysen (Frequenzgänge, Eigenwerte und Eigenvektoren), um die Güte von FE-Modellen gezielt zu beurteilen und, sofern erforderlich, effektiv mit Hilfe einer computerunterstützten Modellanpassung (*computational model updating*), kurz CMA, zu verbessern.

Im Anschluss an die FE-Modellerstellung ergeben sich dabei im Rahmen der Validierung vielfältige Herausforderungen. Dies gilt insbesondere im Hinblick auf die Generierung der Versuchsdaten selber, welche als Basis für die nachfolgenden Korrelations- und Validierungsprozesse dienen. Es wird deshalb zunächst ein Überblick über die wesentlichen Punkte gegeben, die es dem mit der Validierung betrauten Ingenieur erlauben, die Validierung optimal zu planen sowie die Eignung der experimentellen und analytischen Daten abzuschätzen.

Schließlich wird an Beispielen aus der Praxis aufgezeigt, wie die Methodik in den Automobilbau übertragen und dort eingesetzt werden kann, wo aufgrund der Serienfertigung mit hohen Stückzahlen andere Rahmenbedingungen als in der Luftfahrt zu berücksichtigen sind.

Strategie zur Modellvalidierung

Die Erfahrung aus unterschiedlichsten Validierungsprojekten über die letzten Jahre ist, dass sich eine Validierung industrieller FE-Modelle alleine auf Basis des Gesamtsystems aufgrund der Komplexität praktisch nicht realisieren lässt.

Speziell im Luftfahrtbereich, wo zur Unterstützung des gesamten Triebwerksentwicklungsprozesses und der Zulassung eine Vielzahl statischer und dynamischer Berechnungen zur Beurteilung des mechanischen Systemverhaltens durchgeführt werden, wurde daher für die Validierung komplexer Gesamttriebwerks-FE-Modelle eine differenzierte

Vorgehensweise entwickelt (siehe auch [12]). Die Grundidee dieser Strategie ist es, das Gesamtsystem Schritt für Schritt zu validieren („Bottom-Up" Strategie: Bild 1).

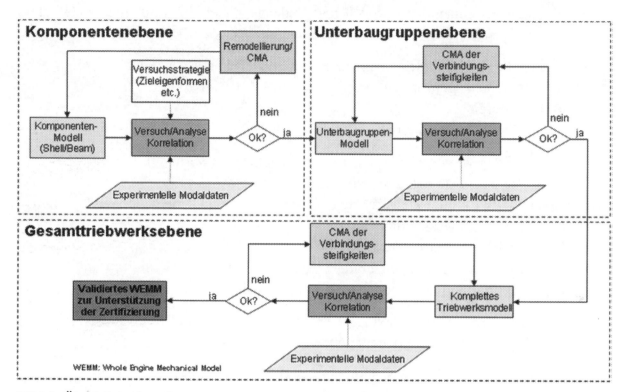

Bild 1: Überblick über die „Bottom-Up" Validierungsstrategie

Zunächst erfolgt hier eine Validierung der FE-Modelle von Komponenten (zum Beispiel von Rotoren und Triebwerkseinzelgehäusen). Danach werden Unterbaugruppen betrachtet, wobei hier die Validierung der Schnittstellen im Vordergrund steht. Schließlich wird das Gesamtsystem validiert, einerseits um verbleibende Schnittstellen anzupassen, andererseits um das globale Verhalten des Gesamtsystems zu überprüfen. Insgesamt ist dabei darauf zu achten, dass die Anzahl der pro Validierungsschritt zu berücksichtigenden Parameter möglichst gering gehalten wird.

Versuchsplanung

Bei der Modellvalidierung wird im Allgemeinen davon ausgegangen, dass alle auftretenden Abweichungen zwischen Versuch und Analyse allein durch Ungenauigkeiten im FE-Modell begründet sind. Um die in Realität unvermeidlichen Unsicherheiten aus dem Versuch so gering wie möglich zu halten, und um eine adäquate Datenbasis für die nachfolgenden Validierungsaufgaben zu erhalten, ist deshalb eine sorgfältige Versuchsplanung und Versuchsdurchführung integraler Bestandteil der Validierungsstrategie.

Die Versuchsplanung erfolgt auf Basis des vorhandenen FE-Modells und erlaubt eine gezielte Versuchsauslegung. Zusätzlich wird die nachfolgende Korrelation mit analytischen Daten erheblich vereinfacht (FE-Modell und Versuchsmodell „passen" zueinander). Die Versuchsplanung sollte im Wesentlichen die folgenden Punkte berücksichtigen:

– die Auswahl relevanter Zieleigenformen (*was* muss gemessen werden?)
  – lokale/globale Eigenformen
  – Frequenzbereich
  – Art der Lagerungsbedingung

– die Auswahl der Messfreiheitsgrade (*wo* muss gemessen werden?)
  – Erfassung grundsätzlicher Messinformationen
  – ausreichende räumliche Erfassung der Zieleigenformen (lineare Unabhängigkeit)
  – Koinzidenz von Mess- und FE-Knoten
  – Zugänglichkeit der Messknoten
  – Redundanz der Messfreiheitsgrade
  – Robustheit des Versuchsmodells gegenüber Unsicherheiten im FE-Modell

– die Auswahl der Erregerpositionen (*wo* muss angeregt werden?)
  – falls möglich, simultane Anregung aller Zieleigenformen

– die Festlegung von Versuchsparametern und Versuchsablauf (*wie* muss gemessen werden?)
  – z. B. die Gewährleistung einer ausreichenden Frequenzauflösung (für eine stabile Identifikation modaler Parameter) und die Wahl von Fensterfunktionen
  – Wahl der Sensorik (Beschleunigungsaufnehmer, Laser etc.)
  – Wahl der Anregung (Hammer, Shaker, Schallquelle etc.)
  – wandernde Anregung oder wandernde Systemantwort

Wegen der a priori nicht bekannten Güte des zur Versuchsplanung verwendeten FE-Models, hat es sich als gute Praxis erwiesen, die Ergebnisse der Versuchsplanung in Vorversuchen zu überprüfen und gegebenenfalls adäquat anzupassen.

Computerunterstützte Modellanpassung

Die Modellvalidierung selber erfolgt schließlich mittels CMA. Dabei werden im ersten Schritt sinnvollerweise lediglich die physikalischen Steifigkeits- und Trägheitseigenschaften betrachtet und die Abweichungen zwischen identifizierten sowie analytischen Eigenfrequenzen und Eigenformen minimiert.

Nach erfolgreicher Anpassung der Steifigkeits- und Trägheitseigenschaften können in einem weiteren Schritt noch physikalische, strukturelle oder modale Dämpfungsparameter oder aber auch akustische Parameter (Randimpedanzen/Absorption) angepasst werden, wobei hier dann die Abweichungen in den Resonanzbereichen zwischen gemessenen und analytischen Frequenzgängen minimiert werden (siehe hierzu auch [4-5, 8, 10]).

Die Basis für die Anpassung physikalischer Steifigkeits-, Massen- und Dämpfungsparameter bildet im Allgemeinen die folgende Parametrisierung der Systemmatrizen (siehe auch [1-3]):

$$\mathbf{K} = \mathbf{K}_A + \sum \alpha_i \mathbf{K}_i \quad , \quad i = 1 \dots n_\alpha \tag{1a}$$

$$\mathbf{M} = \mathbf{M}_A + \sum \beta_j \mathbf{M}_j \quad , \quad j = 1 \dots n_\beta \tag{1b}$$

$$\mathbf{D} = \mathbf{D}_A + \sum \gamma_k \mathbf{D}_k \quad , \quad k = 1 \dots n_\gamma \tag{1c}$$

mit: $\mathbf{K}_A, \mathbf{M}_A, \mathbf{D}_A$ Ausgangs-Steifigkeits-, Massen-, Dämpfungsmatrix

  $\mathbf{p} = [\alpha_i \, \beta_j \, \gamma_k]$ Vektor unbekannter Anpassungsfaktoren

  $\mathbf{K}_i, \mathbf{M}_j, \mathbf{D}_k$ ausgewählte Substrukturmatrizen, die Ort und Art der anzupassenden Modellparameter beinhalten

Diese Parametrisierung erlaubt die *lokale* Anpassung unsicherer Modellbereiche. Unter Nutzung der Gleichungen (1) und geeigneter Residuen (die verschiedene Versuchs-/Analyseabweichungen enthalten) kann die folgende Zielfunktion abgeleitet werden:

$$J(\mathbf{p}) = \Delta\mathbf{z}^T \mathbf{W} \Delta\mathbf{z} + \mathbf{p}^T \mathbf{W}_p \mathbf{p} \rightarrow \min \tag{2}$$

mit: $\Delta\mathbf{z}$ Residuenvektor

  $\mathbf{W}, \mathbf{W}_p$ Wichtungsmatrizen

Die Minimierung der Zielfunktion (2) liefert die gesuchten Anpassungsfaktoren $\mathbf{p}$. Der zweite Term auf der rechten Seite von Gleichung (2) dient dabei der Begrenzung der Variation der Anpassungsfaktoren. Die Wichtungsmatrix muss mit Bedacht gewählt werden, da für $\mathbf{W}_p \gg \mathbf{0}$ keinerlei Änderung erfolgt (siehe hierzu [3]).

Die Residuen $\Delta\mathbf{z} = \mathbf{z}_T - \mathbf{z}(\mathbf{p})$ ($\mathbf{z}_T$: Versuchsdatenvektor, $\mathbf{z}(\mathbf{p})$: zugehöriger Analysedatenvektor) sind im Allgemeinen nichtlineare Funktionen der Parameter. Daher ist auch das Minimierungsproblem nichtlinear und muss iterativ gelöst werden. Eine Möglichkeit besteht in der Anwendung des klassischen Sensitivitätsansatzes (siehe [1]), bei dem der Analysedatenvektor am Punkt 0 linearisiert wird. Die Linearisierung erfolgt dabei über eine Taylorreihenentwicklung, die nach dem linearen Glied abgebrochen wird. Dies führt auf:

$$\Delta z = \Delta z_0 - G_0 \, \Delta p \tag{3}$$

mit: $\Delta p = p - p_0$ Änderung der Anpassungsfaktoren

$\Delta z_0 = z_T - z(p_0)$ Abweichung Versuch/Analyse am Linearisierungspunkt 0

$G_0 = \partial z / \partial p|_{p=p0}$ Sensitivitätsmatrix am Linearisierungspunkt 0

p_0 Anpassungsfaktoren am Linearisierungspunkt 0

Sofern die Anpassungsfaktoren keinerlei Begrenzungen unterliegen, erhält man aus (2) das lineare Problem (4), das in jedem Iterationsschritt für den aktuellen Linearisierungspunkt gelöst werden muss:

$$(G_0^T W \, G_0 + W_p) \, \Delta p = G_0^T W \, \Delta z_0 \tag{4}$$

Für $W_p = 0$ entspricht (4) der Methode der gewichteten kleinsten Fehlerquadrate. Es soll an dieser Stelle erwähnt werden, dass natürlich jedes andere mathematische Minimierungsverfahren ebenso zur Lösung von (2) verwendet werden kann.

Weiterhin anzumerken ist, dass die Aufstellung der analytischen Dämpfungsmatrix, im Gegensatz zu Steifigkeits- und Massenmatrix, im Allgemeinen Schwierigkeiten bereitet. Um die Systemdämpfung ebenfalls anzupassen, können alternativ modale Dämpfungsparameter oder Strukturdämpfungsparameter verwendet werden. Für eine weiterführende Diskussion wird auf die Literatur verwiesen (zum Beispiel [3-4, 8]).

Häufige Verwendung finden das Eigenwert- und das Eigenvektorresiduum. Hier werden die analytischen Eigenwerte (Quadrate der Eigenkreisfrequenzen) und Eigenvektoren von den zugehörigen Versuchsergebnissen abgezogen. Die Zuordnung von Analysedaten zu Versuchsdaten kann dabei über den sogenannten MAC-Wert der Eigenvektoren erfolgen:

$$\text{MAC} := \frac{\left(x_T^T \, x\right)^2}{\left(x_T^T \, x_T\right)\left(x^T \, x\right)} \tag{5}$$

der ein Maß für die lineare Abhängigkeit zweier Vektoren x_T, x darstellt. Ein MAC-Wert von Eins bedeutet, dass die zwei Vektoren kollinear sind; ein MAC-Wert von Null bedeutet, dass die zwei Vektoren orthogonal sind.

Die zugehörige Sensitivitätsmatrix kann der Literatur ([1-3]) entnommen werden. Zu beachten ist weiterhin, dass, falls lediglich reelle Eigenwerte und Eigenvektoren verwendet werden, keine Dämpfungsparameter angepasst werden können: die zugehörigen Sensitivitäten sind identisch Null, da die reellen Eigenwerte und Eigenvektoren lediglich Funktionen der Steifigkeits- und Massenparameter des Systems sind.

Anwendungen im Automobilbereich

Die CMA kann, neben der klassischen Anpassung von FE-Modellen zur Validierung für nachfolgende Analysen, auch für andere Aufgabenstellungen erfolgreich eingesetzt werden. So kann eine Untersuchung von Modellierungsstrategien erfolgen. Ein Beispiel hierfür ist die Validierung von Gehäusebauteilen mit nachfolgender Modellierung beziehungsweise Untersuchung von Schnittstellen zur Entwicklung verbesserter Modellierungsstrategien.

Ein Nebenprodukt der CMA ist des Öfteren die Lokalisierung kritischer Modellbereiche. Dies kann in der Folge für eine dedizierte Remodellierung genutzt werden, um die Modellgüte zu verbessern.

Auch kann die Identifikation unbekannter Parameter, zum Beispiel der Steifigkeit und Dämpfung von Lagern oder Dichtungen eine Möglichkeit für den Einsatz der CMA sein. Hierbei müssen allerdings die Versuche im Allgemeinen dediziert ausgelegt werden, um die zu identifizierenden Parameter hinreichend dominant zu wecken.

Schließlich ist noch die Anpassung reduzierter FE-Modelle mittels feiner FE-Modelle (fein in Bezug auf die räumliche Diskretisierung) zu nennen. Dies kann für eine Reduktion der Rechenzeiten genutzt werden, um beispielsweise Parameterstudien mit höherer Effektivität durchführen zu können.

Im Automobilbereich ist der klassische Einsatz der CMA für die Validierung von FE-Modellen nur in Sonderfällen interessant. Hier ist es wegen der unumgänglichen Serienstreuung und der hohen Stückzahlen selten sinnvoll, das FE-Modell an einen (letztendlich willkürlich) ausgewählten Prototypen anzupassen.

Anhand der folgenden zwei Beispiele aus der Praxis wird nun exemplarisch aufgezeigt, wie die Methoden im Automobilbau genutzt und eingesetzt werden können.

Modellierung von Schraubverbindungen

Als Beispiel für die Untersuchung von Modellierungsstrategien wird im Folgenden ein Beispiel aus dem Motorenbereich nach [9] mit Bezug auf Schraubverbindungen vorgestellt. Für das Zylinderkurbelgehäuse und den Kurbelwellengrundlagerdeckel nach Bild 2 sind Ausgangs-FE-Volumenmodelle verfügbar gewesen, die als erstes für eine Versuchsplanung verwendet worden sind. Anschließend wurde mit Test for Ideas eine experimentelle Modalanalyse durchgeführt.

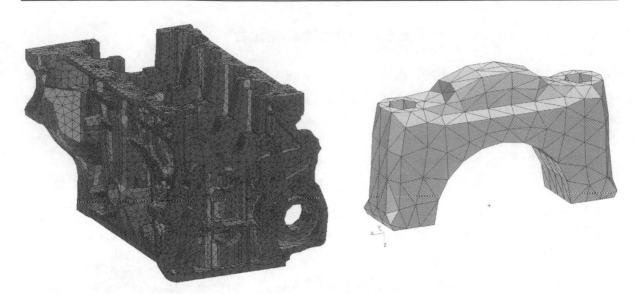

Bild 2: Zylinderkurbelgehäuse (links) und Kurbelwellengrundlagerdeckel (rechts)

Für das Zylinderkurbelgehäuse und den Kurbelwellengrundlagerdeckel sind die Korrelationen vor und nach der Validierung mittels CMA in den Tabellen 1 und 2 zusammengefasst. Alles in allem sind die Ausgangskorrelationen bereits sehr gut (hohe MAC-Werte, kleine Frequenzabweichungen). Die Validierung mittels CMA konnte somit in diesem Fall lediglich eine Feineinstellung der Ergebnisse bewirken.

Tabelle 1: Korrelationsergebnisse für das Zylinderkurbelgehäuse

Zustand	Verfügbare Testeigen-formen	Zugeordnete Testeigen-formen	Mittlere Freq.abw [Hz]	Maximale Freq.abw [Hz]	Mittlerer MAC [%]	Minimaler MAC [%]
Ausgang	23	23	1,74	3,07	94,18	72,72
Validiert	23	23	-0,26	-2,72	93,95	70,91

Tabelle 2: Korrelationsergebnisse für den Kurbelwellengrundlagerdeckel

Zustand	Verfügbare Testeigen-formen	Zugeordnete Testeigen-formen	Mittlere Freq.abw [Hz]	Maximale Freq.abw [Hz]	Mittlerer MAC [%]	Minimaler MAC [%]
Ausgang	3	3	-4,13	-5,68	97,47	95,33
Validiert	3	3	-2,95	-4,49	97,48	95,35

Für die Schnittstelle zwischen Zylinderkurbelgehäuse und Kurbelwellengrundlagerdeckel wurde zunächst das FE-Modell nach Bild 3 verwendet. Die Verbindung wurde hier über starre Elemente realisiert, die die individuellen Knoten der gegenüberliegenden

Flanschflächen miteinander verbinden. Die Schrauben selber wurden als Balken idealisiert, während der nominale Schraubenquerschnitt angesetzt wurde. Die Verbindung der Schrauben zu Zylinderkurbelgehäuse und Kurbelwellengrundlagerdeckel wurde ebenfalls über starre Elemente hergestellt.

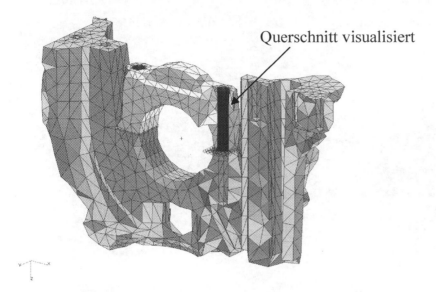

Bild 3: Ausgangsmodell der geschraubten Flanschverbindung

Tabelle 3 zeigt die Korrelationsergebnisse, die mit Hilfe des Models nach Bild 3 erzielt werden können. Die maximale Frequenzabweichung von 6,51 % tritt für die Kippeigenform des Kurbelwellengrundlagerdeckels auf. Es ist offensichtlich, dass die gewählte Modellierungsstrategie zu steif ist und daher überarbeitet werden muss.

Tabelle 3:   Ausgangskorrelation für den Verband

Zustand	Verfügbare Testeigenformen	Zugeordnete Testeigenformen	Mittlere Freq.abw [Hz]	Maximale Freq.abw [Hz]	Mittlerer MAC [%]	Minimaler MAC [%]
Ausgang	26	22	0,28	6,51	91,72	72,22

Für die Schraubverbindung wurden zwei alternative Modellierungsvarianten entwickelt:

Variante 1 (Bild 4)

– Verbindung des Kurbelwellengrundlagerdeckels zum Zylinderkurbelgehäuse über koinzidente Knoten und starre Elemente
– Abbildung der Schrauben über Volumenelemente
– Verbindung der Schrauben über koinzidente Knoten und starre Elemente (RBE2)

Variante 2 (Bild 5)

- Verbindung des Kurbelwellengrundlagerdeckels zum Zylinderkurbelgehäuse über koinzidente Knoten und starre Elemente
- Abbildung der Schrauben als Punktmassen
- Verbindung der Schraubenmassen über Constraint-Elemente (RBE3)

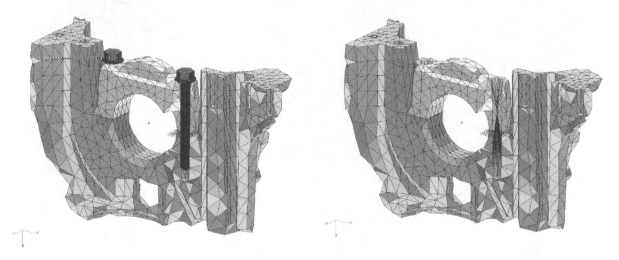

Bild 4: Variante 1   Bild 5: Variante 2

Tabelle 4 zeigt die Korrelationsergebnisse für die beiden Varianten 1 und 2. Für beide Varianten können sehr gute Ergebnisse erzielt werden. Speziell für die Kippeigenform des Kurbelwellengrundlagerdeckels ist die Frequenzabweichung in beiden Fällen kleiner als 2 %. Folglich sind beide Varianten gleich gut zur Abbildung der Schraubverbindung geeignet.

Tabelle 4:   Korrelation für den Verband – Modellierungsvarianten

Zustand	Verfügbare Testeigen- formen	Zugeordnete Testeigen- formen	Mittlere Freq.abw [Hz]	Maximale Freq.abw [Hz]	Mittlerer MAC [%]	Minimaler MAC [%]
Var. 1	26	24	-0,29	-2,80	95,21	87,54
Var. 2	26	24	-0,36	-2,81	95,42	87,18

Für beide Varianten konnte beobachtet werden, dass zwei der Versuchseigenformen nicht mit MAC-Werten größer 70 % zugeordnet werden konnten. Eine nähere Betrachtung zeigte, dass die zugehörigen Eigenformen aus der Analyse sehr eng benachbarte Eigenfrequenzen aufweisen (Frequenzabweichung von circa 3,6 %). Eine erneute Korrelation unter Verwendung einer speziellen Unterraumtransformationsmethode (siehe auch [6]), die eine Korrelation von Linearkombinationen von Eigenformen erlaubt, lie-

10

fert schließlich eine gute Korrelation aller 26 Versuchseigenformen. Speziell die MAC-Werte der vorher unbefriedigend zugeordneten Eigenformen 19 und 20 konnten auf über 85 % angehoben werden. Die zugehörigen Frequenzabweichungen waren dabei kleiner 1 %.

Karosserie und Trimmodellierung

Die Anwendung der vorgestellten „Bottom-Up"-Validierungsstrategie wird im Folgenden am Beispiel der in Bild 6 gezeigten Rohkarosserie mit Anbauteilen demonstriert, die im Rahmen des Arbeitskreises 6.1.19 „Strukturoptimierung Akustik" der deutschen Automobilindustrie intensiv untersucht wurde (siehe auch [7-8, 10-11]).

Im ersten Schritt wurde die komplette Karosserie mit Anbauteilen (Türen, Heckklappe, Scheiben etc.) sukzessive hinsichtlich Steifigkeiten und Massen angepasst (als erstes die Einzelbauteile inklusive Karosserierohbau, dann die Schnittstellen, wie zum Beispiel Tür- und Scheibenanbindungen), wobei eine Validierung bis etwa 100 Hz erreicht werden konnte.

Tabelle 5 zeigt exemplarisch die Ergebnisse vor und nach der Anpassung der Rohkarosserie (ohne Türen etc.) für die ersten zehn experimentellen Eigenfrequenzen. Es ist gut zu erkennen, dass die Anzahl der Zuordnungen erhöht, die Frequenzabweichungen verringert und die MAC-Werte angehoben werden konnten. Insgesamt wurde mit Hilfe der CMA eine deutliche Verbesserung des FE-Modells erreicht.

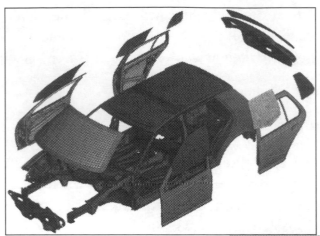

Bild 6: Untersuchte Karosserie: FE-Modell und Hardware

Tabelle 5: Ergebnisse vor/nach Anpassung

#	Frequenzabweichung [%]		MAC-Wert [%]	
	vorher	nachher	vorher	nachher
1	-7,0	-4,4	98,2	98,7
2	0,2	0,8	87,4	97,5
3	-6,2	-1,5	63,6	95,5
4	-	1,1	-	94,4
5	0,8	-0,5	73,2	93,9
6	-11,7	-1,8	61,1	95,1
7	-	-2,7	-	90,5
8	-3,4	-1,3	79,5	95,4
9	-	-1,6	-	80,5
10	-6,6	0,2	66,5	82,2

Da eine globale Erfassung des Dämpfungs- und Absorptionsverhaltens, zum Beispiel über eine globale modale Dämpfung der Struktur und des Fluids, nur schwer auf andere Aufbauzustände übertragen werden kann, ist eine lokale, individuelle Erfassung von Dämpfung und Absorption aller relevanten Struktur- und Trim-Komponenten von Vorteil (siehe auch [8, 10-11]).

Speziell für die Absorption der Trim-Komponenten existieren nach [11] verschiedene Verfahren, wobei hier speziell der Ansatz über Impedanzrandbedingungen kurz vorgestellt wird. Die Identifikation lokaler Absorptionen kann dabei aus im Fahrzeuginnenraum gemessenen Schalldrücken erfolgen und ist eine direkte Erweiterung des Verfahrens zur Identifikation lokaler Dämpfungen nach [8]. Speziell werden hier mit Hilfe der Optimierung Differenzen zwischen gemessenen und berechneten Schalldrücken infolge von Schallanregung im Fahrzeuginnenraum im Frequenzbereich minimiert.

Die lokale Absorption wird dabei mit Hilfe spezieller akustischer Absorber-Elemente modelliert, wobei beliebige frequenzabhängige und komplexwertige akustische Impedanzen definiert werden können. Für praktische Anwendungen werden a priori Schätzungen der frequenzabhängigen Impedanzcharakteristik, die zum Beispiel aus bereits bekannten Kurven ähnlicher Trim-Komponenten gewonnen werden, als Startwerte verwendet und in der Folge lediglich Skalierungsfaktoren bestimmt. Dies bietet den Vorteil, dass die Anzahl der zu identifizierenden Parameter erheblich reduziert werden kann, was wiederum die numerische Stabilität und Eindeutigkeit der Ergebnisse verbessert.

Bild 7 zeigt exemplarisch einen Versuch/Analyse-Vergleich für ERPs (Equivalent Radiated Powers – Maß für Schallabstrahlung einer Fläche) im Bereich der Rückbank nach [8]. Bis 100 Hz kann eine recht gute Übereinstimmung festgestellt werden. Im oberen Bereich sind deutliche Abweichungen zu erkennen, was in erster Linie auf die reduzierte Gültigkeit des strukturdynamischen Modells im oberen Frequenzbereich zurückgeführt werden kann.

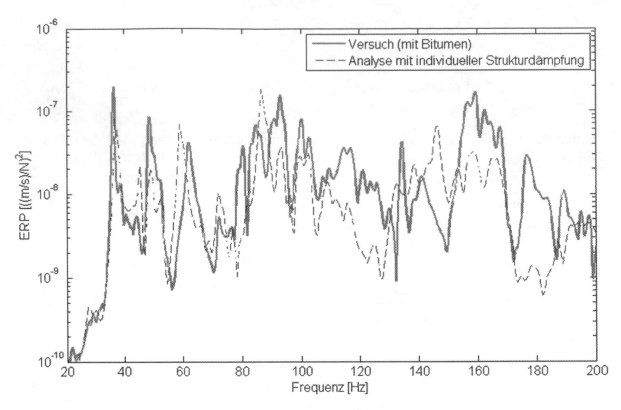

Bild 7: Vergleich von ERPs (Rückbankbereich)

Ein Vergleich von Einhüllenden der Schalldrücke für verschiedene vermessene Mikrofonpositionen unter Schallanregung am Fahrerohr ist in Bild 8 gezeigt. Hier ist eine sehr gute Übereinstimmung auch oberhalb von 100 Hz zu erkennen. Dies ist dadurch zu erklären, dass der Einfluss der Struktur auf den Innenraumschalldruck bei Schallanregung eher gering ist und dass die gewählte Modellierung der Randimpedanzen in einem größeren Frequenzbereich valide ist.

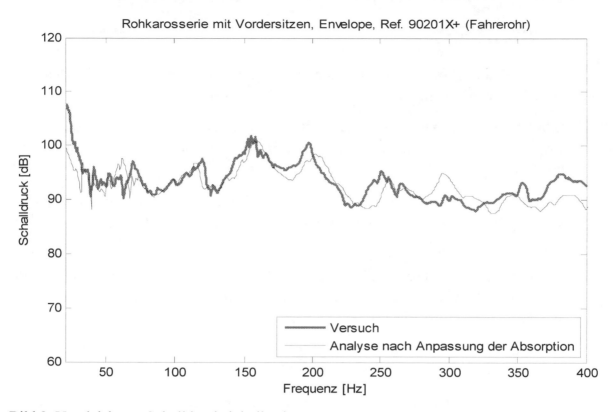

Bild 8: Vergleich von Schalldruckeinhüllenden

Zusammenfassung

In dieser Veröffentlichung wurde eine Validierungsstrategie, die im Luftfahrtbereich für die Validierung von FE-Modellen im Rahmen der Zertifizierung entwickelt wurde, vorgestellt und deren Anwendung im Automobilbereich anhand zweier Beispiele gezeigt.

Im Automobilbereich ist der klassische Einsatz der CMA für die Validierung von FE-Modellen nur in Sonderfällen interessant. Hier ist es wegen der unumgänglichen Serienstreuung und der hohen Stückzahlen selten sinnvoll, das FE-Modell an einen (willkürlich) ausgewählten Prototypen anzupassen.

Der primäre Einsatzbereich der CMA ist daher eher im methodischen Bereich zu sehen, zum Beispiel für die Entwicklung und Validierung optimierter Modellierungsstrategien. Die entwickelten Modellierungsstrategien müssen in der Folge konsequent und kontinuierlich anhand neuer Baureihen überprüft und weiter verbessert werden, um über die Zeit eine verlässliche Wissensdatenbank für die FE-Modellierung in der Vorabberechnung aufbauen zu können.

Referenzen

[1]   Natke, H. G.: Einführung in die Theorie und Praxis der Zeitreihen- und Modalanalyse, 3., überarb. Aufl., Vieweg Verlag, Braunschweig, Wiesbaden, 1992

[2]   Link, M. et al.: Baudynamik und Systemidentifikation, in: Der Ingenieurbau, Grundwissen, [5] Baustatik, Baudynamik, Hrsg. G. Mehlhorn, Ernst & Sohn, Berlin, 1995

[3]   Link, Michael: Updating of Analytical Models – Review of Numerical Procedures and Application Aspects. Structural Dynamics Forum SD 2000. Los Alamos, New Mexico, USA: April 1999.

[4]   Schedlinski, C./Seeber, I.: Computerunterstützte Modellanpassung von Finite Elemente Modellen industrieller Größenordnung, MSC Anwenderkonferenz, Weimar, 1999

[5]   Schedlinski C.: Computational Model Updating of Large Scale Finite Element Models, IMAC 18, San Antonio, TX, USA, 2000

[6]   Schedlinski C.: Computerunterstützte Modellanpassung rotationssymmetrischer Systeme, Konferenzband VDI-Schwingungstagung 2004, Wiesloch, 2004

[7]   Schedlinski, C. et al.: Test-Based Computational Model Updating of a Car Body in White, Sound and Vibration, Volume 39/Number 9, September 2005

[8]   F. Wagner et al.: Computerunterstützte Dämpfungsidentifikation einer Rohkarosserie mit Anbauteilen auf Basis gemessener Frequenzgänge, VDI-Berichte Nr. 2003, 2007, S. 179-193

[9]   Schedlinski C. et al.: Modellierung der Flanschverbindungen von Verbrennungsmotorkomponenten unter Berücksichtigung von Mikroschlupf, Tagungsband VDI-Konferenz Schwingungsdämpfung 2007, VDI-Berichte Nr. 2003, 2007

[10] Schedlinski C.: Computational Model Updating of Structural Damping and Acoustic Absorption for Coupled Fluid-Structure-Analyses of Passenger Cars, ISMA 2008, Leuven, Belgien, 2008

[11] C. Schedlinski et al.: Untersuchungen zur Erfassung von Absorption bei gekoppelten Fluid/Struktur-Analysen von Gesamtkraftfahrzeugmodellen, VDI-Berichte Nr. 2093, 2010, S. 321-330

[12] Schedlinski C. et al: Anwendung einer Strategie zur Validierung komplexer Finite Elemente Modelle auf das Gesamtmodell eines modernen Flugzeugtriebwerks, VDI-Tagung „Schwingungsanalyse und Identifikation", Leonberg, 23.-24.03.2010

Freigabe von komplexen Systemen – Test, Simulation oder beides?

Prof. Dr.-Ing. Adrian Rienäcker,

iaf – Institut für Antriebs- und Fahrzeugtechnik
Maschinenelemente und Tribologie
Universität Kassel

© Springer Fachmedien Wiesbaden GmbH, ein Teil von Springer Nature 2018
J. Liebl und G. Rainer (Hrsg.), *VPC.plus 2014*, Proceedings,
https://doi.org/10.1007/978-3-658-23775-2_11

Freigabe von komplexen Systemen – Test, Simulation oder beides?

Einleitung

Die Frage, ob Systeme durch Simulation oder Test freizugeben sind, ist uralt und besitzt eine emotionale Komponente, die durchaus von der „Herkunft", sprich der Ausbildung und Ausrichtung des Betrachters abhängig ist und daher das Potential aufwirft, besonders hitzig und kontrovers diskutiert zu werden. Als interessant ist sicherlich auch die Beobachtung zu werten, dass es in dieser Frage durchaus zu branchentypischen Ansätzen kommt, die zu beleuchten durchaus spannend sein kann. In diesem Beitrag wird die Flugtriebwerksentwicklung beleuchtet, deren Bauteile besonders teuer sind und bei der der Simulation ein hoher Stellenwert eingeräumt wird.

Der industrielle Kontext – Freigabeprozesse

Bei der Entwicklung komplexer Produkte, wie sie in der Automobil- und Triebwerksindustrie vorkommen, werden bereits in einer frühen Phase, der Konzeptfindung, in der noch keine wesentlichen Entwicklungskosten anfallen, wesentliche Kosten des fertigen Produktes festgelegt. Mit fortschreitender Produktdefinition steigen die Kosten für Korrekturen von Fehlern exponentiell an (s. Abbildung 1).

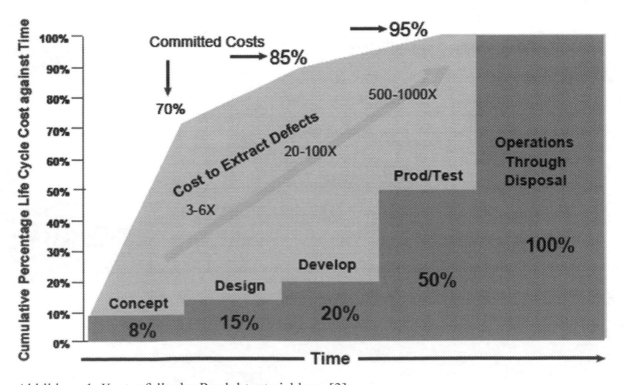

Abbildung 1: Kostenfalle der Produktentwicklung [3]

Um in dieser Phase Kostenaufwüchse zu vermeiden, wurden in den vergangenen Jahrzehnten Prozesse etabliert, die die Qualität der Entwicklungsleistung strukturiert überprüfen und dokumentieren. Abbildung 2 zeigt exemplarisch den Review- und Gatingprozess, der in der Triebwerksindustrie angewendet wird. Im Reviewprozess werden die technischen Metriken des Projektes überprüft, also Treibstoffverbrauch, Komponentenwirkungsgrade und Gewicht etc. Auch Herstell- und Entwicklungskosten gehören dazu. In Design Reviews, mehrstündigen bis mehrtägigen Veranstaltungen werden insbesondere die Schnittstellen zwischen den beteiligten Fachdisziplinen durch ein mehrköpfiges Team an Erfahrungsträgern überprüft und dabei ganz wesentlich auf die Konsistenz der verwendeten Daten und Randbedingungen geachtet. Die Überprüfung der Ergebnisse in den einzelnen Fachdisziplinen ist vorgeschaltet und unterliegt der Qualitätssicherung in den Fachabteilungen. Der Gating-Prozess überprüft das Erreichen der wirtschaftlichen Projektziele, wobei mit projektierten Absatzzahlen und Umsatzerlösen unter anderem geprüft wird, ob die Verzinsung des eingesetzten Kapitals den angestrebten Wert erreicht.

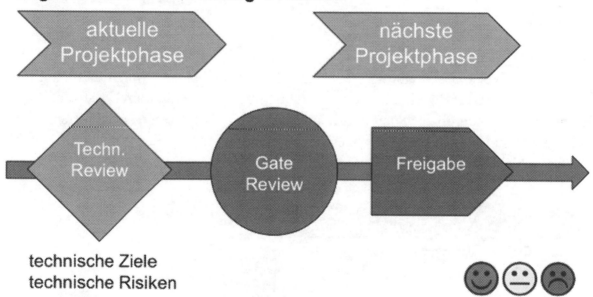

Abbildung 2: Review- und Gatingprozesse der Triebwerksindustrie [3]

Die Abbildung 3 zeigt den Reviewfahrplan der Rolls-Royce Triebwerksentwicklungen über den gesamten Lebenszyklus des Produktes, beginnend mit der Konzeptphase bis zur Außerdienststellung.

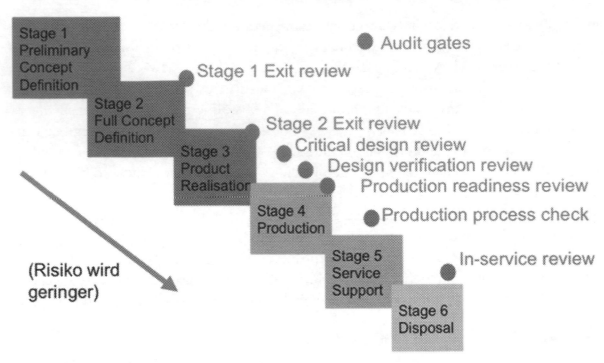

Abbildung 3: Reviewprozess von Rolls-Royce [5]

In ähnlicher Weise beschreibt der MTU Gating Fahrplan [1] in 8 Stufen die Phasen von der Vorauslegung (G1) bis zur Serienbetreuung (G8). Bedingt durch die vielfältigen Kooperationen – europäisch und transatlantisch – sind die Prozesse über Firmengrenzen hinweg bekannt und weitgehend angeglichen, d.h. die Freigabe der Entwicklungsergebnisse geschieht in ähnlichen Abläufen.

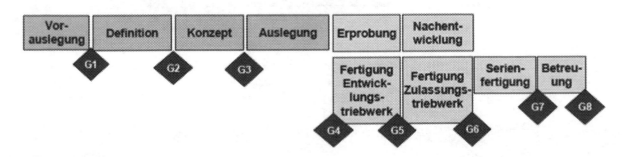

Abbildung 4: Der MTU Aero Engines Gatingprozess [1]

Selbst für Technologieentwicklungen werden ähnliche Freigabeprozesse zur Anwendung gebracht. Pratt & Whitney arbeitet mit dem sogenannten Technology Readiness Level (s. Abbildung 5), der 9 Stufen kennt, beginnend mit den grundlegenden Ideen (TRL1) bis zum Serieneinsatz (TRL9). Auffällig ist hier der starke Testbezug mit TRL4: erfolgreicher Komponententest, TRL5: erfolgreicher Kerntriebwerkstes, TRL6: erfolgreicher Triebwerkstes und TRL7: erfolgreicher Flugtest. Mit TRL6 ist eine Reife der Technologie nachgewiesen, die die Verwendung in Triebwerksentwicklungen er-laubt. Es ist bereits hier abzulesen, dass auch künftig Tests bei der Entwicklung kom-plexer Produkte unabdingbar sein werden.

Technology Readiness Level
In Service-**9**
Qualification / Certification-**8**
Flight Test-**7**
System Level Validation-6
Rig/Core Test (extended)-**5**
Rig Test (limited)-**4**
Proof of Concept-**3**
Technology Application-**2**
Basic Principles-**1**

Abbildung 5: Der PWA Technology Readiness Level [6]

Kern dieser Freigabeprozesse ist, Risiken in der Entwicklung frühzeitig und strukturiert zu erkennen und dann in einem geordneten Prozess so zu lindern, dass sie akzeptabel bleiben. Von den vielen möglichen Darstellungsformen von Risiken hat sich die 5x5 Matrix in vielen Unternehmen eingebürgert (s. Abbildung 6), bei der das Produkt der Eintrittswahrscheinlichkeit und der Auswirkung bzw. Konsequenz bei Eintritt des Risi-kos bewertet wird. Nachdem letztere kaum beeinflussbar ist, muss das Risiko i.a. über die Eintrittswahrscheinlichkeit gelindert werden.

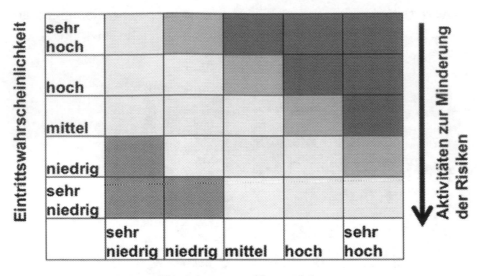

Abbildung 6: Typische Risikomatrix 5x5

Neben den Unternehmensprozessen (Gating, Review ...) werden Freigaben natürlich auch über die Aufbauorganisation gesteuert (s. Abbildung 7). Dem „Chief Engineer" als Projektleiter einer Triebwerksentwicklung stehen der „Chief Design Engineer" für alle konstruktiven Aspekte und der „Chief Development Engineer" für alle Testfragen zur Seite. Gemeinsam werden so die integrierten Produktteams gesteuert, die die Module des Triebwerks, also z.B. den Hochdruckverdichter oder die Niederdruckturbine, verantworten.

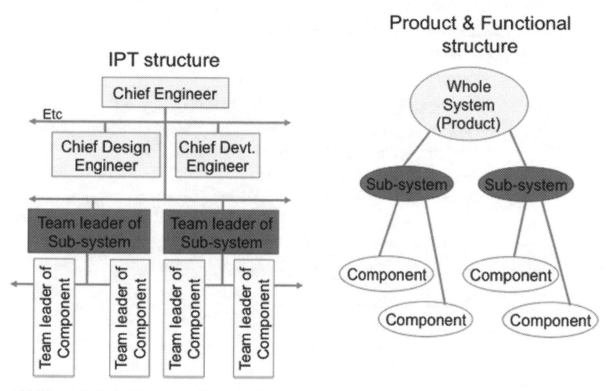

Abbildung 7: Rolls-Royce Aufbauorganisation: Integrierte Produktteams (IPTs) [5]

Die IPTs nutzen die Zuarbeit aller Fachabteilungen von Aerodynamik bis Werkstofftechnik, um die modulspezifischen Metriken zu erreichen. Im Sinne einer Matrixorganisation besitzt das Triebwerksprojekt die finanziellen Mittel, um die Arbeit der Fachabteilungen zu bezahlen. Die Entscheidung, ob eine Freigabe durch Test oder durch Simulation angestrebt wird, wird im Projekt gefällt, das Reviewteam oder die Behörde entscheiden, ob die Freigabe erteilt werden kann. Die Fachabteilungen beraten die Projektabteilungen und zeigen die Möglichen Risiken der Freigabe durch Simulation bzw. durch Test auf.

Test und Simulation in der Triebwerksentwicklung

Die so strukturierte Entwicklungsarbeit erlaubt es, Entwicklungszeitpläne darzustellen, wie sie exemplarisch für die GP7000 in Abbildung 8 dargestellt sind. Zwischen dem Ende der Konzeptphase (Dezember 2002) und der Zulassung durch die FAA (Dezember 2005) liegen 3 Jahre, zwischen dem ersten Testtriebwerk und der Zulassung 21 Monate.

GP7000 Entwicklung für den AIRBUS A380
(new baseline Engine, GE+P&W, 22.5% MTU Anteil)

- Start Design – June 2002 (22 months)
- First Engine to Test – March 2004 (21 months)
- Engine Certification – December 2005 (FAA) / April 2006 (EASA)
- Aircraft Certification A380 with GP7000 – December 2007
- Entry Into Service (Emirates) – August 2008

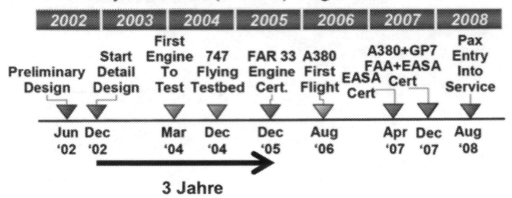

Abbildung 8: Entwicklungszeitplan der GP7000 [7]

In diesen 21 Monaten wird dabei ein Testplan durchlaufen, in dem sowohl die wesentlichen Tests für die Validierung der Berechnungsmodelle und das Verständnis des Triebwerksverhaltens durchgeführt werden z.B. Performancetests, Thermalsystem Tests, Operability Tests (Pumpgrenze der Verdichter), Tests mit Dehnmessstreifen an den Schaufeln durchgeführt werden, sondern auch Tests, die direkt in die Zulassung eingehen: Fan Blade Out Test, Vogelschlagtest, Hageltest und Eistest.

Das Zusammenspiel von Simulation, Komponentenversuchen und Triebwerktest zeigen die Abbildungen 9 bis 11 für ein mechanisches Gesamttriebwerksmodell, mit dem Lasten, Verschiebungen und Spalte zwischen Rotor und Stator berechnet werden, sowie Rotordynamik- und auch Schaufelverlustrechnungen durchgeführt werden.

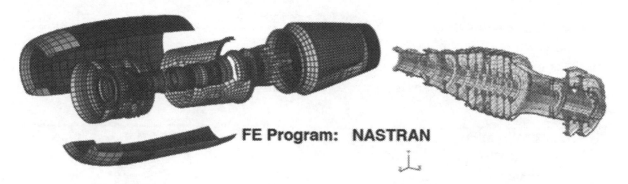

FE Program: NASTRAN

Engine Casings

Modular Finite Element Components:
* 110000 Nodes
* 450000 Degrees of Freedom (Approx.)

Cutaway of HP Rotor

* 25000 Nodes
* 76000 Degrees of Freedom

Abbildung 9: Rolls-Royce Gesamttriebwerksmodell (Stand 1996 [7])

Validiert wird ein solches Modell mit Hilfe von Modaltests (s. Abb. 10), wobei zum Teil mit mehreren Shakern in der Anregung gearbeitet werden muss, um die Dämpfung zu überwinden und die Massen in Bewegung zu bringen.

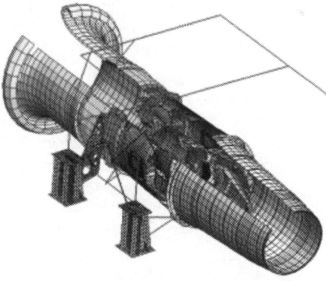

Abbildung 10: Validierung Rolls-Royce Gesamttriebwerksmodell über Modaltest [7]

Abbildung 11 schließlich zeigt Schwingungen für einen Drehzahlhochlauf auf dem Prüfstand, wie sie bei unterschiedlichen Triebwerkseinläufen in der Simulation und in der Messung erhalten werden. Man erkennt eine sehr gute Übereinstimmung in der Charakteristik der Schwingungen über der Rotordrehzahl für beide Konfigurationen.

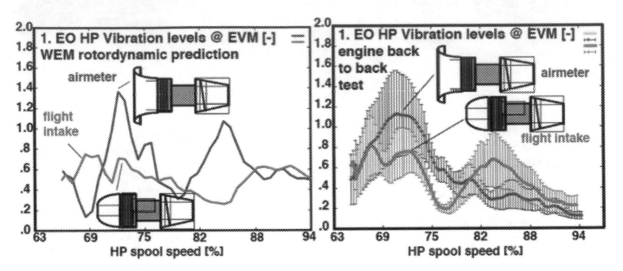

Abbildung 11: Korrelation Simulation (links) und Triebwerkstest (rechts) für unterschiedliche Hardwarekonfigurationen [7]

Mit einem so validierten Modell kann es gelingen, die Zulassung eines Triebwerks durch Simulation von Fehlerfällen, wie Schaufelverlust am Hochdruckverdichter oder der Hochdruckturbine zu erlangen, ohne die teuren, weil zerstörerischen Tests wirklich durchführen zu müssen.

Die Darstellung der Prozesse, Strukturen und Aktivitäten zur Freigabe komplexer Systeme legt nahe, dass die zentrale Frage nicht lautet: Freigabe durch Test oder Simulation, sondern: wie kann die Entwicklungsaufgabe im gegebenen Zeitrahmen mit den bewilligten Mitteln gelöst werden und wie gelingt es, die Entwicklungsrisiken objektiv zu bewerten und so zu reduzieren, dass der Business-Plan erfüllt wird? Bei der Entscheidung, ob nun Test oder Simulation zur Erreichung des Zieles einzusetzen sind, sind in jedem Falle die spezifischen Vor- und Nachteile von Test und Simulation zu berücksichtigen.

Ein Test gibt immer ein direktes und unmittelbares feedback über das Verhalten der Maschine. In der Regel muss man die Testergebnisse kaum rechtfertigen, zumal im Test die gesamte Maschine in voller Interaktion aller Teilsysteme untersucht wird und keine Annahmen über lineares Verhalten oder Randbedingungen vorliegen. Leider sind die Kosten eines Tests typischerweise hoch und man kann sich i.a. von einem Einfluß der Umgebungsbedingungen nicht frei machen. Für die thermomechanische Schädigung von Turbinenschaufeln ist z.B. sehr relevant, ob ein Test im Sommer oder Winter durchgeführt wird. Messungen in Tests zielen oft auf integrale Größen ab oder sind stark lokalisiert, so dass hier Bewertungen erforderlich werden, die Wissen und Erfahrung beinhalten. Selbstredend sind Tests außerhalb gesetzter Limits (Temperaturen, Drehzahlen...) nicht erlaubt, da mit Gefahr verbunden. Testresultate sind häufig auch mit dem Baustandard der Hardware in Verbindung zu bringen und zu diskutieren. Langzeiteffekte, wie Lebensdauer oder Korrosion sind infolge wirtschaftlicher Restriktionen kaum testbar.

Die Ergebnisse von Simulationen sind stets reproduzierbar (und gleich), man kann sie lokal und temporal hoch aufgelöst auswerten. Einzelne Effekte können in Simulationen meist an- und abgeschaltet werden, so dass Sensitivitäten dargestellt werden können. Simulationen außerhalb der erlaubten Limits sind gefahrlos möglich, genauso wie Langzeitthemen wie Lebensdauer simulierbar sind. Tauscht man Hardwarestände in Simulationsmodellen aus, so kann man deren Einfluss auf das System sichtbar machen. Die Kosten und Zeitbedarfe für Variantenrechnungen sind im allgemeinen günstig, wobei die Aufwände für Modellerstellung und insbesondere –validierung sehr hoch sein können. In der Simulation verwendet man ein Modell der Maschine, in dem bestimmte Annahmen getroffen sind (Linearität) und nicht alle Wechselwirkungen der Teilsysteme untereinander berücksichtigt sind. Simulationen sind stets vor dem Hintergrund der Randbedingungen und Annahmen zu sehen und es gilt der bekannte Satz: man kann sich gar nicht so verschätzen, wie man sich verrechnen kann!

Trotzdem befindet sich die Simulation weiter auf dem Vormarsch, sicherlich getrieben durch Kostenvorteile gegenüber dem Test, aber auch weil die Fortschritte in der Simulationstechnik es erlauben, in gegebener Zeit Aussagen zu erzeugen, die als Basis für Entscheidungen dienen. Eine interessante Auftragung stammt von Ruffles [5], der den Zeitbedarf für die Simulation auf die verfügbare Zeit bezieht, in der das Design geändert werden kann (Abbildung 12). Man erkennt dramatische Fortschritte in einem Zeitraum von nur 6 Jahren.

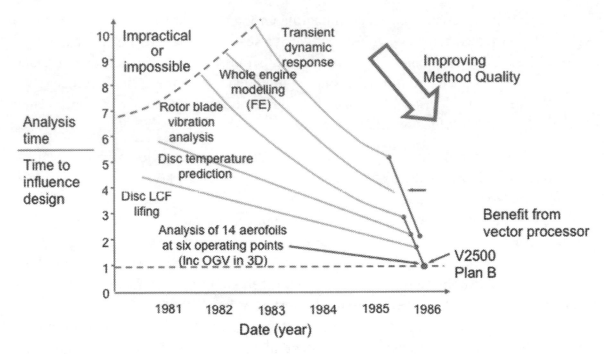

Abbildung 12: Simulation: Entwicklung der Fähigkeiten bei Rolls-Royce 1980-1986 [5]

Nach wie vor ist keine Frage, dass Tests unbedingt notwendig sind und sein werden. Wiederum gilt: in vielen Fällen geht es gar nicht um die Frage Test oder Simulation, sondern um die Frage Test und Simulation und wie ergänzen sich die beiden?

Dazu einige Beispiele aus der Triebwerksindustrie: der Fan Blade Out Test gehört zu den spektakulären Tests, auf den Behörden bis dato nicht verzichten. Er ist mit Größenordnung 10 Mio. € ein teurer Test, dessen Hardware anschließend nicht weiter verwendet wird. Im eigentlichen Test wird die Schaufel über eine Sprengladung in der Nähe des Fußes bei maximaler Drehzahl abgetrennt. Zu diesem Zeitpunkt hat die Schaufel eine bestimmte Stellung (relativen Winkel) z.B. zur Aufhängung des Triebwerks im Prüfstand, der in Hoch- und Querrichtung i.a. unterschiedliche Steifigkeiten besitzt. Mit dem Test wird unter anderem ein Simulationsmodell kalibriert, mit dem alle anderen Relativpositionen untersucht werden. Ebenso gelingt das Querlesen auf andere Hardwarestände mit dem Modell, und die weniger spektakulären Schaufelverluste am Hochdruckrotor werden mit dem kalibrierten Modell und ohne Test bewertet.

Ein anderes Beispiel bezieht sich auf Bauteilverbesserungen an Schaufeln. Typische Schaufelsätze auf Stufen von Niederdruckturbinen besitzen so viele Schaufeln, dass eine statistische Bewertung zulässig ist. Dabei können z.B. Anrisse oder Risslängen ausgewertet werden. Aus gemessenen Gastemperaturen oder gar Umgebungstemperaturen für jeden Triebwerkstest lassen sich Schädigungsfaktoren ermitteln, die sich auf die Designmission (mit einem Mix aus heißen Starts, normalen Starts und kalten Starts) umrechnen lassen. Ein verbessertes Design kann so unter Berücksichtigung aller Testerfahrung bewertet werden. Damit ist eine Freigabe im „Change Control"-Prozess sehr viel wahrscheinlicher, als eine einfache, vergleichende Simulation.

Bei der Untersuchung von Schaufelschwingungen oder Spannungen in Federkäfigen mit Dehnmessstreifen schließlich, einem ebenfalls teuren Test, bei dem die Zahl der ausgefallenen Messstellen mit der Testzeit zunimmt, sind die Orte maximaler Spannung im Bauteil für eine Messung i.a. nicht zugänglich. Man bedient sich daher strukturmechanischer Modelle, um die Aufwertefaktoren zwischen Messort und dem Ort maximaler Spannung zu bestimmen.

Test und Simulation ergänzen sich daher in aktuellen Projekten in vielfältiger Weise und die Freigaben basieren in der Regel auf einer Kombination aus Beidem.

Verbindung von Test und Simulation bei der Lösung inverser Probleme

Stellt man sich schließlich die Frage, an welchen Fragestellungen sich Test, d.h. Messergebnisse und Simulation bestens ergänzen, dann sind sicherlich sogenannte inverse Probleme an vorderer Front zu nennen. Bei inversen Problemstellungen versucht man von i.a. wenigen Beobachtungen auf die zugrundeliegenden Ursachen zurückzuschließen, von denen zunächst eine deutlich größere Anzahl, als an Messungen verfügbar sind, in Frage kommen.

Inverse Probleme sind i.a. mathematisch schlecht gestellt, unterbestimmt und nicht eindeutig lösbar. Trotzdem hat die Mathematik brauchbare Ansätze entwickelt, die zu vernünftigen Lösungen führen. Diese basieren üblicherweise auf der Verwendung eines Simulationsmodells und den Messwerten, um die Aufgabe zu lösen.

Abbildung 13 zeigt, wie im 2D und 3D Temperaturfelder und Wärmeströme an den Berandungen der Körper auf der Basis gemessener Temperaturen berechnet werden können. Dabei reichen wenige Messtemperaturen aus, um physikalisch plausible Temperaturfelder zu erhalten.

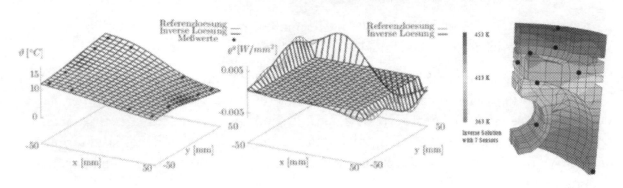

Abbildung 13: Inverse Temperaturfeldermittlung im 2D und 3D [11]

Abbildung 14 zeigt in ähnlicher Weise, dass Schwingungsantworten aus einem Drehzahlhochlauf genutzt werden können, um zu bewerten, ob die verursachende Unwucht eher auf dem Verdichter oder der Turbine zu suchen sein wird.

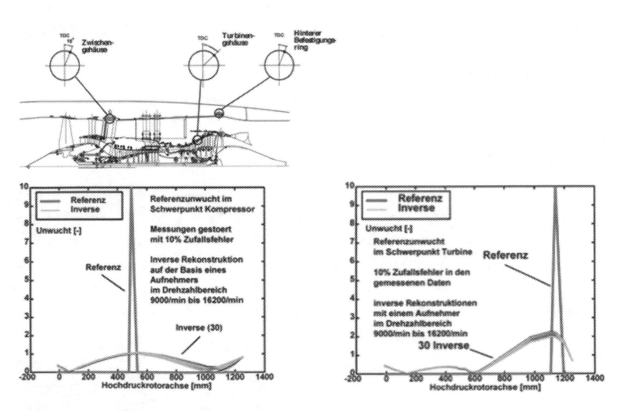

Abbildung 14: Inverse Unwuchtrekonstruktion [12]

Fazit

Die Entwicklung komplexer Systeme birgt auch heute noch Risiken, die die Substanz der beteiligten Unternehmen gefährden können. Im Markt erfolgreiche Firmen haben Freigabeprozesse etabliert, die die Risiken der Entwicklung transparent machen und aktiv managen. Die Herausforderung besteht darin, Test und Simulation so zu verbinden, dass die Projektziele erfüllt werden. Gerade die Verbindung von Test und Simulation eröffnet attraktive Chancen, zu neuen Aussagen und Einsichten zu gelangen.

Literatur

[1]   R. Selmaier, Schnupperkurs Aerodynamik, MTU Aero Engines 2009
      http://www.mtu.de/de/career/professionals/development_testing/index.html

[2]   Diepolder, W. Strukturmech. Auslegung von Triebwerkskomp. bei Fehlerfällen,
      http://www.mtu.de/de/technologies/engineering_news/development/

[3]   INCOSE-TP-2003-002-03, June 2006 INCOSE Systems Eng. Handbook v. 3

[4]   Sieber, J., Broichhausen, K., Scheugenpflug H., Steinhardt, E., Welling, M., Zukunftssicherung der deutschen Triebwerksindustrie durch Innovationen, DGLR Kongress, 2003

[5]   Ruffles, Phil, Reflections on 50 years in R&D, March 8th 2011,
      http://www2.warwick.ac.uk/fac/sci/wmg/research/researchseminars/march

[6]   Schweitzer, J.K., Anderson, J.S., Scheugenpflug, H., Steinhardt, E., Validation of Propulsion Technologies and New Engine Concepts in a Joint Technology Demonstrator Program, XVII ISABE 2005-1002

[7]   Stadlbauer, M und Westphal, V., GP7200 Entwicklung und Validierung,
      https://www.mtu.de/de/career/professionals/development_testing/index.html

[8]   Mühlenfeld, K., Rienäcker, A., Streller, C., Padva, L., Vibration Reduction in AeroEngines – A Case Study, VDI Schwingungstagung 2000

[9]   Siddens, A., Bayandor, J., Detailed post-soft impact progressive damage analysis for a hybrid structure jet engine, ICASS 2012

[10] Rienäcker, A., Diepolder, W., Der Quetschöldämpfer – ein systemrelevantes Triboelement bei Flugtriebwerken, GFT-Tagung 2010

[11] Rienäcker, A., Instationäre Elastohydrodynamik von Gleitlagern mit rauen Oberflächen und inverse Bestimmung der Warmkonturen. Diss. RWTH Aachen, 1995

[12] Rienäcker, A., D. Peters, G. Tokar, B. Domes, Inverse Rekonstruktion der Rotorunwuchtverteilung eines Flugtriebwerks, VDI Schwingungstagung,1999

Entwicklung
von Energiemanagementfunktionen
für Hybridfahrzeuge

Marcus Boumans

Dr. Uta Fischer

© Springer Fachmedien Wiesbaden GmbH, ein Teil von Springer Nature 2018
J. Liebl und G. Rainer (Hrsg.), *VPC.plus 2014*, Proceedings,
https://doi.org/10.1007/978-3-658-23775-2_12

Einleitung & Motivation

Getrieben durch die Verschärfung der EU CO_2 Gesetzgebung und einer anhaltenden öffentlichen Debatte über das Thema Real- zu Normkraftstoffverbrauch von Fahrzeugen, befinden sich die vom Verbrennungsmotor und seinen klassischen Nebenaggregaten geprägten Triebstrangtopologien im Umbruch (s. Abbildung 1).

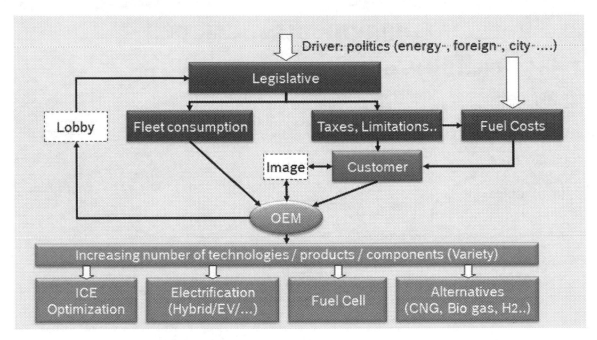

Abbildung 1 Treiber für neue Antriebstrangentwicklungen

Eine Reaktion der Automobilhersteller auf diese sich veränderten Randbedingungen besteht neben der weiteren Optimierung des Verbrennungsmotors unter anderem in der zunehmenden Elektrifizierung des Antriebsstranges. Abbildung 2 zeigt die qualitativen Zusammenhängen zwischen verschiedenen Elektrifizierungsgraden, dem möglichen CO_2 Einsparpotenzial und der entstehenden Komplexität. Dabei werden eine oder mehrere elektrische Maschinen und elektrifizierte Komponenten in verschiedensten Ausprägungen in neue Triebstrangtopologien verbaut. Dadurch nimmt die Anzahl der zu steuernden Komponenten zu, die Varianz steigt und damit auch Aufwand bzw. die Kosten für die dazu passenden Steuergeräte, die Steuergeräte-Software und deren Kalibrierung (Applikation).

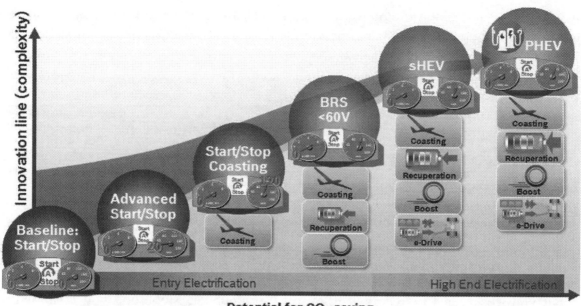

Abbildung 2 Qualitative CO_2 Einsparungen von Elektrifizierung

Durch die Elektrifizierung des Antriebsstranges entstehen neben den klassischen Freiheitsgraden weitere wie z.B. Start/Stopp bei der der Verbrennungsmotor im Stand ausgeschaltet wird oder die Steuerung der Momentaufteilung zwischen Verbrennungsmotor und Elektromaschine bei Hybridfahrzeuge. Die Koordination und Steuerung der neuen Funktionen, Betriebszustände und Zustandsübergänge wird normalerweise im Powertrainmanagement umgesetzt.

Die klassische Aufgabe des Powertrainmanagements umfasst die optimale Koordination der verschiedenen Komponenten in diversen Topologievarianten nach Kriterien wie Verbrauch, Komfort, Abgasemissionen, Geräuschentwicklung, Komponentenlebensdauer und Fahrdynamik in unterschiedlichen Fahrsituationen (Zyklusfahrt, Realfahrt), wobei sich mit den verschärften Grenzwerten von 95g/km in 2020 der Focus auf CO_2 verschoben hat.

Um die gestiegenen Anforderungen zu erfüllen, müssen für die Antriebstrangsteuerung neben der Hauptaufgabe der Momentenkoordination für Längsdynamik nunmehr auch Aspekte aus dem Thermomanagement berücksichtigt werden. Denn Komponenten die mit dem Kühlsystem verbunden sind, haben Rückwirkungen auf die Momentenkoordination und beeinflussen somit den Kraftstoffverbrauch.

Eine weitere Maßnahme zur Reduktion des Kraftstoffverbrauchs ist der optimale Einsatz der im Fahrzeug gespeicherten kinetischen Energie. Deshalb muss auch die Fahrzeuggeschwindigkeit als weiterer Freiheitsgrad Berücksichtigung finden.

Mit dem Fokus auf einen möglichst geringen Kraftstoffverbrauch muss das klassische Powertrainmanagement zu einem Energiemanagement erweitert werden und bei der Ansteuerung der einzelnen Freiheitsgrade der Kraftstoffverbrauch als ein wesentliches Optimierungskriterium beim Einsatz der unterschiedlichen Energieformen berücksichtigt werden.

Vom Energiemanagement werden folgende Freiheitsgrade gesteuert (s. Abbildung 3, grün):

- **Thermalsystem:** Verteilung der zur Verfügung stehenden Wärme
- **Fahrzeug:** Geschwindigkeit
- **Antriebsstrang:** Elektromaschinenmoment, Start/Stopp, Gang, Kupplungszustand

Das Bordnetzmanagement (12V-Supply) erfolgt nach anderen Kriterien als das oben beschriebene Energiemanagement. Wichtige Faktoren sind hier die Spannungsstabilität, Vorhalt von Reserven für sicherheitsrelevante Verbraucher, Steuerung von Lastabwurf und die bedarfsgerechte Steuerung der Verbraucher. Da das 12V Bordnetz bei fast allen Betriebszustandswechseln betroffen ist, muss es aus Sicherheitsgründen als Randbedingung, mit in die Auslegung des Energiemanagements einbezogen werden.

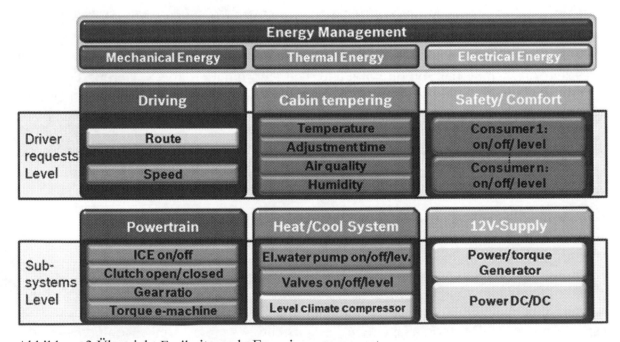

Abbildung 3 Übersicht Freiheitsgrade Energiemanagement

Unter den oben beschriebenen Randbedingungen besteht die Aufgabe des Energiemanagements in der optimalen Steuerung von domänenübergreifenden Freiheitsgraden. Für ein optimales Energiemanagement sind zusätzlich „vorrausschauende" Informationen zum Umfeld bzw. der Route (elektronische Horizont) notwendig, die in den Funktionen zur Verfügung stehen müssen.

Um das energetische Gesamtoptimum zu erreichen müssen geeignete Algorithmen zur Bestimmung der optimalen Sollwerte für die Freiheitsgrade entwickelt, implementiert und im Fahrzeug appliziert werden.

Auf Grund der hohen Komplexität (viele Freiheitsgrade, domänenübergreifend) sind für die effiziente Entwicklung und Anpassung des oben beschriebenen Energiemanagements simulationsbasierte Entwicklungsmethoden zwingend erforderlich.

Im Folgenden werden einige Beispiele von Energiemanagementfunktionen, wie sie bei der Robert Bosch GmbH entwickelt werden, erläutert und anschließend die bei der Entwicklung eingesetzten Simulationsmethoden beschrieben.

Beispiele domänenübergreifende CO_2 Einsparfunktionen

In Abbildung 4 ist das Funktionsnetz für ein domänenübergreifendes Energiemanagement (Energy Based Vehicle Control) dargestellt.

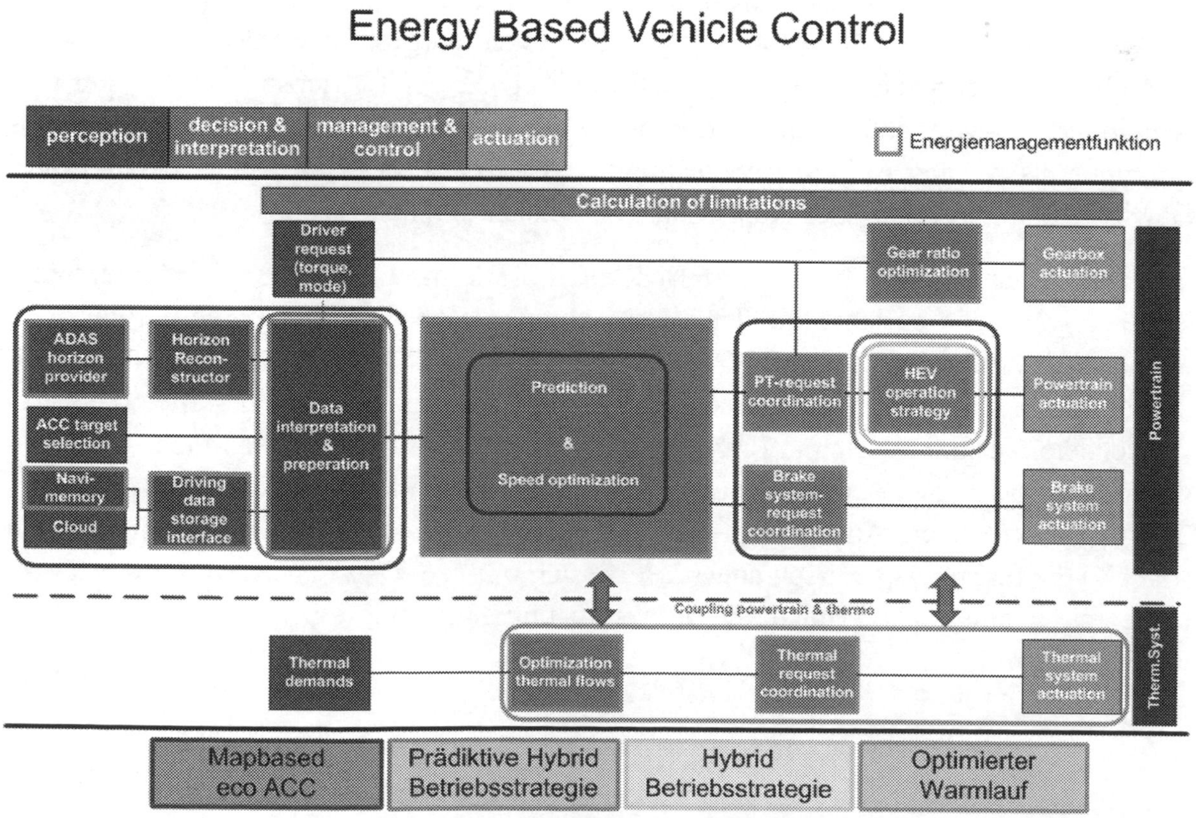

Abbildung 4 Funktionsnetz domänenübergreifendes Energiemanagement

Im Folgenden werden die Teilfunktionen Hybridbetriebsstrategie, prädiktive Hybrid-Betriebsstrategie, Map-based *eco*ACC und der optimale Warmlauf beschrieben.

Hybridbetriebsstrategie

Bei Fahrzeugen mit elektrisch hybridisiertem Antriebsstrang muss als zusätzlicher Freiheitsgrad die Momentenaufteilung zwischen Verbrennungskraftmaschine und Elektromotor gestellt werden.

Dabei wird zwischen einer Aufteilung bei dynamischen Lastwechselvorgängen und einer strategischen Wahl der Momentenaufteilung in Hinblick auf einen möglichst geringen Kraftstoffverbrauch unterschieden.

Für das Energiemanagement ist letzteres von Relevanz, deshalb beziehen sich die folgenden Ausführungen auf eine Funktionalität die zur Berechnung des strategischen Sollmoments für die Elektromaschine dient.

Für die Berechnung des Strategiemoments gibt es im Wesentlichen 2 Möglichkeiten:

- Heuristische Verfahren
- Online-Verfahren

Heuristische Steuerungsstrategien basieren auf Gesetzmäßigkeiten die z.B. mit boolschen Variablen oder durch Fuzzy Logic Funktionen dargestellt werden. Ein typisches Vorgehen bei heuristischen Verfahren ist die Angabe der Betriebsmodi in einem Geschwindigkeits-Momentenwunsch Kennfeld. Für die Berechnung des E-Maschinen-Sollmoments werden weitere Randbedingungen wie z.B. der Batterieladezustand über Gewichtungsfunktionen oder Fuzzy Logic berücksichtigt[1].

Im Energiemanagement der Robert Bosch GmbH kommt ein online-Verfahren zum Einsatz, welches für den aktuellen Momentenwunsch (sei es vom Fahrer oder von einem Assistenzsystem) für jeden Zeitschritt die optimale Momentenaufteilung ermittelt und als strategisches Sollmoment an die unterlagerte Hybridsteuerung weiter gibt. Das verwendete Verfahren ist im Vergleich zu heuristischen Verfahren einfach aufgebaut und besitzt neben den Kalibrierungsgrößen die das Verhalten des Verbrennungsmotors und des elektrischen Antriebs abbilden nur wenige zusätzliche Kalibrierungsgrößen (Labels) die fahrzeugspezifisch angepasst werden müssen. Das Verfahren skaliert für alle derzeit gängigen Hybridisierungskonzepte und kann mit einer Prädiktion ergänzt werden.

Prädiktive Hybridbetriebsstrategie

Wenn die vorausliegende Strecke nicht bekannt ist muss bei dem oben beschriebenen Online-Verfahren ein Kompromiss eingegangen werden, der verschiedene mögliche Lastprofile optimal abdeckt. Dabei entfernt sich der reale Kraftstoffverbrauch vom theoretisch möglichen Optimum.

Ist ein Fahrzeug mit einem Navigationssystem ausgestattet, können aus den Kartendaten die notwendigen Informationen für die Berechnung eines zukünftigen Lastprofils herangezogen und bei der Berechnung der strategischen Momentenaufteilung berücksichtigt werden. Da nun im Rahmen der Kartengenauigkeit bekannt ist, welche Strecke abgefahren werden wird, wird sich die online-Strategie dem theoretisch möglichen Optimum (welches nur unter vollständiger Kenntnis der abzufahrenden Strecke ermittelbar ist) annähern.

Wird das online-Verfahren mit dem beschriebenen Prädiktionsmodul ergänzt, besteht je nach Streckenprofil ein CO_2 Einsparpotenzial von bis zu 4%.

Energieoptimale Fahrzeuglängsführung (Map-based *eco*ACC)

Die bis jetzt beschriebenen Funktionen sind dazu geeignet ein Antriebswunschmoment in einem Hybridfahrzeug bestmöglich umzusetzen. Wie in der Einleitung bereits beschrieben, hat sich gezeigt, dass der Freiheitsgrad Fahrzeuggeschwindigkeit noch zusätzliches Potenzial für energieoptimales Fahren bietet.

Die energieoptimale Fahrzeuglängsführung basiert dabei im auf 2 Teilfunktionen:

- Prädiktive Fahrgeschwindigkeitsregelung basierend auf Kartendaten
- Folgeregelung basierend auf Umfelddaten (z.B. Radarsensor)

Bei der prädiktiven Fahrgeschwindigkeitsregelung wird basierend auf den Informationen aus dem Navigationsgerät ein Fahrgeschwindigkeitsprofil für eine bestimmte zukünftige Fahrtstrecke ermittelt und daraus ein Fahrschlauch (obere Geschwindigkeitsgrenze und untere Geschwindigkeitsgrenze) berechnet. Dieser Fahrschlauch ist neben anderen Randbedingungen wie z.B. Batterieladezustand der Bereich in dem ein Optimierungsverfahren während der Fahrt eine optimale Geschwindigkeitstrajektorie für einen Abschnitt der vorausliegenden Strecke berechnet. Die energieoptimale Geschwindigkeitstrajektorie wird einem Fahrgeschwindigkeitsregler ortsrichtig übergeben und abgefahren.

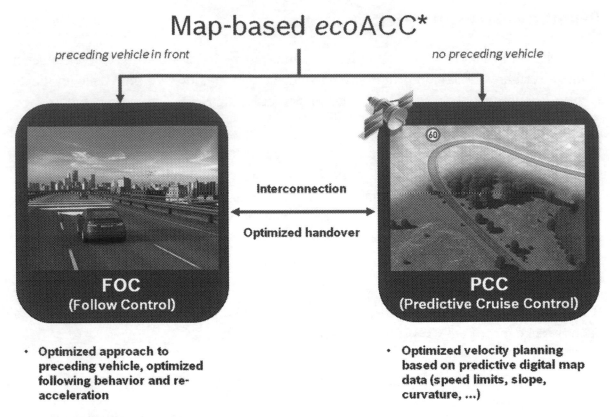

Abbildung 5 Überblick Map-based *eco*ACC

Wird über den Radarsensor ein vorausfahrendes, langsameres Fahrzeug erkannt schaltet das System in den Folgeregelungsmodus um. Das Auffahren auf das andere Fahrzeug wird unter Verwendung der möglichen Antriebsstrangmodi (Segeln, Rekuperieren) ebenfalls energieoptimal durchgeführt.

Ist Map-based *eco*ACC aktiviert bleibt für den Fahrer, neben der Überwachung des Verkehrsgeschehens, nur noch die Lenkaufgabe. Die zu fahrende Geschwindigkeit wird in den Grenzen des Fahrschlauches bzw. bei Auffahrmanövern von der Funktion festgelegt.

Durch die energieoptimale Fahrzeuglängsführung sind je nach Strecke und Verkehrsaufkommen bis zu 8% CO_2 Einsparung möglich [2].

Thermomanagement mit optimalem Warmlauf

In den letzten Jahren hat sich das Thermalsystem von einem eher passiven System mit z.B. Wachsthermostat und einer Hauptwasserpumpe die direkt mit dem Verbrennungsmotor gekoppelt ist zu einem aktiv steuerbaren System gewandelt. So können in modernen Systemen Features wie stehendes Kühlwasser durch die Ansteuerung aktiver Elemente wie einer elektrischen Hauptwasserpumpe oder einem ansteuerbaren Thermostatventil dargestellt werden. Durch weitere schaltbare Ventile und bedarfsgesteuerte

Pumpen ist es außerdem möglich Komponenten wie Zylinderkopf und Getriebe in beliebiger Reihenfolge zu erwärmen.

Eine optimale Ansteuerung der Aktuatoren im Thermalsystem kann bis zu 2% CO_2 einsparen.

Das Thermomanagement im Robert Bosch Energiemanagement ermöglicht es die verschiedenen Thermosystemtopologien bestmöglich zu steuern, um damit z.B. einen beschleunigten Warmlauf und durch die reduzierten Reibverluste eine Verbesserung des Kraftstoffverbrauchs zu erreichen. Das Thermomanagement ist so strukturiert, dass die Anpassung auf verschiedene Thermosystemtopologien einfach und effizient möglich ist.

Entwicklungsumgebungen für domänenübergreifende Funktionen

Auf Grund der erhöhten Anzahl der Komponenten und Freiheitsgrade ist bei der Entwicklung von Steuerungs- und Regelfunktionen für ein Hybrid-Energiemanagement der Einsatz einer simulationsunterstützten Entwicklungsumgebungen in Hinblick auf den zu erwartenden Entwicklungs- und Applikationsaufwand zwingend erforderlich.

Um den Aufwand für die Erstellung der jeweils notwendigen Simulationsmodelle zu minimieren wurde die am besten geeignete Simulationsplattform basierend auf einer Anforderungsanalyse ausgewählt.

Für die Modellierung der Steuerungs- und Regelfunktionen wird ASCET SD® bzw. Matlab/Simulink® verwendet. Damit ist es möglich die in der Simulation entwickelten Funktionsmodelle mit geringem Aufwand mittels automatischer Code-Generierung auf ein Rapid Prototyping System oder direkt auf die Ziel-Steuergeräte-Hardware ins Fahrzeug zu bringen und den Entwurf unter realistischen Bedingungen zu bewerten und gegebenenfalls zu verfeinern.

Für die Erstellung der Streckenmodelle wurden verschieden Modellierungs- und Simulationsumgebungen untersucht. Auf Grund der Vielzahl der abzubildenden Komponenten (Verbrennungskraftmaschine, elektrischer Antrieb, Batterie, Getriebe, Fahrzeug) ist ein wesentliches Kriterium für die Toolauswahl die Bereitstellung einer Bibliothek mit ausgereiften Simulationsmodellen für Standardkomponenten durch die Simulationsumgebung. Der Aufwand für die Modellerstellung beschränkt sich hier auf die Parametrierung der Bibliotheksmodelle und der Integration der Subsystemmodelle zu einem Gesamtsystemmodell mit anschließender Verifikation.

Als Modellierungs- und Simulationsplattform für die Streckenmodelle kommt GTSuite® von Gamma Technologies zum Einsatz und wird per Co-Simulation oder über eine DLL-Einbindung mit den Modellen der Steuerungs- und Regelsoftware verknüpft.

Umgebung für Hybrid-Betriebsstrategie Entwicklung

In Abbildung 6 ist die Simulationsumgebung für die Entwicklung von Hybridbetriebs-strategie-Funktionen dargestellt. Das „Control System Model" repräsentiert das Modell eines Hybridfahrzeugs mit einer parallelen Antriebstrangtopologie und wurde in mit GTSuite implementiert. Das Fahrzeugmodell beinhaltet ein einfaches Fahrermodell welches einem Geschwindigkeitsvorgabe („Driving Cycle", Normzyklus oder Realzy-klus) folgt. Der Antriebsstrang des Modells wird über ein „Control Software Model" gesteuert welches die zu entwickelnde Betriebsstrategiefunktion beinhaltet.

Sollen Funktionen mit prädiktivem Anteil betrachtet werden, kann das Modell zusätz-lich Prädiktionsdaten (Geschwindigkeit und Steigung) importieren. Diese Daten („Pre-diction Data") werden mit der Navigationssoftware ADAS RP® erzeugt und vor der Si-mulation importiert.

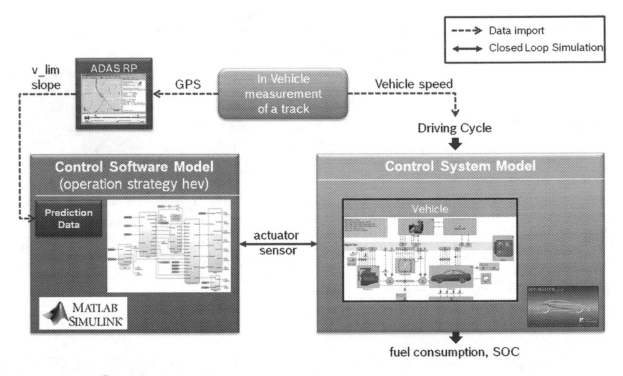

Abbildung 6 Übersicht Simulationsumgebung Hybrid-Betriebsstrategie

Zur Erzeugung der Prädiktionsdaten werden reale im Versuchsträger gemessene Daten verwendet und damit ein konsistenter Datensatz für die prädiktive Betriebsstrategie und das „Control System Model" erzeugt.

Da mit dieser Simulationsumgebung die Auswirkungen verschiedener Betriebsstrate-gieansätze auf den Kraftstoffverbrauch bewertet werden sollen, wurde das Modell mit Daten eines realen Versuchsträgers parametriert und die Simulationsergebnisse mit

Realmessungen abgeglichen. Die dabei erreichten Ergebnisse sind exemplarisch in Abbildung 7 dargestellt (MEAN: Mittlerer relativer Fehler, SDEV: Standardabweichung).

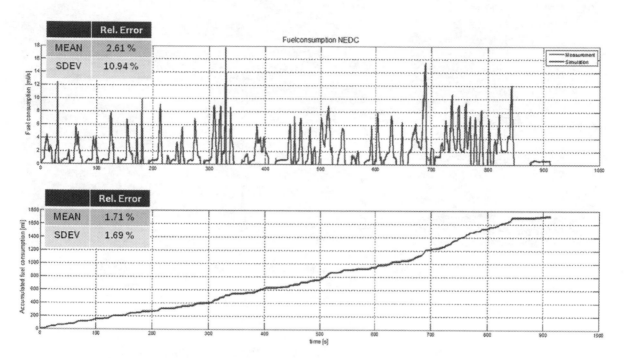

Abbildung 7 Beispiel Validierung Kraftstoffverbrauch im NEDC

Das Systemverhalten wird richtig abgebildet und die erreichte Genauigkeit ist für die angestrebten Aussagen (vergleichende Bewertung unterschiedlicher Strategien) ausreichend.

Umgebung für Thermomanagement-Entwicklung

Abbildung 8 zeigt die Simulationsumgebung wie sie bei der Robert Bosch GmbH für die Entwicklung der Thermomanagementfunktionen eingesetzt wird.

Um alle wichtigen Fragestellungen beantworten zu können, besteht das „Control System Model" aus einem Fahrzeugmodell („Vehicle") welches einen Hybridantriebsstrang abbildet. Gegenüber dem Modell aus Abbildung 6 wird im Verbrennungsmotormodell zusätzlich die Abwärme in das Abgas und in den Wasser- und Ölkreislauf abgeschätzt und der temperaturabhängige Einfluss der Reibung auf den Kraftstoffverbrauch berücksichtigt. Ferner sind im Getriebemodell ebenfalls temperaturabhängig Reibanteile enthalten.

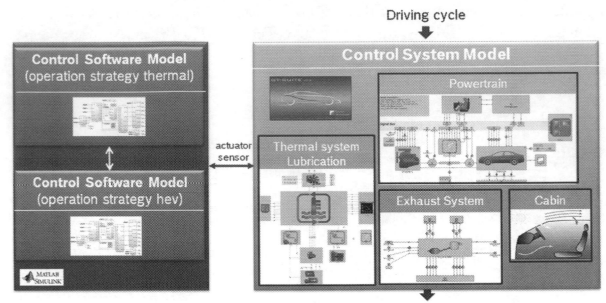

Abbildung 8 Überblick Simulationsmodell für die Entwicklung von Thermofeatures

Weiterhin ist ein 1D Modell des Thermalsystems integriert. Dieses Subsystem-Modell bildet das Kühl- und Ölkreislauf ab. Das Aufwärmverhalten des Motors ist als thermisches Mehrmassenmodell abgebildet. Außerdem beinhaltet des Modell Aktuatoren über die das Kühlsystem beeinflusst werden kann.

Einige Maßnahmen bei der Steuerung des Hybridantriebsstranges beeinflussen den thermischen Zustand des Gesamtsystems. So führen längere elektrische Fahrten zum Abkühlen des Kühlwassers, was u.U. einen negativen Einfluss auf die Kabinen-Klimatisierung (Abkühlen) und das Abgassystem (Auskühlen des Katalysators) hat. Um diese Effekte bei der Bewertung der einzelnen Betriebsstrategien berücksichtigen zu können enthält das Modell ein einfaches Kabinenmodell („Cabin") und ein Abgassystem-Modell („Exhaust System") mit dem der thermische Zustand der Kabine bzw. des Abgassystems abgeschätzt werden kann.

Um eine ausreichende Aussagefähigkeit des Simulationsmodells zu erreichen wurden wichtige Subsystemmodelle mit Daten eines konkreten Versuchsfahrzeuges parametriert und die Simulationsergebnisse mit Messdaten verglichen. In Abbildung 9 ist exemplarisch das Validierungsergebnis für die Temperatur hinter dem Katalysator während einer Autobahnfahrt dargestellt (MEAN: Mittlerer relativer Fehler, SDEV: Standardabweichung). Das Systemverhalten wird richtig abgebildet und die mittlere Abweichung von ca. 2% ist für die hier angestrebten Aussagen ausreichend.

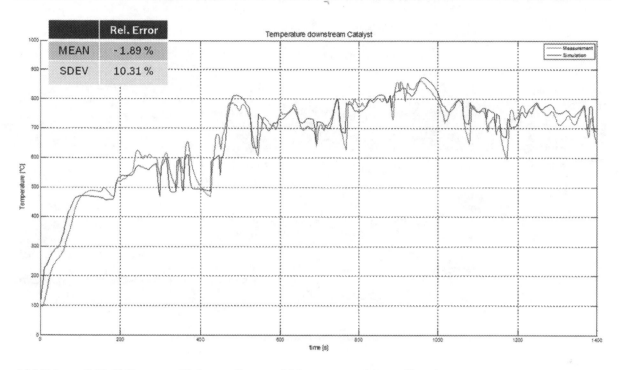

Abbildung 9 Validierung „Exhaust System" Temperatur hinter Katalysator

Mit dem beschriebenen Modell ist es möglich steuerungs- bzw. regelungstechnische Maßnahmen die z.B. auf einen optimierten Warmlauf abzielen bezüglich ihres Kraftstoffverbrauchs vergleichend zu bewerten.

Umgebung für Map-based *eco*ACC-Entwicklung

In Abbildung 10 ist das Simulationsmodell für die Entwicklung der energieoptimalen Fahrzeuglängsführung (Map-based *eco*ACC) dargestellt. Das Fahrzeugmodell ist über eine virtuelle CAN Schnittstelle mit der Navigationssoftware ADAS RP® gekoppelt. Damit ist es möglich Karteninformationen („eHorizon": Steigung, Geschwindigkeitsbegrenzungen, …) auf der CAN Schnittstelle bereit zu stellen und im Fahrzeugmodell weiter zu verarbeiten. Die Anbindung der Navigationssoftware ist in der Simulationsumgebung IPG-Carmaker® standardmäßig vorhanden.

Neben der Anbindung von Navigationsdaten und der Definition von Routen können in der IPG-Carmaker® Umgebung andere Verkehrsteilnehmer und deren Erfassung über z.B. einen Radarsensor simuliert werden.

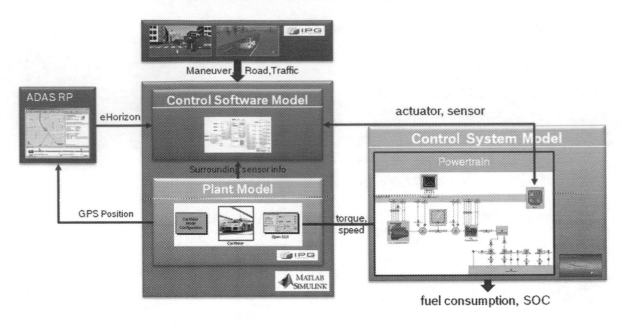

Abbildung 10 Überblick Simulationsmodell für Fahrzeuglängsregelung (Map-based *eco*ACC)

Die Funktionen Map-based *eco*ACC kann damit in einer geschlossenen Simulation weiterentwickelt bzw. bewertet werden.

Anwendungsfälle und Nutzen der Umgebungen

Mit den oben beschriebenen Simulationsumgebungen konnte der Aufwand für die Entwicklung domänenübergreifender Funktionen wie sie im 2. Abschnitt beschrieben wurden minimiert werden.

Mit Hilfe der Umgebung für die Entwicklung von Hybrid-Betriebsstrategien wurden beispielsweise verschiedene konkrete Implementierungsalternativen vergleichend bewertet und die beste Lösung für die Fahrzeugimplementierung ausgewählt. Darüber hinaus ist es möglich die Funktionen bezüglich der Sensitivität der relevanten Systemausgänge (z.B. Kraftstoffverbrauch) und der Kalibrierungsgrößen (Labels) umfassend zu analysieren. Damit können Labels mit geringem Einfluss identifiziert, aus der Funktion entfernt und damit der Aufwand für die Kalibrierung der Funktion minimiert werden.

Mit dem Modell für die Entwicklung der Thermofunktionen wurden ebenfalls vergleichende Analysen verschiedener Implementierungen der Funktionen durchgeführt. Außerdem wird mit dieser Umgebung die Fragestellung einer Kopplung des Thermomanagements und des Powertrainmanagements untersucht, was bei einem Vorgehen welches rein auf der Verwendung von realen Fahrzeugen basiert nur mit sehr hohem Aufwand möglich ist.

Ähnlich wie bei der Auswahl der besten Lösung für die Hybrid-Betriebsstrategie wurden mit der Umgebung für die Entwicklung von Map-based *eco*ACC verschiedene Optimierungsalgorithmen vergleichend bewertet und auch hier die beste Lösung mit Hilfe der Simulationsumgebung ermittelt. Im realen Straßenverkehr ist die Durchführung von reproduzierbaren Vergleichsmessungen nahezu unmöglich. Deshalb wird die Umgebung für einen fundierten Potenzialnachweis für Map-based *eco*ACC mit und ohne Verkehrseinfluss eingesetzt.

Zusammenfassung und Ausblick

Die Entwicklung von Energiemanagementfunktionen wird durch den Einsatz simulationsbasierter Methoden in einem wesentlichen Maße unterstützt und vereinfacht.

Der Aufwand für die Modellerstellung wird durch die optimale Vernetzung der einzelnen Domänen-Entwicklungsbereiche der Robert Bosch GmbH und die konsequente Wiederverwendung der Modelle minimiert. Um den Nutzen der Modelle noch weiter zu erhöhen wird aktuell untersucht, inwieweit ein Einsatz der Modelle in der Applikation der Funktionen möglich ist.

Für die Simulationen sind komplexe Toollandschaften notwendig. Hier besteht aus unserer Sicht in folgenden Punkten weiterer Entwicklungsbedarf:

- Reduktion der Anzahl der notwendigen Toollizenzen.
- Reduktion des Integrationsaufwandes um aus den Einzeltools eine leicht einsetzbare Gesamtlösungen darzustellen.

Ein vielversprechender Ansatz ist der Einsatz von speziellen Integrationsplattformen die z.B. den FMI-Standard verwenden, um eine vereinfachte und schnellere Gesamtmodell-Integration zu erreichen und die Durchgängigkeit zwischen MiL, SiL, HiL bis hin zum Versuchsfahrzeug zu verbessern.

Die Toolhersteller sind hier bereits aktiv. Derzeit wird der Einsatz von ESYS® der ETAS GmbH evaluiert.

Literatur

[1] HOFFMANN PETER, Hybridfahrzeuge, 2010 Springer-Verlag ISBN 978-3-211-89190

[2] RADKE TOBIAS, Energieoptimale Längsführung von Kraftfahrzeugen durch Einsatz vorausschauender Fahrstrategien, KIT Scientific Publishing 2013, ISBN 978-3-7315-0069-8

[3] PÖCHMÜLLER WERNER, Predictive Energy Management as a Basis for Future Eco-Innovations
Proceedings of the VDA Technical Congress
Hannover, 2014

[4] FISCHER UTA, Powertrain Management
Proceedings of the VDA Technical Congress
Hannover, 2014

Darstellung und Bewertung von Hybridantrieben mit einem Hybrid-Erlebnis-Prototypen

o. Prof. Dr.-Ing. Dr. h. c. Albert Albers[1], Dipl.-Ing. Dipl.-Kfm. Kevin Matros[1], Dr.-Ing. Matthias Behrendt[1], Dr. techn. Heidelinde Holzer[2], Dipl.-Ing. Dipl.-Wirtsch.-Ing. Wolfram Bohne[2], Dipl.-Ing. (FH) Halil Ars[2]

[1] IPEK – Institut für Produktentwicklung am Karlsruher Institut für Technologie (KIT)

[2] BMW Group

© Springer Fachmedien Wiesbaden GmbH, ein Teil von Springer Nature 2018
J. Liebl und G. Rainer (Hrsg.), *VPC.plus 2014*, Proceedings,
https://doi.org/10.1007/978-3-658-23775-2_13

1 Motivation und Zielsetzung

Mit der Entwicklung von Hybridantriebssystemen sind neue Freiheitsgrade verbunden. Diese Freiheitsgrade müssen beherrscht werden, um die Potenziale hinsichtlich Verbrauch, Schadstoffemissionen und Fahrverhalten erschließen zu können. Die Herausforderung besteht darin, in frühen Projektphasen verschiedene Topologien, Komponenten und Betriebsstrategien zu bewerten. Mithilfe von Simulationen kann zwar die Erfüllung der Fahrzeuganforderungen abgeschätzt werden, eine Bewertung des Fahrerlebnisses wird bisher jedoch meist durch den Aufbau von teuren Konzeptprototypen realisiert.

In einer Forschungskooperation zwischen IPEK – Institut für Produktentwicklung am Karlsruher Institut für Technologie (KIT) und der BMW Group wurde mit dem IPEK X-in-the-Loop Ansatz eine geschlossene Toolkette zur Validierung von Hybridantrieben entwickelt. Diese integriert Simulationen, Prüfstands- und Fahrversuche. Wesentlicher Teil dieser Toolkette ist ein Hybrid-Erlebnis-Prototyp (HEP), mit dem bereits vor dem Aufbau von Konzeptfahrzeugen Antriebssysteme bewertet werden können. Als Basis dient ein reines Elektrofahrzeug mit hoher Systemleistung und gutem Instationärverhalten. Die Momentenvorgabe für den Elektromotor wird über ein Modell gesteuert, das einen kompletten Hybridantrieb beinhaltet. Ein Soundgenerator gibt das Geräusch eines Verbrennungsmotors wieder und auf einer digitalen Anzeige kann der Fahrer die aktuellen virtuellen Fahrzeugzustände verfolgen. Durch Änderungen am Modell können in kürzester Zeit verschiedene Antriebskonstellationen und Funktionen dargestellt werden. Die Bandbreite der Bewertungsthemen erstreckt sich von Topologie- und Komponentenvergleichen über E-Fahr-, Boost- und Ladestrategien bis hin zum Verbrauch im Kundenbetrieb. In Probandenstudien können mit dem Demonstrator Anforderungen und Entwicklungszielgrößen definiert und objektiviert werden.

Im Rahmen des Beitrags wird sowohl auf die Hardware des HEP als auch auf die Erstellung und Verifikation des Hybridmodells eingegangen. Außerdem wird der Mehrwert der Methode an einer Probandenstudie zum Thema „Dynamik beim Verbrennungsmotor-Zustart" verdeutlicht.

2 Validierung von Hybridantrieben mit dem IPEK X-in-the-Loop Ansatz

2.1 IPEK X-in-the-Loop Ansatz

Der IPEK X-in-the-Loop-Ansatz (XiL) mit dem zugehörigen Framework (Abbildung 1) ermöglicht eine durchgängige und prozessbegleitende Validierung von Antriebssystemen und Fahrzeugen [1]. Das „X" bezeichnet das zu entwickelnde System (System Under Development, SUD), das unter realitätsnahen Bedingungen und in Wechselwirkung mit dem Fahrer, dem Restfahrzeug und der Umwelt in definierten Fahrmanövern untersucht wird. In Abhängigkeit der Entwicklungsaufgabe bzw. des Reifegrades kann das SUD verschiedenen XiL-Layern angehören, ausgehend vom Wirkflächenpaar über das Subsystem bis hin zum Gesamtfahrzeug. Sämtliche Systeme des XiL können physisch und/oder virtuell vorliegen. Dadurch entstehen verschiedene Validierungsumgebungen (Validation Environment, VE).

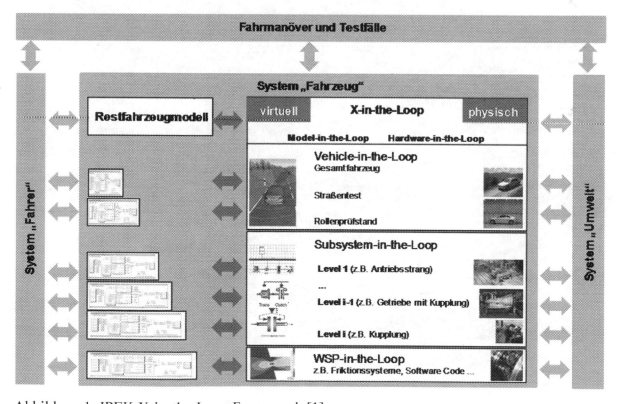

Abbildung 1: IPEK X-in-the-Loop Framework [1]

Die Validierung im Sinne des XiL beinhaltet die Aktivitäten Analyse, Bewertung und Optimierung. Analyse bezeichnet dabei eine objektive Beurteilung des SUD mithilfe von Messgrößen. Die Bewertung ist auf eine Untersuchung der subjektiven Eindrücke und damit auf die direkte Kundenrelevanz ausgerichtet. Mit den Analyse- und Bewertungsergebnissen muss das SUD im Rahmen der Optimierung stetig synthetisiert und weiterentwickelt werden.

2.2 Validierungsumgebungen für Hybridantriebe

Auf der Ebene des Subsystem-in-the-Loop wurde der Hybridantrieb als SUD mit definierten Schnittstellen in das Framework aus Abbildung 1 integriert. Durch die virtuelle (V), physische (P) oder kombiniert virtuell-physische (V+P) Realisierung der Systeme Fahrer, Hybridantrieb, Restfahrzeug und Umwelt, ließen sich vier grundlegende VEs ableiten (Abbildung 2) [2].

	VE 1: Simulations-modell	VE 2: Hybrid-Erlebnis-Prototyp	VE 3: IPEK-XiL-Prüfstände	VE 4: Straßenfahr-versuch
Fahrer	Modell (V)	Person (P)	Modell des Fahrerreglers + phys. Fahrroboter (V+P) oder Person (P)	Person (P)
Hybridantrieb	Modell (V)	Modell (V)	Antrieb (P)	Antrieb (P)
Restfahrzeug	Modell (V)	Fahrzeug (P)	Modell der Fahrwiderstände + phys. Fahrzeug (V+P) oder nur Modell (V)	Fahrzeug (P)
Umwelt	Modell (V)	Nicht konditioniert (P)	Modell für die Konditionierung + phys. Umgebung (V+P)	Nicht konditioniert (P)
Validierungsfokus	Objektive Analyse	Subjektive Bewertung/ Objektivierung	Analyse und Bewertung	Analyse und Bewertung/ Objektivierung
	Optimierung	Verifikation der Optimierung		

Abbildung 2: Validierungsumgebungen für Hybridantriebe [2]

Bei VE 1 handelt es sich um ein Simulationsmodell in Matlab/Simulink [3], das zur objektiven Analyse und Optimierung eingesetzt wird. VE 2 ist der Ursprung der Idee des neu entwickelten Hybrid-Erlebnis-Prototypen [s. auch 4, 5]. Mithilfe des optimierten Modells des Hybridantriebs aus VE 1 wird ein physisches Restfahrzeug angesteuert. Damit können Antriebskonzepte ergänzend zur Simulation in frühen Entwicklungsphasen auch subjektiv bewertet werden. In VE 3 wird ein physischer Antriebsstrang an einem der XiL-Prüfstände des IPEK validiert. Wenn das Restfahrzeug bereits vorhanden ist, kann die Validierung am Gesamtfahrzeugprüfstand stattfinden. In diesem Fall müssen lediglich die Fahrwiderstände modelliert werden. Ist nur der Antrieb physisch aufgebaut, wird am Antriebsprüfstand das Restfahrzeug vollständig durch das Modell aus VE 1 simuliert. Der Straßenfahrversuch lässt sich schließlich als VE 4 eingliedern. In diesem Fall liegen alle Systeme physisch vor.

Die entwickelte XiL-basierte Methode bietet die Besonderheit, dass bereits aufgebaute virtuelle oder physische Teilsysteme aufgrund der einheitlichen Schnittstellendefinition in allen VEs genutzt werden können. Dadurch entsteht eine durchgängige Toolkette und der Aufwand zur Erstellung und Parametrierung von Modellen während des gesamten Entwicklungsprozesses kann deutlich reduziert werden.

3 Aufbau und Verifikation des Hybrid-Erlebnis-Prototypen

3.1 Hardware

Der Aufbau des Fahrzeugs ist schematisch in Abbildung 3 dargestellt. Zentrales Element ist eine dSPCAE Autobox [6], auf der das Modell des virtuellen Hybridantriebs in Echtzeit simuliert wird. Die Autobox hat Zugriff auf CAN-Signale des physischen Fahrzeugs wie z.B. Gaspedalwinkel (Gas_Ped), Bremspedalwinkel (Brems_Ped), Geschwindigkeit (v_{phys}) oder Beschleunigung (a_{phys}). Im Modell des Hybridantriebs wird das Soll-Moment für den Elektromotor (EM) des physischen Fahrzeugs ($M_{EM\_soll\_phys}$) berechnet. Mit diesem Wert wird ein Momenteneingriff am Steuergerät vorgenommen und das ursprüngliche Soll-Moment des E-Fahrzeugs überschrieben. Das Drehmoment wird vom Elektromotor umgesetzt und an den Antriebsstrang bis hin zu den Rädern weitergeleitet. Die Änderungen am Restfahrzeug betreffen somit lediglich die Momenten-Koordination im Steuergerät, nicht aber den mechanischen Pfad. Zur Darstellung der virtuellen Betriebspunkte in der digitalen Anzeige und zur Soundinszenierung werden weitere Größen aus dem Hybridmodell an ein zentrales Gateway weitergeleitet. Die Daten für die digitale Anzeige, wie z.B. die Geschwindigkeit (v_{phys}), der virtuelle Getriebegang ($Gang_{ist\_virt}$) oder der virtuelle Batterieladezustand (SOC_{virt}), werden über einen WLAN-Router an einen Tablet-PC gesendet und dort visualisiert. Um den Klang des Verbrennungsmotors (VM) zu erzeugen, werden die virtuelle Drehzahl ($n_{VM\_ist\_virt}$) und das Drehmoment ($M_{VM\_ist\_virt}$) an einen Fahrzeug-Computer kommuniziert. Dort sind aufgenommene Audiodateien des Motorgeräuschs gespeichert. Drehzahl- und lastabhängig wird die Soundsequenz generiert und über die AUX-Schnittstelle im Fahrzeug an die Lautsprecher übertragen.

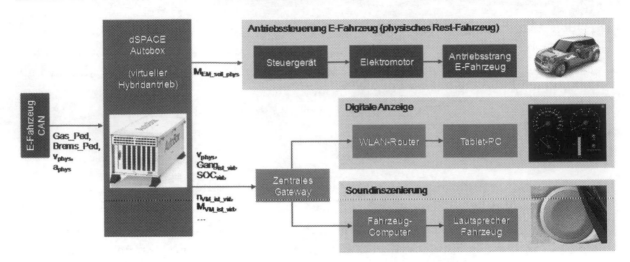

Abbildung 3: Hardware des Hybrid-Erlebnis-Prototypen (Bildquellen [6, 9])

3.2 Funktionsstruktur

Die Funktionen des virtuellen Hybridantriebs werden direkt aus dem parametrierten und optimierten Matlab/Simulink-Modell aus VE 1 übernommen. Das Modell wird kompiliert und auf die Autobox geladen. Abbildung 4 zeigt die oberste Ebene der Funktionsstruktur, bestehend aus der Betriebsstrategie, der Topologie und den Komponenten sowie der Umrechnung vom virtuellen auf das physische Fahrzeug.

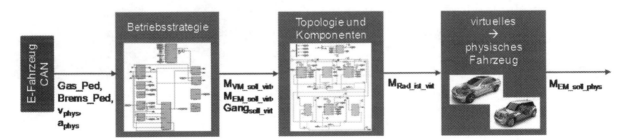

Abbildung 4: Funktionsstruktur des Hybrid-Erlebnis-Prototypen

Die Betriebsstrategie wurde so modelliert, dass sie unabhängig von der Topologie und den Komponenten einsetzbar ist. Sie enthält im Wesentlichen folgende Funktionen:

- Fahrpedalinterpretation
- E-Fahr-Strategie
- SOC-Strategie
- Schaltstrategie
- Leistungskoordination

In der Fahrpedalinterpretation werden Gas_Ped und Brems_Ped ausgewertet und daraus der Momentenwunsch ermittelt. Dabei werden Schub- und Bremsrekuperation sowie die Boostfreigabe berücksichtigt. Die E-Fahr-Strategie entscheidet über den Betriebszustand. Übersteigt der Fahrerwunsch die freigegebene elektrische Antriebsleistung, wird vom elektrischen Fahren in den Hybrid-Betrieb gewechselt. Die SOC-Strategie enthält die Grenzen des Batterieladezustands und schaltet zwischen Entlademodus (Charge Depleting, CD) und Ladungserhaltungsmodus (Charge Sustaining, CS) um. Die Schaltstrategie bestimmt den gewünschten Getriebegang (Gang$_{soll\_virt}$). In der Leistungskoordination wird das Moment auf VM (M$_{VM\_soll\_virt}$) und EM (M$_{EM\_soll\_virt}$) aufgeteilt, wobei Lastpunktverschiebungen möglich sind.

Das Topologie-Modell ist so generisch aufgebaut, dass verschiedene Hybrid-Topologien simuliert werden können, indem einzelne Komponenten ein- oder ausgeschaltet werden [2]. Folgende Komponenten sind enthalten:

- Verbrennungsmotor inklusive Starteinrichtung
- Elektromotor(en)
- HV-Speicher
- Getriebe
- Gelenkwellen und Differential

Im Modell von VM und EM werden aus den Soll-Momenten der Betriebsstrategie die Ist-Momente berechnet (M$_{VM\_ist\_virt}$, M$_{EM\_ist\_virt}$). Dabei werden thermische Randbedingungen, Momentengrenzen und das Instationärverhalten (z.B. Hochlauf des Turboladers) einbezogen. Für den VM existiert weiterhin eine Berechnung des Kraftstoffverbrauchs und der Schadstoffwerte [7]. Im HV-Speicher wird die elektrische Leistung bilanziert und der SOC ermittelt. Im Getriebe wird aus dem Soll-Gang ein Ist-Gang bestimmt (Gang$_{ist\_virt}$). Anschließend werden die Momente zu einem Ist-Moment am Rad verrechnet (M$_{Rad\_ist\_virt}$). Die Verluste im Getriebe, Differenzial und an den Gelenkwellen werden abgezogen.

Der letzte Block der Funktionsstruktur übernimmt die Umrechnung von M$_{Rad\_ist\_virt}$ auf M$_{EM\_soll\_phys}$. Dabei sind sowohl die Fahrwiderstände des virtuellen als auch des physischen Elektrofahrzeugs relevant. Für beide gilt folgende Gleichung [8]:

$$a = \frac{F_A - F_W}{(\gamma + m)} \tag{1}$$

Darin steht a für die Beschleunigung, m für die Fahrzeugmasse, γ für den Faktor zur Abbildung der Rotationsträgheiten, F$_A$ für die Antriebskraft und F$_W$ für die Fahrwiderstandskraft. F$_W$ setzt sich aus dem Luftwiderstand (F$_L$), dem Rollwiderstand (F$_R$) und dem Steigungswiderstand (F$_S$) zusammen [8]:

$$F_W = F_L + F_R + F_S \tag{2}$$

Die Antriebskraft wird aus dem Radmoment M$_{Rad\_ist}$ und dem dynamischen Reifenrollradius r$_{dyn}$ berechnet:

$$F_A = \frac{M_{Rad\_ist}}{r_{dyn}} \tag{3}$$

Um das längsdynamische Fahrverhalten des virtuellen Hybridfahrzeugs im E-Fahrzeug korrekt darzustellen, muss folgende Bedingung erfüllt sein:

$$a_{phys} = a_{virt} \tag{4}$$

Durch Einsetzen der Gleichungen (1) und (3) in (4) kann bei bekannten Fahrwiderständen, Fahrzeugmassen und Trägheitsfaktoren zu jedem Zeitpunkt das Soll-Moment am Rad des physischen Fahrzeugs ($M_{Rad\_soll\_phys}$) bestimmt werden:

$$M_{Rad\_soll\_phys} = \left(\frac{\frac{M_{Rad\_ist\_virt}}{r_{dyn\_virt}} - F_{W\_virt}}{\gamma_{virt} + m_{virt}} \cdot (\gamma_{phys} + m_{phys}) + F_{W\_phys} \right) \cdot r_{dyn\_phys} \tag{5}$$

Im verwendeten E-Fahrzeug ist eine einstufige Übersetzung verbaut, so dass von $M_{Rad\_soll\_phys}$ auf $M_{EM\_soll\_phys}$ zurück gerechnet werden kann.

3.3 Verifikation

Das Antriebsmodell, bestehend aus Betriebsstrategie, Topologie und Komponenten, wurde bereits in der Simulation im Vergleich zu Prüfstandsversuchen verifiziert [7]. Die Funktionalität des HEP erfordert daher insbesondere eine Verifikation der Umrechnung des Momentenwunsches vom virtuellen auf das physische Fahrzeug. Um die Längsdynamik des zukünftigen Hybridfahrzeugs korrekt abzubilden, wurden Beschleunigungsversuche zur Überprüfung der Bedingung $a_{virt} = a_{phys}$ aus Gleichung (3) bzw. (5) durchgeführt. Dafür wurden in Gleichung (5) zunächst die zur Verifikation notwendigen Applikationsparameter ermittelt. Für das darzustellende Zielfahrzeug werden die Fahrwiderstandswerte (F_{W_virt}), die Masse (m_{virt}) und der Trägheitsfaktor (γ_{virt}) vorgegeben. Die Masse des E-Fahrzeugs (m_{phys}) wurde durch Wiegen bestimmt. Die Fahrwiderstände (F_{W_phys}) wurden in einem Ausrollversuch in der Ebene verifiziert. Damit war γ_{phys} der wesentliche Applikationsparameter.

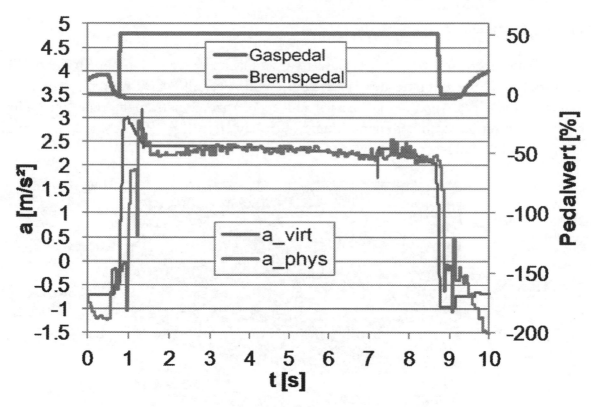

Abbildung 5: Versuch zur Verifikation der HEP-Funktionen

In Abbildung 5 ist ein Beschleunigungsversuch dargestellt, in dem a_{phys} gemessen und a_{virt} aus dem Modell gegenübergestellt wurde. In diesem Versuch wurde das Fahrzeug zunächst auf etwa 10 km/h abgebremst. Dann wurde das Fahrpedal auf ca. 50 % des Pedalweges sprunghaft durchgetreten. Nach einer stationären Beschleunigungszeit wurde erneut gebremst. Dieses Manöver wurde mit verschiedenen Gaspedalstellungen wiederholt. Der Verlauf von a_{virt} wird durch das E-Fahrzeug sehr gut wiedergegeben. Abweichungen sind während der Bremsphasen und während des Beschleunigungshochlaufs erkennbar. Außerdem weist das Signal von a_{phys} größere Schwingungen auf als a_{virt}. Die Abweichungen während der Bremsphasen sind dadurch erklärbar, dass im Antriebsmodell die Reibbremse nur durch einen einfachen Weg/Kraft-Zusammenhang abgebildet ist, der nicht dem des E-Fahrzeugs entspricht. Die Verzögerungen im Beschleunigungshochlauf in a_{phys} können auf das Instationärverhalten der E-Maschine zurückgeführt werden. Die zusätzlichen Schwingungen in a_{phys} sind durch die Drehsteifigkeiten der Antriebskomponenten verursacht, die im Modell bisher als unendlich angenommen wurden. Zur Validierung von Komfortaspekten (z.B. Ruckeln, Lastschlag) besteht hier noch ein großes Potenzial. Für die Durchführung der gewählten Probandenstudie war die Verifikation ausreichend, da vorwiegend Relativvergleiche durchgeführt wurden, die Bewertung nur in Bezug auf die Längsdynamik erfolgte und die Verzögerungen des Hochlaufs der E-Maschine mit einberechnet werden konnten.

9

3.4 Digitale Anzeige

Um das Fahrerlebnis im HEP besser bewertbar zu machen, werden auf einem Tablet-PC die virtuellen Betriebspunkte des Hybridantriebs dargestellt. Die Programmierung erfolgte mithilfe einer Applikation, die verschiedene Anzeigeinstrumente zur Verfügung stellt und diesen die empfangenen Signalgrößen zuweisen lässt [9]. Abbildung 6 zeigt die Ansicht einer umgesetzten Anzeige.

Abbildung 6: Beispiel für eine digitale Anzeige (Bildquelle [9])

Die abgebildete Anzeige wurde speziell für die durchgeführte Probandenstudie konzipiert. Weitere Signale wie z.B. der momentane und durchschnittliche Kraftstoffverbrauch, die Reichweite oder die Temperatur des HV-Speichers lassen sich mit dem vorhandenen Antriebsmodell ebenfalls darstellen.

4 Bewertung der Zustart-Dynamik von Hybridantrieben in einer Probandenstudie

Im Unterschied zu konventionellen Fahrzeugen muss der Verbrennungsmotor in Hybridfahrzeugen auch während der Fahrt gestartet werden. Die Startgeschwindigkeit und der Startkomfort unterliegen damit deutlich höheren Anforderungen. Um diese Anforderungen zu quantifizieren, wurde mithilfe des HEP eine Probandenstudie durchgeführt. Der Fokus der Studie lag auf der Bewertung der für den Probanden zumutbaren Startgeschwindigkeit, d.h. während des Zustarts wurde die Längsdynamik beurteilt.

10

4.1 Analysekriterien für die Zustart-Dynamik

Auf Basis von Prüfstandsversuchen am IPEK-Akustikrollenprüfstand wurden bereits Kriterien zur Analyse von Zustarts in dynamikkritischen Situationen entwickelt (Abbildung 7) [10].

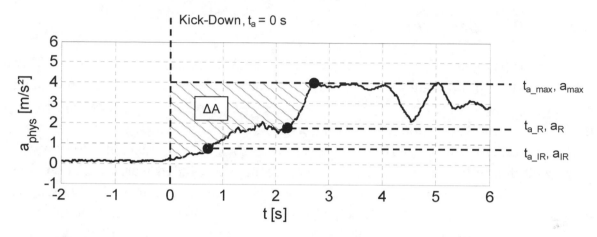

Abbildung 7: Beschleunigungsverlauf während eines Zustarts und Analysekriterien [10]

Dabei wurde der Motorstart immer durch einen Kick-Down zum Zeitpunkt $t_a = 0$ s aus einer rein elektrischen Konstantfahrt oder Beschleunigung ausgelöst. Der Zeitverzug vom Kick-Down bis zur ersten für den Fahrer spürbaren Beschleunigungsreaktion von $a_{IR} = 0{,}5$ m/s² wird mit t_{a_IR} bezeichnet. Bei den meisten Zustarts kann der elektrische Antrieb noch eine Beschleunigung liefern bevor der VM die Zugkraft übernimmt. Dieses Plateau a_R wird zu t_{a_R} erreicht, kurz vor dem Anstieg zur maximalen Beschleunigung a_{max} zum Zeitpunkt t_{a_max}. Die Parameter t_{a_R} und a_R können durch Zustartsystem und -strategie beeinflusst werden [10]. t_{a_R} wird maßgeblich durch den VM-Hochlauf, die Synchronisation, das Schließen der Kupplung und die Getriebeschaltzeiten bestimmt. a_R kann durch einen Momentenvorhalt im elektrischen Antrieb verbessert werden, der nur im Falle eines Zustarts aber nicht zum normalen elektrischen Fahren freigegeben wird [10].

Weiterhin wurde in [10] die These aufgestellt, dass in Manövern mit extremer Anforderung an die Längsdynamik (z.B. Kick-Down) für den Fahrer weniger der exakte Verlauf der Beschleunigung entscheidend ist, sondern vielmehr die Abweichung der Ist-Beschleunigung von der gewünschten maximalen Beschleunigung. Aus dieser These wurde ein Gütekriterium QC_a zur Bewertung der Längsdynamik abgeleitet, das eine Beziehung zwischen der in Abbildung 7 dargestellten Fläche ΔA und a_{max} herstellt:

$$QC_a = \frac{\Delta A}{a_{max}} = \frac{a_{max} \cdot (t_{a\_max} - t_a) - \int_{t_a}^{t_{a\_max}} a \, dt}{a_{max}} \qquad (6)$$

Bei ΔA handelt es sich um die Fläche zwischen der idealen und der tatsächlichen Beschleunigung, wobei als ideale Beschleunigung ein Sprung auf a_{max} zum Zeitpunkt t_a angesehen wird. Gemäß der Definition haben sowohl zeitliche Verzögerungen (t_{a_max}, t_{a_R}) als auch Beschleunigungsplateaus (a_R) Einfluss auf ΔA. Um einen Vergleich zwischen verschiedenen Fahrzeugen zu ermöglichen, wird ΔA durch a_{max} dividiert.

4.2 Aufbau der Probandenstudie

Ziel der Probandenstudie war es, die Kundenwertigkeit von Zustarts in dynamikkritischen Situationen in Bezug auf t_{a_R} und a_R zu bewerten und die o.g. These zum Gütekriterium QC_a durch eine Objektivierung zu belegen. Aus den Ergebnissen der Studie sollten anschließend Rückschlüsse auf die Auslegung des Zustartsystems und der -strategie gezogen werden. Ohne den HEP müssten verschiedene Topologien und Startsysteme entwickelt und in Prototypen aufgebaut werden. Im HEP-Modell waren lediglich einige Erweiterungen notwendig: Zur Variation von t_{a_R} wurde eine generische Starteinrichtung umgesetzt, die den VM unterschiedlich schnell auf Drehzahl bringt. a_R kann über einen Momentenvorhalt der virtuellen E-Maschine angepasst werden, indem der Zustart schon vor Erreichen der maximalen elektrischen Antriebsleistung ausgelöst wird.

Abbildung 8 gibt eine Übersicht über die gefahrenen Manöver, die zugehörigen Parameter und die Bewertungssystematik. Zunächst wurde aus Technologiebewertungen ein Referenzfall mit $t_{a\_R} = 0{,}8$ s und $a_R = 0{,}5$ m/s² abgeleitet, der als Manöver A bezeichnet wird. Dieser wurde von den Probanden mehrfach nacheinander gefahren und mit einer unipolaren Skala mit Bewertungsindizes (BI) von eins bis zehn beurteilt (Abbildung 8 rechts oben). Die Skala ist an die ATZ-Skala angelehnt, die sich inzwischen herstellerübergreifend etabliert hat [11]. Nach der absoluten Bewertung von Manöver A folgten drei Blöcke mit jeweils drei direkten Vergleichen von Zustarts (Abbildung 8 links unten). Im ersten Block wurde nur t_{a_R} verändert, im zweiten Block nur a_R und im dritten beide Parameter. Die Probanden wurden um eine vergleichende Bewertung der beiden Zustarts gebeten, wobei eine bipolare Skala mit fünf Ankern verwendet wurde (Abbildung 8 rechts unten). Jeder Bewertung ist ein BI-Delta bezogen auf das Vergleichsmanöver zugeordnet. Empfindet der Proband beispielsweise die Beschleunigung in Manöver G „viel besser" als in Manöver F, so erhält Manöver G zwei BI-Punkte mehr als Manöver F. Mithilfe zusätzlicher Rückfragen wie z.B. „War das nun schon ein guter (BI 7) oder noch ein befriedigender (BI 6) Beschleunigungsaufbau?" konnten die BI-Deltas überprüft werden. Auf diese Weise wurde für jedes Manöver in Abbildung 8 ein absoluter BI errechnet, aufbauend auf dem BI von Manöver A.

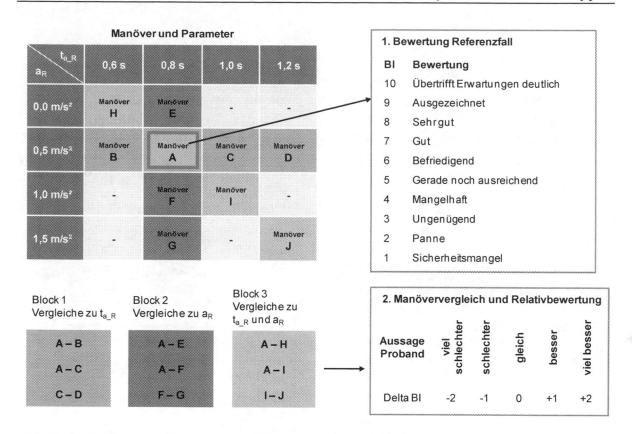

Abbildung 8: Manöver, Parameter und Bewertungssystem [11]

Die Abstufung der Werte von t_{a_R} und a_R wurde so gewählt, dass die Änderungen von erfahrenen Probanden gerade noch aufgelöst werden können [12, 13]. Dies gewährleistete eine genaue Auswertung der Sensitivitäten. Die Manöveranzahl musste aufgrund der begrenzten Versuchszeit pro Proband eingeschränkt werden. Einerseits wurden die Parameter nur in den dargestellten Wertebereichen variiert und andererseits wurde nicht die komplette Matrix aus der Abbildung 8 in Manövern bewertet. Zur Erhöhung der Reproduzierbarkeit wurde der virtuelle SOC während der kompletten Versuchsreihe im Charge Depleting gehalten.

Da die Studie nicht im öffentlichen Straßenverkehr durchgeführt werden konnte, sollten sich die Probanden in eine Fahrsituation hineinzuversetzen, die in Bezug auf die Zustart-Dynamik kritisch ist. Ausgehend von einer Fahrt auf einer Landstraße mit mehr als 60 km/h wird aufgrund einer nahenden Kreuzung abgebremst. Darauf folgt eine Annäherung an die Kreuzung mit etwa 20 km/h. Der Verbrennungsmotor legt dabei ab. Von rechts nähert sich ein Fahrzeug mit Vorfahrt. Um die Straße noch zu überqueren, fordert der Fahrer über einen Kick-Down die volle Fahrzeugleistung an. Beim vorgegebenen virtuellen Hybridfahrzeug wurde die maximal freigegebene elektrische Leistung knapp über den 20 km/h erreicht. Ohne Vorhalt an elektrischer Leistung war damit beim Zustart keine Zugkraftreserve a_R des E-Systems mehr vorhanden (Manöver E und H).

4.3 Ergebnisse

Die Studie wurde mit 29 Probanden durchgeführt, die über große Erfahrungen im Bereich der Bewertung des Fahrverhaltens mit Fokus auf Lastsprünge verfügen. In Abbildung 9 sind die durchschnittlichen BIs für alle Manöver dargestellt. Die BI-Werte sind in allen Fällen annähernd normalverteilt. Die Standardabweichung der Bewertungen des Referenzfalles (Manöver A) beträgt z.B. 0,85, d.h. fast 70 % der Werte schwanken in einem Intervall von +/-0,85 um den Mittelwert. Selbst für eine Experten-Bewertung ist diese Streuung sehr gering und belegt damit die angewendeten Spürbarkeitsschwellen.

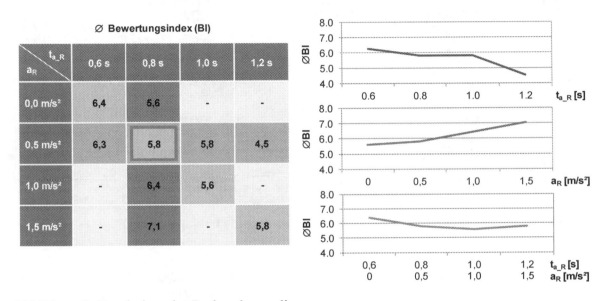

Abbildung 9: Ergebnisse der Probandenstudie

Der Referenzfall wurde von den Probanden durchschnittlich nur als befriedigend eingestuft (Manöver A, BI = 5,8). Verzögerungen von $t_{a\_R} > 1{,}0$ s werden als Grenzfall oder sogar mangelhaft beurteilt (Manöver D, BI = 4,5). Für eine gute Bewertung (BI 8 und besser) müssten vermutlich Zeiten von $t_{a\_R} <= 0{,}4$ s realisiert werden. Bei einem Beschleunigungsplateau a_R zwischen 0 m/s² und 0,5 m/s² ist keine spürbare subjektive Unterscheidung möglich und der Mehrwert ist unabhängig von t_{a_R} sehr gering. Initialbeschleunigungen mit $a_R >= 1$ m/s² werden dagegen deutlich besser bewertet (Manöver G = BI 7,1) und können sogar größere Zeitverzögerungen ausgleichen (Manöver I, BI = 5,6 und Manöver J, BI = 5,8). Für eine gute bis sehr gute BI-Bewertung, sollte das Zustartsystem somit innerhalb von 0,4 s nach dem Kick-Down eine Zugkraftübernahme des Verbrennungsmotors ermöglichen. Dies ist derzeit nicht Stand der Technik [10]. Die zeitlichen Verzögerungen können jedoch durch einen Leistungsvorhalt im elektrischen Antrieb ausgeglichen werden. Dieser Ausgleich ist wirksam, sofern die daraus resultierende Initialbeschleunigung $a_R >= 1$ m/s² ist.

14

Die vorgestellte Bewertung ist in Abhängigkeit zur gewählten elektrischen Leistung des Hybridfahrzeugs zu sehen, die im Beispiel relativ klein ist (Leistungszustart schon knapp über 20 km/h). Für größere E-Leistungen werden vermutlich die Anforderungen geringer, da das Fahrzeug an der Zustartschwelle bereits stark beschleunigt oder eine hohe Geschwindigkeit hat.

4.4 Objektivierung

Auf Basis der definierten Analysekriterien und der BI-Bewertungen kann nun eine Objektivierung stattfinden. Dabei werden Zusammenhänge zwischen objektiven Analysekriterien und subjektiven Bewertungskriterien ermittelt, die eine spätere Beurteilung des Produkts allein auf Grundlage der objektiven Kennwerte ermöglichen und keine weitere Probandenstudie erfordern. Die Objektivierung wird hier am Beispiel des in Gleichung (6) definierten Gütekriteriums QC_a vorgestellt, mit dem Ziel, die These aus Abschnitt 4.1 zu bestätigen. Dazu wurde QC_a zunächst für alle Manöver aus der Probandenstudie bestimmt und in einem Diagramm den durchschnittlichen BI-Bewertungen gegenübergestellt (Abbildung 10).

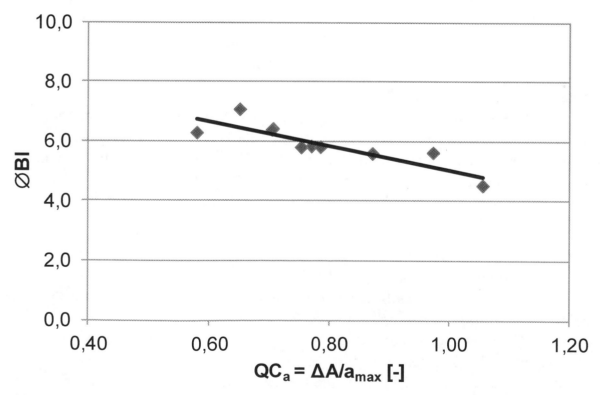

Abbildung 10: Objektivierung der Dynamik-Bewertung von Zustarts

Eine lineare Regression für QC_a und ØBI liefert ein gutes Bestimmtheitsmaß von $R^2 = 0{,}74$. Das bedeutet ca. 74 % der Probanden-Bewertungen ließen sich durch das Gütekriterium vorhersagen. Weitere Regressionsanalysen (z.B. exponentiell, polynomisch, logarithmisch) liefern ebenfalls gute Korrelationen. Die jeweiligen Regressionskurven nähern sich jedoch sehr stark der Gerade aus Abbildung 10 an. Zu beachten ist, dass die Objektivierung nur im durchgeführten Manöver mit der gewählten E-Leistung des Fahrzeugs und in Bezug auf die Dynamik während des Zustarts gültig ist. Zur Beurteilung von Komfortaspekten würden weitere Analysekriterien wie z.B. die Stetigkeit des Beschleunigungsverlaufs benötigt.

5 Fazit

Im Rahmen des Beitrags wurde ein Hybrid-Erlebnis-Prototyp (HEP) zur Darstellung und Bewertung von Hybridantrieben vorgestellt. Der HEP ist ein wesentlicher Bestandteil einer durchgängigen Toolkette zur Validierung von Hybridantrieben und unterstreicht die konsequente Umsetzung des IPEK X-in-the-Loop Ansatzes für anstriebssystemische Entwicklungsaufgaben.

Im HEP können verschiedenste Topologien, Komponenten und Betriebsstrategien im Zusammenspiel erlebt und in unterschiedlichen Fahrsituationen beurteilt werden. Der Hybridantrieb wird dabei nicht physisch aufgebaut, sondern über ein Modell in einem bestehenden Elektrofahrzeug emuliert. Ein Soundsystem gibt das Verbrennungsmotorgeräusch wieder und ergänzt zusammen mit einer digitalen Anzeige das Fahrerlebnis.

Parallel zur rechnergestützten Simulation bietet der HEP damit eine effiziente Möglichkeit zur subjektiven Bewertung von Antriebssystemen. Mithilfe der frei programmierbaren und applizierbaren Modellstruktur können in sehr kurzer Zeit verschiedene Varianten gegenübergestellt und beurteilt werden. Der HEP ist damit ein Instrument zur Komplexitätsbeherrschung und ermöglicht eine Vorverlagerung von Entscheidungsumfängen im Entwicklungsprozess. Die Anzahl und die Kosten für physische Antriebsprototypen zur Validierung können speziell in der frühen Phase deutlich reduziert werden.

Weiterhin wird das Fahrzeug zur Ableitung von Kundenanforderungen eingesetzt. Ein besonderer Vorteil besteht darin, dass die Anforderungen unabhängig von der späteren technischen Realisierung des Systems ermittelt werden können. Die diesbezüglichen Potenziale des HEP wurden anhand einer Probandenstudie zum Verbrennungsmotor-Zustart in Hybridfahrzeugen dargelegt. Durch die Verwendung des HEP konnten Anforderungen an das Startsystem und die Startstrategie bestimmt werden. Die Vorbereitungszeit reduzierte sich auf die Konzipierung der Studie und die Ergänzung des HEP-Modells um die studienrelevanten Aspekte. Der Aufbau verschiedener Prototypen konnte entfallen.

6 Referenzen

[1] Albers, A.; Düser, T.; Ott, S.: X-in-the-loop als integrierte Entwicklungsumgebung von komplexen Antriebsystemen. 8. Tagung Hardware-in-the-loop-Simulation, Kassel, 2008

[2] Albers, A.; Behrendt, M.; Matros, K.; Holzer, H.; Bohne, W.: Development of hybrid-powertrains by means of X-in-the-Loop-Approach. 11. Symposium: Hybrid- und Elektrofahrzeuge, Braunschweig, 2014

[3] The MathWorks, Inc.: http://www.mathworks.de, 2014

[4] Albrecht, M.: Modellierung der Komfortbeurteilung aus Kundensicht am Beispiel des automatisierten Anfahrens. IPEK – Institut für Produktentwicklung, Karlsruher Institut für Technologie, 2005

[5] Zschoke, A.: Ein Beitrag zur objektiven und subjektiven Evaluierung des Lenkkomforts von Kraftfahrzeugen. IPEK – Institut für Produktentwicklung, Karlsruher Institut für Technologie, 2009

[6] dSPACE digital signal processing and control engineering GmbH: http://www.dspace.com/de/gmb/home/products/hw/accessories/autobox.cfm, 2014

[7] Albers, A.; Matros, K.; Behrendt, M.; Holzer, H.; Bohne, W.; Jachnik, T.; Tilmann, H.: Operation strategies for plug-in hybrid electric vehicles to reduce fuel consumption and emissions by means of Hybrid-Powertrain-in-the-Loop potentials, FISITA, Maastricht, 2014

[8] Braess, H.-H.; Seiffert, U. (Hrsg.): Vieweg Handbuch Kraftfahrzeugtechnik. 6. Auflage, Vieweg + Teubner Verlag, Wiesbaden, 2011

[9] Usaneers GmbH: http://www.usaneers.com/, 2014

[10] Albers, A.; Matros, K.; Behrendt, M.; Henschel, J.; Holzer, H.; Bohne, W.: Maneuver-based analysis of starting-systems and starting-strategies for the internal combustion engine in full hybrid electric vehicles, SAE International Powertrain, Fuels & Lubricants Meeting, t.b.publ. Birmingham, 2014

[11] Aigner, J.: Zur zuverlässigen Beurteilung von Fahrzeugen. ATZ, Automobiltechnische Zeitschrift 84 (1982), Nr.9, S. 447-450

[12] Birkhold, J.-M.: Komfortobjektivierung und funktionale Bewertung als Methoden zur Unterstützung der Entwicklung des Wiederstartsystems in parallelen Hybridantrieben. IPEK – Institut für Produktentwicklung, Karlsruher Institut für Technologie, 2013

[13] VDI-Richtlinie 2057: Einwirkung mechanischer Schwingungen auf den Menschen – Ganzkörper-Schwingungen. Düsseldorf, Stand 08/2012

Optimierung des Verbrauchs- und Emissionsverhaltens dieselhybridischer Antriebskonzepte mithilfe einer Gesamtsystem-Simulation

Dipl.-Ing C. Ley, Dr.-Ing R. Steiner, Dipl.-Ing P. Macri-Lassus
Daimler AG, Stuttgart, Deutschland

Prof. Dr.-Ing. F. Mauß
BTU Cottbus, Thermodynamik/Thermische Verfahrenstechnik

© Springer Fachmedien Wiesbaden GmbH, ein Teil von Springer Nature 2018
J. Liebl und G. Rainer (Hrsg.), *VPC.plus 2014*, Proceedings,
https://doi.org/10.1007/978-3-658-23775-2_14

Zusammenfassung

Zur Minimierung der Verbrauchs- und Emissionswerte hybrider Triebstrangkonfigurationen wird eine Simulationsmethodik benötigt, die neben der notwendigen Dynamik, Randbedingungen wie NVH, Agilität etc. bereits in der frühen Fahrzeugentwicklungsphase berücksichtigt. Das in dieser Arbeit beschriebene Gesamtmodell übernimmt Funktionen des Steuergeräts zur Simulation der Fahrstrategie und regelt bzw. steuert den Luftpfad eines Mittelwertmotormodells, unter Berücksichtigung der beschriebenen Randbedingungen. Auf Basis dieser Informationen werden zuerst die Rohemissionen in einem empirischen quasistationären Modell und anschließend die Fahrzeugemissionen mithilfe eines vereinfachten, modularen Abgasnachbehandlungsmodells berechnet. Das Potential der Methodik ist in dieser Arbeit durch die Validierung von Fahrstrategie, Motorbetriebszustand und Rohemissionsverhalten am Beispiel eines Parallelhybridtriebstrangs mit Dieselmotor im NEFZ bestätigt worden. Durch die Erweiterung des Gesamtsystems mit der SCR-Technologie ist außerdem auf einfache Weise gezeigt worden, dass sich die Methodik zur Komponenten /Technologieauswahl und Applikationsunterstützung einsetzen lässt.

1 Einleitung

Infolge der weltweit steigenden Anforderungen an moderne Fahrzeugantriebe bezgl. Kraftstoffverbrauch und Schadstoffemissionen sind Fahrzeughersteller gefordert, immer komplexere Systeme zur Erfüllung dieses Zielkonflikts zu entwickeln. Die Hybridisierung des Fahrzeugantriebs als Kombination aus Verbrennungs- und Elektromotor hat sich dabei als wirksamer Ansatz erwiesen.

Ein dieselhybridischer Antriebsstrang weist im Vergleich zum Hybridantrieb mit konventionellem Ottomotor eine höhere Kraftstoffeffizienz auf, während die Abgasreinigung aufgrund der überstöchiometrischen Verbrennung deutlich aufwendiger wird. Zur Erfüllung zukünftiger Emissionsgrenzwerte ist daher neben innermotorischen Maßnahmen zur Reduktion der Schadstoffemissionen, eine Reihe von Abgasnachbehandlungssystem erforderlich. Als innermotorische Maßnahmen stehen neben der Optimierung der Motorprozessgrößen, sowohl die Hochdruck-, als auch die Niederdruck-, **Abg**asrückführung (AGR) zur Verfügung. Bei den Abgasnachbehandlungssystemen stehen Oxidationskatalysator, Partikelfilter, NO_x-Speicherkatalysator und ein SCR-System (Selektive Katalytische Reduktion) zur Auswahl. Die Herausforderung eines Dieselhybridsystems liegt neben der Auswahl und Auslegung der Technologie/Komponenten vor allem in der optimalen Regelung des Gesamtsystems.

Im Rahmen dieser Arbeit wird ein Gesamtsystemansatz vorgestellt, der die realitätsnahe Abbildung von Kraftstoffverbrauch und Schadstoffemissionen in beliebigen Fahrzyklen ermöglicht. Dabei sind ebenfalls Nebenbedingungen der Fahrstrategie wie Bauteilschutz und NVH berücksichtigt worden, welche Kraftstoffverbrauch und Schadstoffemissionen erheblich beeinflussen können. Im verwendeten Ansatz wird dies durch die Implementierung realer Steuergerätefunktionen erzielt. Die Darstellung der Interaktion von Fahrstrategie, Motorbetriebszustand und Abgasnachbehandlungssystem wird mithilfe dieser Methodik in einer gemeinsamen Simulationsumgebung ermöglicht.

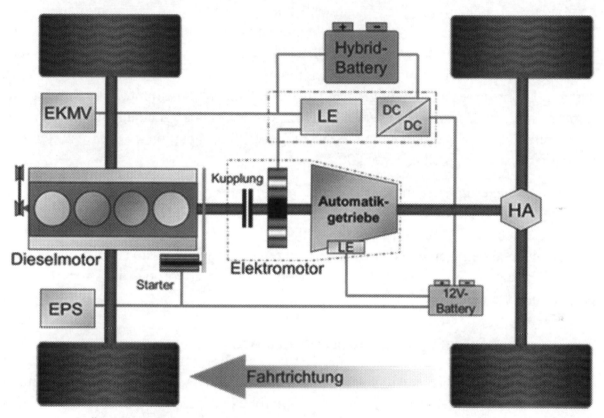

Abbildung 1: Übersicht der in dieser Arbeit untersuchten Triebstrangkonfiguration des Parallelhybriden mit den modellierten elektrischen und mechanischen Komponenten

Prämissen der Modellentwicklung waren neben der dynamischen Berechnung der Fahrzeugemissionen, die Anwendbarkeit des Modells von der Fahrzeugkonzeptphase bis hin zur Applikation des Serienfahrzeugs. Um die Basis für eine schnelle Simulationszeit und eine einfache Optimierung des Gesamtsystems zu legen, wurde auf die Verwendung von Co-Simulationen verzichtet. Als Simulationsplattform des Gesamtfahrzeugmodells dient Matlab/Simulink®.

Die Methodik wird beispielhaft an dem in Abbildung 1 dargestellten Parallelhybrid-Triebstrang erläutert. Dazu wird in den folgenden Abschnitten auf die Modellierung und Kalibrierung wichtiger Komponenten und des Gesamtsystems eingegangen.

2 Modellaufbau

Das Gesamtsystemmodell zur Kraftstoffverbrauchs- und Schadstoffsimulation ist als Vorwärtssimulation aufgebaut. Bei dieser Rechenweise wird dem Modell ein beliebiges Fahrprofil vorgegeben. Ein Fahrerregler erzeugt ausgehend der Abweichung von Fahrzeuggeschwindigkeit und der vorgegebenen Geschwindigkeit des Fahrprofils einen Fahrpedalwert, der an das Fahrzeugmodell übergeben wird. Im Fahrzeugmodell wird dieser durch die Betriebsstrategie in Drehmomentanforderungen des Verbrennungsmotors und des Elektromotors umgewandelt. Unter Berücksichtigung der Komponentenwirkungsgrade des Triebstrangs wird mithilfe von Luft-, Roll- und Steigungswiderstand das zur Fahrzeugbeschleunigung verfügbare Radmoment bestimmt. Dieses führt zusammen mit dem Trägheitsmoment des Fahrzeugs zur Radbeschleunigung, woraus sich letztendlich durch Integration und Beachtung der Reifenparameter die resultierende Fahrzeuggeschwindigkeit ermitteln lässt.

Die Basis des Gesamtsystemmodells stellt ein kinematisches Fahrzeugmodell dar. Darin sind die Wirkungsgrade der Komponenten, wie elektrische Nebenverbraucher, Elektromotor, Getriebe und Hinterachse in Kennfeldern hinterlegt. Die kinematischen Modelle besitzen jedoch keine eigene Dynamik. Zur Berechnung des Emissionsverhaltens ist das Grundfahrzeugmodell durch dynamische Modelle ergänzt worden, die im Folgenden beschrieben werden:

2.1 Betriebsstrategie I (Momentenkoordination)

Voraussetzung für die Emissionsprädiktion von Hybridfahrzeugen ist die Berechnung der Lastpunkte des Verbrennungsmotors simulativ exakt der im Fahrzeug. Da Hybridsysteme mindestens zwei unterschiedliche Energiespeicher haben, von denen meistens einer so konzipiert ist, dass Energie zwischengespeichert werden kann, spiegelt der Lastpunkt des Verbrennungsmotors häufig nicht den Energiebedarf der aktuellen Fahrsituation wider. Je nach Fahr- und Systemzustand kann dieser, z.B. zur Erhöhung des Antriebstrangwirkungsgrad oder zur Absenkung der Schadstoffemissionen, auf- oder abgelastet werden. Eine reale Betriebsstrategie berücksichtigt jedoch weitere Randbedingung wie Komfort, Agilität, Hybrid-Erlebbarkeit, Bauteilschutz, etc. und lässt sich daher nur mit erheblichem Aufwand und für stark eingeschränkte Gültigkeitsbereiche nachbilden.

In dieser Arbeit sind daher die realen Betriebsstrategiefunktionen des Zielfahrzeugs in das Simulationsmodell übernommen worden. Dabei wurden hauptsächlich diejenigen Funktionen ausgewählt, die zur Koordination der Drehmomente auf die Antriebsaggregate des Hybridsystems (Momentenkoordinator) erforderlich sind. Die Vernetzung erfolgt automatisch mittels skriptbasierter Methoden. Zur fehlerfreien Funktion der eingebetteten Betriebsstrategie muss das Gesamtsystem alle dynamischen Eingänge für diese bereitstellen. Der Verzicht auf Diagnose- und Plausibilisierungsfunktionen hat enorme Vorteile hinsichtlich der Simulationsdauer, bedeutet jedoch auch einen großen Aufwand bzgl. Restbussimulation.

Neben der Bestimmung der Drehmomente kommen dem Momentenkoordinator weitere wichtige Aufgaben zu. So werden durch diesen ebenfalls Nebenaggregate angesteuert. In einem Hybridsystem sind dies vor allem Kupplungen, die zur Trennung der Antriebsaggregate vom Triebstrang benötigt werden sowie der Starter des Verbrennungsmotors. Weiterhin kann der Momentenkoordinator in die Getriebesteuerung eingreifen und den Lastpunkt über Schaltungen beeinflussen.

2.2   Betriebsstrategie II (Verbrennungsmotor-Stellgrößen)

Ausgehend vom Momentenkoordinator, müssen ebenfalls Betriebsstrategiefunktionen implementiert werden, die über Aktoren maßgeblich die Verbrennung und somit die Rohemissionsentstehung beeinflussen. Für den in dieser Arbeit betrachteten, 2-stufig aufgeladenen Dieselmotor (s. Abb. 3), können die implementierten Funktionen in die Kategorien Einspritzstrategie- und Luftpfadmanagement eingeteilt werden.

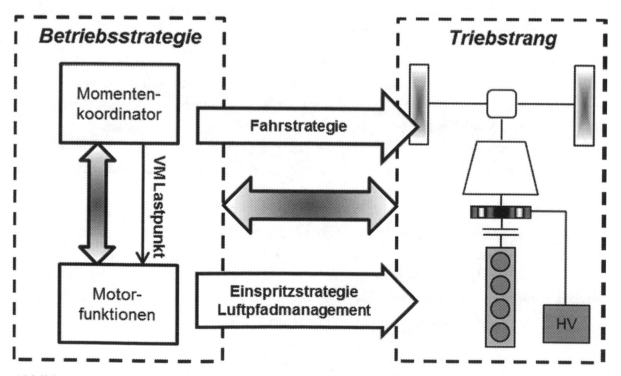

Abbildung 2: Momentenkoordinator mit Motorfunktionen in Kombination mit dem Fahrzeugmodell

In der Kategorie Einspritzstrategie sind alle Funktionen zusammengefasst, die die Kraftstoffmengenzuteilung, den Einspritzbeginn und die Raildruckberechnung beinhalten. Dabei wird vom implementierten Funktionsumfang, die Kraftstoffmengenanforderung aller Einspritzphasen berechnet. Insgesamt können acht verschiedene Einspritzungen bedatet werden, drei Voreinspritzungen, die Haupteinspritzung und vier Nacheinspritzungen. Analog dazu werden die Einspritzzeitpunkte aller Einspritzphasen separat berechnet, wobei alle Korrekturen auf diese Größen, wie z. Bsp. Umgebungstemperatur und Luftdruck, berücksichtigt werden.

Die zweite Kategorie, Luftpfadmanagement, steuert bzw. regelt die Aktoren des Luftpfads. Zu den Regelgrößen des Luftpfads gehören die Abgasrückführrate und der Ladeluftdruck. Der betrachtete Verbrennungsmotor verfügt über eine Hochdruck- und Niederdruck- Abgasrückführung. Die verwendete Regelung steuert neben dem Hoch- und Niederdruck- AGR-Ventil auch eine Ansaugluftdrossel an, die das notwendige Druckgefälle im Saugrohr einstellt. Überlagert wird die AGR-Regelung von der Ladeluftdruckregelung, die auf die Ladedruckregelklappe und das Wastegate im Abgasstrang des Verbrennungsmotors wirkt. Wichtige Steuergrößen des Verbrennungsmotors sind die Einlasskanalabschaltung und der Hochdruck AGR Kühler-Bypass. Die Einlasskanalabschaltung dient der Erzeugung von Ladungsbewegung und kann stufenlos eingestellt werden. Der Bypass des Hochdruck-AGR Kühlers dient der schnelleren Aufheizung des Verbrennungsmotors in der Warmlaufphase.

Die implementierten Betriebsstrategiefunktionen des Momentenkoordinators und der Motoraktorik können in der Fahrzeugentwicklungsphase als Modell in das Gesamtsystem integriert werden, bei denen das Datenformat der Zielfunktionen noch nicht berücksichtigt wird. Dieser Modellaufbau entspricht einem *Model in the Loop* (MiL) System und erlaubt die Überprüfung der Funktionsweise. Die Funktionsbedatung wird dabei, je nach Entwicklungsstand, einer Standardbedatung oder dem Fahrzeugapplikationsdatensatz entnommen und in die Simulationsumgebung importiert. Diese Vorgehensweise stellt sicher, dass sowohl die verwendeten Betriebsstrategiefunktionen, als auch deren Parametrierung, dem Applikationsstand des Fahrzeugs entspricht. Sobald die Betriebsstrategiefunktionen als MiL erfolgreich getestet wurden, können diese gegen kompilierten Code ersetzt werden, in dem das Zieldatenformat umgesetzt ist. Der implementierte Funktionsumfang kann somit bereits als *Software in the Loop* (SiL) im Gesamtsystem überprüft werden, wodurch das Modell auch als Emissions MiL/SiL bezeichnet werden kann.

2.3 Batteriemodell

Das Batteriemodell hat wesentlichen Einfluss auf die Fahrstrategie des Hybridfahrzeugs, da die dynamischen Strom- und Spannungsgrenzen, sowie aktuelle elektrische und thermische Größen der Batteriezellen zur Auswahl der Fahrmodi im Momentenkoordinator herangezogen werden. In dieser Arbeit wird ein Batteriemodell verwendet, welches im Wesentlichen aus drei Modellteilen, einem elektrischen und einem thermischen Modell der Batteriezelle sowie des **B**atterie**m**anagement**s**ystems (BMS) besteht.

Die Grundlage für das elektrische Modell der Batteriezelle bildet ein Glied aus Widerstand und Kondensator (RC-Glied). Mit diesem können neben dem ohmschen auch die zeitabhängigen Widerstände der Zelle berechnet werden. Zur Bestimmung der Zeitkonstanten in Abhängigkeit von Strom, Ladezustand und Temperatur sind Messungen vom Batterieprüfstand erforderlich. Das elektrische Modell der Zelle bildet somit Spannung und Innenwiderstand dynamisch nach, wobei zur Berücksichtigung des gesamten Zellpakets diese Größen skaliert werden müssen. Ausgehend von den Verlusten des elektrischen Zellenmodels, der externen Kühlung und chemischer Ausgleichsvorgänge errechnet der thermische Modellteil die dynamische Temperatur, wobei eine mittlere spezifische Wärmekapazität des gesamten Zellpakets angenommen wird.

Strom- und Spannungsgrenzen, sowie Ladezustand der Batteriezelle werden vom BMS berechnet. Da die Abhängigkeit des vom Momentenkoordinator gewählten Fahrmodus auf diese Größen sehr sensitiv ist, werden ähnlich der Vorgehensweise bei der Betriebsstrategie, originale bzw. abgeleitete Funktionen in das Batteriemodell integriert. Somit wird auch beim Batteriemodell sichergestellt, dass die verwendeten Funktionen und deren Bedatung mit dem Applikationsdatenstand der Betriebsstrategie übereinstimmen.

2.4 Mittelwertmotormodell

Ergänzend zu den Betriebsstrategiefunktionen wird im Emissions MiL/SiL ein **M**ittel**w**ertmotor**m**odell (MWM) verwendet [1]. Anforderungen an das Motormodell sind vor allem die Simulation dynamischer Luftpfadgrößen, welche den Betriebsstrategiefunktionen als Ersatz der Sensorgrößen des realen Verbrennungsmotors dienen. Außerdem müssen die Zustandsgrößen des Abgases simuliert werden, welche als Eingang eines nachgeschalteten Rohemissions- und Abgasnachbehandlungsmodell benötigt werden.

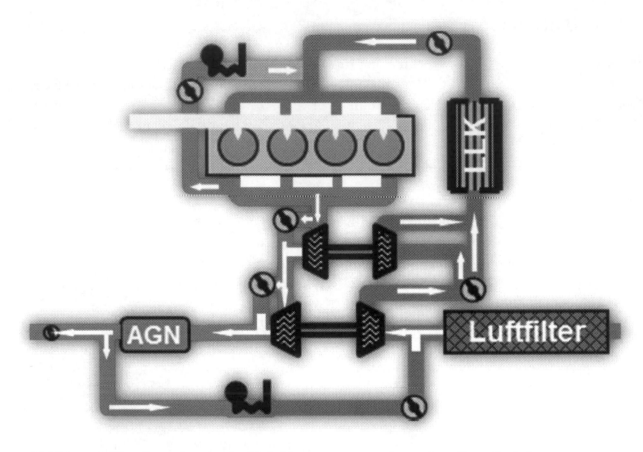

Abbildung 3: Konfiguration des im Hybridsystem verwendeten, 2-stufig aufgeladenen Dieselmotors

Das Mittelwertmotormodell beinhaltet alle wesentlichen Elemente des Luftpfads. Wie in Abbildung 3 zu sehen, ist dies auf der Einlassseite der Luftfilter, Nieder- und Hochdruckverdichter, Ladeluftkühler, sowie die Ansaugluftdrossel. Die Hoch- und Niederdruck-AGR Einheit verbindet den Luftpfad ein- und auslassseitig. Diese enthält neben den Ventilen und AGR-Kühlern, den Bypass des Hochdrucksystems. Auf der Auslassseite wird der Luftpfad durch die Hoch- und Niederdruckturbine, einen Bypass für Hochdruck- und Niederdruck- Turbine, einen Katalysator sowie eine Abgasdrossel ergänzt. Luftfilter, Ladeluftkühler (LLK) und AGR-Kühler wurden unter der Randbedingung einer inkompressiblen Strömung modelliert, während die Ansaugluftdrossel, AGR-Ventil, Abgasdrossel und die Bypassdrossel aufgrund der hohen Strömungsgeschwindigkeit eine kompressible Strömungsrandbedingung berücksichtigt. Zur Modellierung der Turbolader ist in diesem Modell der Ansatz nach Jenson/Kristensen [4] verwendet worden. Kompressor und Verdichter der jeweiligen Turboladereinheit sind über einen Trägheitsblock verbunden. Mit diesen wird über den Drallsatz die Drehzahl der Turboladereinheit bestimmt. Das Funktionsprinzip des Luftpfadmodells ist die Befüll- und Entleermethode. Die beschriebenen Elemente besitzen keine Dynamik und stellen die Drosselelemente des Systems dar. Zwischen jedem Drosselelement befindet sich ein

Behälterelement. Diese beschreiben die Dynamik des Luftpfads durch die Zustände Frischluftmasse, Inertgasmasse und Temperatur des Gasgemisches.

Das Mittelwertmodell wird durch ein quasistationäres Zylindermodell vervollständigt. Die Abbildung der Verbrennung erfolgt in diesem mittels empirischer oder halbempirischer Ansätze. Die berechneten Größen stellen Mittelwerte über alle Zylinder dar. Durch die verwendeten Zeitskalen ist eine schnelle Rechenzeit gewährleistet. Das Zylindermodell besteht aus wesentlich drei Modellteilen.

1. Bestimmung der volumetrischen Effizienz
   → gemittelter Ein- und Ausgangsmassenstrom über alle Zylinder

2. Berechnung des Drehmoments mithilfe des Willans Ansatz [1].

3. Ermittlung der Abgastemperatur durch einen Polynomansatz, der auf den bereits beschriebenen Modellteilen aufsetzt.

Das Zylindermodul besitzt bei geschlossener Kupplung keine Dynamik, diese wird dem Modell alleine durch die physikalische Beschreibung des Luftpfads verliehen. Sowohl die Komponenten des Zylindermodells, als auch das Turboladermodell werden mittels stationären Messdaten kalibriert.

2.5 Rohemissionsmodell

Wichtige Prämisse des Rohemissionsmodells ausgewählter Spezies ist eine Methodik mit hoher Genauigkeit und schneller Rechenzeit. Da durch die Verwendung eines Mittelwertmotormodells keine detaillierten Zylinderinformationen, wie Temperatur- und Druckverlauf zur Verfügung stehen, wird in dieser Methodik ein erweiterter, empirisch quasistationärer Modellansatz (QSS) verwendet. Dieser Ansatz beschreibt die transiente Rohemissionsbildung durch das transiente Verhalten der Verbrennungsrandbedingungen. [2]

Basis dieses empirischen Rohemissionsmodells sind Messungen vom Motorprüfstand. Im Motorkennfeld wurden dazu Basismesspunkte so ausgewählt, dass Emissionshäufigkeiten wichtiger Zertifizierungs- und Kundenzyklen, sowie Bereiche mit hohen Rohemissionsgradienten, berücksichtigt werden. Ausgehend von den Basismesspunkten sind anschließend emissionsrelevante Verbrennungsrandbedingungen in diesen geändert und stationär vermessen worden. Als emissionsrelevant wurden in diesem Modell diejenigen Größen betrachtet, die den Zustand des Gasgemisches vor Zylinder, die Einspritzstrategie und die Zylinderwandtemperatur bestimmen. Explizit wurden folgende Größen variiert:

- *Gasgemisch vor Zylinder:* AGR, Ladeluftdruck, Ladelufttemperatur

- *Einspritzstrategie:* Ansteuerbeginn Haupteinspritzung (SOI), Menge Voreinspritzung, Abstand Vor-Haupteinspritzung, Raildruck, Einlasskanalabschaltung

- *Zylinderwandtemperatur:* Kühlwassertemperatur

Neben Einzelvariationen, die die Grundabhängigkeit der jeweiligen Größe auf die Rohemission berücksichtigen soll, wurden ebenfalls Mehrfahrvariationen zur Berücksichtigung von Querkopplungen gemessen. Mittels des DoE „Space Filling" Ansatzes sind die Variationsmesspunkte optimal über die Intervalle aller Variationsgrößen verteilt worden.

Durch ein **K**ünstliches **N**euronales **N**etz (KNN) werden die Messinformationen in ein empirisches Modell überführt. Die Messdatenaufbereitung hat einen starken Einfluss auf die Qualität des Modells. Filter wurden daher benutzt, um fehlerhafte Messungen zu extrahieren. Durch die Verschiebung des Wertebereichs der Rohemissionsgrößen und die Referenzierung der Basismessungen ist die numerische Stabilität erhöht worden.

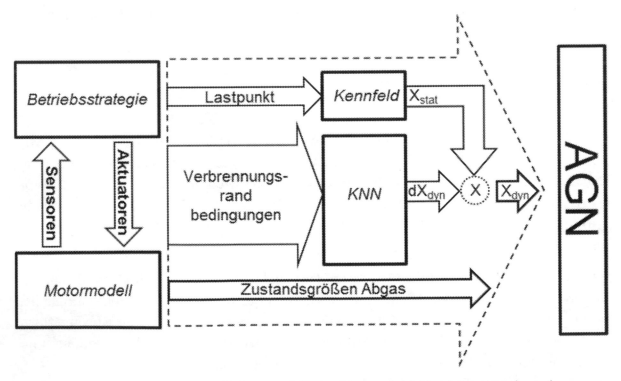

Abbildung 4: Struktur des Rohemissionsmodells im Verbund mit Betriebsstrategie und Abgasnachbehandlung

Der Aufbau des quasistationären Rohemissionsmodells wird in Abbildung 4 gezeigt. Die stationäre Rohemission (X_{stat}) wird mittels der Lastpunktinformationen Drehzahl und eingespritzte Kraftstoffmasse einem Kennfeld entnommen. In das KNN gehen die auf die Basismessung referenzierten emissionsrelevanten Verbrennungsrandbedingungen ein. Der Ausgang des KNN (dX_{stat}) wirkt multiplikativ auf die Basisrohemission und kann mithilfe des quasistationären Ansatzes sowohl die Änderung der Rohemission aufgrund von Applikationsänderungen, als auch durch die Motordynamik beschreiben.

2.6 Abgasnachbehandlungsmodell

Das in dieser Methodik verwendete Abgasnachbehandlungsmodell entstammt der bei Daimler entwickelten **Ex**haust Gas **A**ftertreatment **C**omponents **T**oolbox (ExACT) [3], [5]. Diese Toolbox enthält Komponenten der Abgasanlage mit katalytischer und/oder filternder Wirkung sowie deren Verbindungselemente.

Die Verbindungselemente sind Rohrstücke, die den Wärmeübergang des Fluids an die Umgebung abbilden. Dabei kann zwischen verschiedenen Geometrien, zum Beispiel gebogene Rohrstücke und solche mit konstantem, erweiternden oder verengenden Querschnitt ausgewählt werden. Diese werden im Modell zwischen den Katalysatoren und Filtern eingesetzt, da das Mittelwertmodell die gesamte Abgasnachbehandlungsanlage als eine Drossel beschreibt. Die Wärmeübergangs-koeffizienten der Rohrstücke werden mittels Prüfstandmessungen kalibriert.

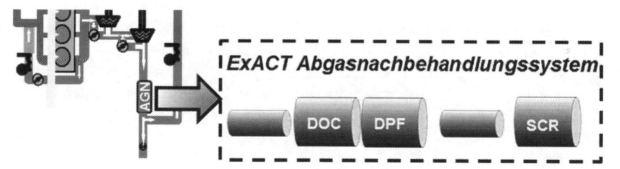

Abbildung 5: Komponenten des im Simulationsmodell verwendeten Abgasnachbehandlungssystems, bestehend aus DOC, DPF und SCR

In ExACT stehen als Komponenten mit katalytischer und/oder filternder Wirkung der Oxidationskatalysator (DOC), NOx-Speicherkatalysator (NSC), ein System zur selektiven katalytischen Reduktion (SCR) sowie Diesel-Partikelfilter (DPF) zur Verfügung. Abbildung 5 zeigt die Konfiguration des in dieser Arbeit verwendeten Abgasnachbehandlungsmodells. Dieses besteht aus einem DOC, DPF und SCR-System, die über die bereits beschriebenen Rohrelemente verbunden sind.

Anforderungen an die Rechenzeit des Gesamtmodells erfordern eine vereinfachte Modellierung der aktiven Abgasnachbehandlungsmodelle. Ein Kompromiss zwischen Detaillierungsgrad und Rechenzeit ist die Reduzierung der Abgasnachbehandlungseinheit auf einen repräsentativen Einzelkanal. Dies ist insofern zulässig, als dass der Gasmassenstrom in relevanten Kennfeldbereichen gleichmäßig über der Stirnfläche verteilt ist. Aus Gründen der Skalier- und Übertragbarkeit müssen die physikalischen und chemischen Effekte getrennt modelliert werden. Physikalische Effekte sind die laminare Axialströmung der Gasphase sowie Wärme und Stoffübergang zur Wand des repräsentativen Kanals. In der Gasphase findet konvektiver Massen- und Wärmetransport entlang des Kanals statt, während der Massen- und Wärmetransport zwischen Gas und Kanalwand senkrecht zur Strömungsrichtung auftritt. Mathematisch wird dieses System als Reaktor mit Pfropfenströmung beschrieben. Um sowohl die axial, als auch die radial Komponenten zu berechnen, besitzt das Modell eine 1D+1D Struktur. Die chcmischen Effekte im repräsentativen Einzelkanal werden mittels Globalreaktionen formuliert, da diese im Vergleich zu den detaillierten Elementarreaktionen einen Vorteil bzgl. Rechenzeit haben. Die kinetischen Parameter der Reaktionen müssen im Vorfeld mittels Prüfstandversuchen ermittelt werden.

Die beschriebenen dynamischen Teilmodelle des Emission MiL/SiL liefern die notwendige Dynamik zur Berechnung der Fahrzeugemissionen. Dabei wurden explizit Detaillierungstiefen gewählt, die bei hoher Genauigkeit schnelle Rechenzeiten ermöglichen.

3 Ergebnisse und Diskussion

In diesem Abschnitt werden Einzel- und Gesamtmodellergebnisse des Emissions MiL/SiL am Beispiel des in Abbildung 1 dargestellten Parallelhybridtriebstrangs im NEFZ diskutiert. Fokus liegt auf der Validierung von Fahrstrategie, Verbrennungsrandbedingungen und Rohemissionen des Dieselhybriden. Abschließend werden Ergebnisse des Gesamtmodells mit Abgasnachbehandlungsmodell gezeigt und Möglichkeiten zur Verbrauchs- und Emissionsoptimierung beschrieben.

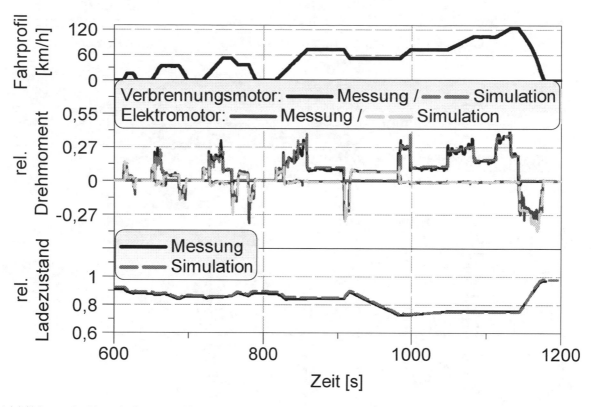

Abbildung 6: Simulative Abbildung der Hybridfahrstrategie am Beispiel eines Parallelhybriden mit Dieselmotor

Zur Validierung der Schadstoffemissionen ist das auf dem Rollenprüfstand aufgezeichnete reale Fahrprofil auch in der Simulation verwendet worden, da Abweichungen des Fahrers, innerhalb des NEFZ Toleranzbandes, den Lastpunkt des Verbrennungsmotors und somit Kraftstoffverbrauch und Emissionen beeinflussen können. In Abbildung 6 ist das reale Fahrprofil, das auf das maximale Motormoment bezogene Drehmoment des Verbrennnungs- und des Elektromotors, sowie der auf den Startwert bezogene Ladezustand der Hochvoltbatterie dargestellt. Die Drehmomentverläufe von Verbrennungs- und Elektromotor zeigen die Funktionsweise des Momentenkoordinators, der neben der Auswahl des Fahrmodus (elektrisch/hybridisch) hauptsächlich die Lastpunktverschiebung des Verbrennungsmotors bestimmt. Aus Gründen der geringen Kraftstoffeffizienz werden die sehr niederlastigen Bereiche, im NEFZ besonders die Konstantfahrten bei geringer Geschwindigkeit, rein elektrisch gefahren. Bei höheren Lasten, vor allem während der Beschleunigungsphasen, wird der Verbrennungsmotor zur Bereitstellung der Antriebsleistung verwendet. Im betrachteten Zyklus wird der Betriebspunkt des Verbrennungsmotors in der Hybridfahrt durch den Elektromotor geringfügig aufgelastet, um diesen in Kennfeldbereiche mit höheren Wirkungsgraden zu verschieben. Der Ladezustand der Hochvoltbatterie, welcher als Nebenbedingung im NEFZ ausgeglichen sein muss, hat großen Einfluss auf die Lastpunktverschiebung. Dieser ergibt sich im Gesamt-

13

fahrzeugmodell aus den inneren Verlusten der Batterie (RC-Glied) und der Bilanz zwischen Hochvoltbatterie, Elektromotor und elektrischen Nebenverbrauchern.

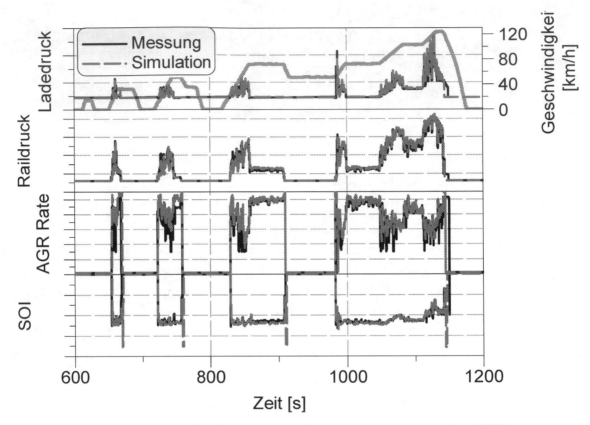

Abbildung 7: Verbrennungsrandbedingungen zur Rohemissionsprognose im NEFZ

Auf die Berechnung des Betriebspunkts des Verbrennungsmotors mithilfe des Momentenkoordinators, folgt die Bestimmung der Verbrennungsrandbedingungen. In Abbildung 7 werden einige Sollgrößen des Motorsteuergeräts, die zur Bestimmung eines reproduzierbaren Emissionsverhaltens benötigt werden, dargestellt. Ladedruck und die AGR-Rate sind dabei zwei Größen, die über die Gemischzusammensetzung vor Zylinder großen Einfluss auf die Rohemissionsentstehung beim Dieselmotor haben. Aus Sicht der Emissionsminderung sollte der maximal mögliche Ladedruck eingestellt werden, was aus Gründen des Bauteilschutzes jedoch nicht für alle Betriebspunkte möglich ist. Besonders bei den hohen Lastpunkten im **E**xtra **U**rban **D**riving **C**ycle (EUDC) ist aufgrund der Spitzendruckbegrenzung eine Absenkung erforderlich, so dass die Gesamtmasse aus Frischluft und Restgas im Zylinder absinkt. Der Ruß-NOx Trade-Off bestimmt im Wesentlichen für das betrachtete Basisfahrzeug die Restgasstrategie im NEFZ. Da das vermessene Fahrzeug einen Rußpartikelfilter, jedoch keine Anlage zur NOx Reduzierung besitzt, wird ein hoher Restgasanteil zur Absenkung der NOx Rohemissionen gewählt, was sich negativ auf die Rußrohemissionen und den Kraftstoffverbrauch auswirkt.

14

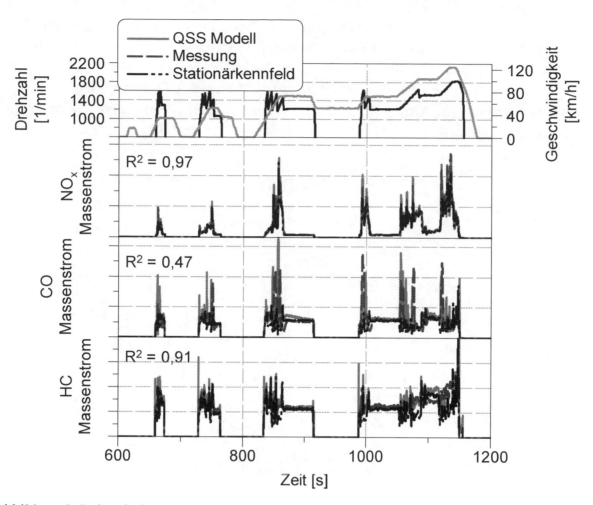

Abbildung 8: Rohemissionsüberprüfung für einen warm gestarteten NEFZ

Raildruck und Ansteuerbeginn der Haupteinspritzung (Start of Injection, SOI) sind Teile der Einspritzstrategie. Der Raildruck beeinflusst über die Zerstäubung der eingespritzten Kraftstoffmenge das Verbrennungsbild. Generell ist ein hoher Raildruck von Vorteil, dieser muss jedoch bei geringen Lasten reduziert werden, damit es zu keiner Berührung zwischen Zylinderwand und noch flüssigem Kraftstoff kommt, was einen starken Rohemissionsanstieg zur Folge hat. Der Ansteuerbeginn der Haupteinspritzung ist entscheidend für die Kraftstoffeffizienz und bestimmt wesentlich über die Spitzentemperatur im Zylinder die Rohemissionsentstehung. Für den SOI wird im NEFZ ein später Zeitpunkt gewählt, um die Spitzentemperatur abzusenken. Dadurch sollen insbesondere NOx-Emissionen abgesenkt werden, jedoch sinkt durch diese Maßnahme auch der Wirkungsgrad der Verbrennung.

Ausgehend von den bereits beschriebenen Teilmodellen werden die Rohemissionen berechnet. Die quasistationäre Methodik liefert die Rohemissionsanteile von CO, HC, NO, NO_x, und Ruß. Die Bestimmung der Anteile von O_2, CO_2 und H_2O erfolgt mit der Annahme einer stöchiometrischen Verbrennung. In Abbildung 8 ist der Rohemissionsverlauf von NO$_x$, CO und HC des Parallelhybriden im NEFZ dargestellt. Der Bestimmtheitsgrad (R^2), aus quasistationärer Methodik und den Messdaten errechnet, zeigt für NO$_x$ und HC, Werte deutlich über 90 Prozent. Der Wert von CO liegt niedriger, was voraussichtlich durch Anpassung der Messdatenfilter korrigiert werden kann. Dennoch liefert das quasistationäre Modell bessere Ergebnisse als das Stationärkennfeld.

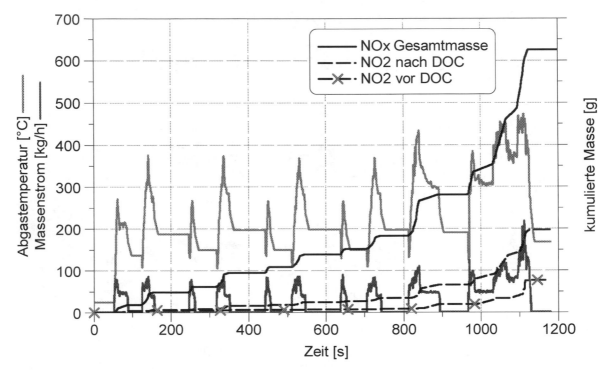

Abbildung 9: Funktionsweise des Abgasnachbehandlungsmodells mit simulierten Eingangsgrößen aus Mittelwertmotor- und Rohemissionsmodell

Die grundsätzliche Funktion des Abgasnachbehandlungsmodells für einen warm gestarteten NEFZ wird in Abbildung 9 dargestellt. Als Eingänge werden neben den Größen des Rohemissionsmodells, Massenstrom, Temperatur und Zusammensetzung (Luft/Inertgas) des Abgases aus dem Mittelwertmotormodell verwendet. Die Darstellung zeigt die kumulierten Verläufe der NO$_x$ und NO$_2$ Masse über den Zyklus. Der NO$_2$ Verlauf nimmt aufgrund der Oxidation von NO mit dem überschüssigen Sauerstoff im Abgas deutlich zu. Kohlenstoffmonoxid und Kohlenwasserstoff werden im Oxidationskatalysator nahezu vollständig zu Wasser und Kohlenstoffdioxid umgewandelt.

Ergebnisse der Betriebsstrategie, des Rohemissions- und Abgasnachbehandlungsmodell zeigen die Möglichkeiten der Emissions MiL/SiL Methodik zur Prognose der Fahrzeugemissionen. Zur Erhöhung der Kraftstoffeffizienz und Minimierung der Schadstoffemissionen ist das Abgasnachbehandlungsmodell beispielhaft um ein SCR

System erweitert worden. Zur Vereinfachung wird die Fahrstrategie des Fahrzeugs nicht verändert, sondern nur der SOI. Wie bereits im vorigen Abschnitt erläutert, erhöht sich die Kraftstoffeffizienz bei Annäherung der Verbrennungsschwerpunktlage an den oberen Totpunkt, was jedoch gleichzeitig einen erhöhten NO_x Ausstoß verursacht. Mithilfe des SCR Katalysator können die Stickoxidemissionen jedoch reduziert werden.

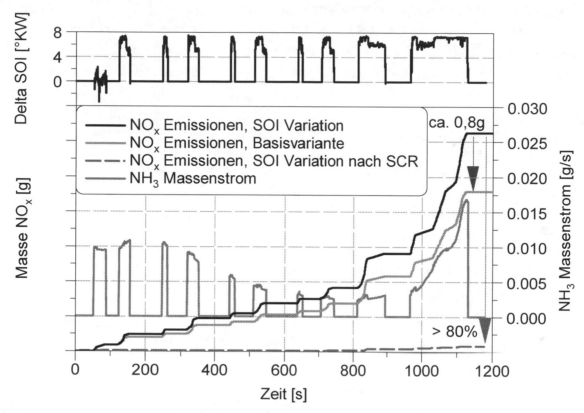

Abbildung 10: Simulation der Fahrzeugemissionen, ausgehend der Informationen des Mittelwertmotor- und des Rohemissionsmodells

Auf einfache Weise wird in dem in Abbildung 10 dargestellten Beispiel gezeigt, dass das Gesamtmodell sowohl zur Untersuchung verschiedener Technologien auf Verbrauchs- und Emissionseinfluss, als auch zur Parameteroptimierung, in diesem Fall die Dosierstrategie des Harnstoffs, eingesetzt werden kann. Durch die Annäherung des SOI, nach der Startphase des NEFZ, um 7°KW an den oberen Totpunkt, erhöht sich der NO_x Rohemissionsausstoß in diesem Fall um ca. 0,8g. Der in den heißen SCR Katalysator eingespritzte Harnstoff führt zu einer erheblichen Reduktion der Stickoxidemissionen. Dabei belädt die gewählte Dosierstrategie den SCR Katalysator in der Startphase mit NH_3, während die Beladung in der Schlussphase nahezu konstant gehalten wird.

4 Fazit

Die beschriebene Methodik liefert einen Beitrag zur Berechnung von Kraftstoffeffizienz und Schadstoffemissionen für hybride Antriebskonzepte. Die Validierung des kinematischen Grundfahrzeugmodells mit dynamischen Teilmodellen wie Betriebsstrategie (MiL/SiL), Batterie, Mittelwertmotormodell, Rohemissionsmodell und Abgasnachbehandlungsmodell hat gezeigt, dass sich das Gesamtsystem zur Untersuchung von Software, Komponenten und Technologien im Gesamtsystemverbund eignet. Außerdem kann das Gesamtsystemmodell zur Applikationsunterstützung eingesetzt werden. Darüber hinaus soll zukünftig durch automatisierte Optimierung der Betriebsstrategieparameter ein Optimum zwischen Verbrauch und Schadstoffemissionen, abhängig von der Gesetzgebung, gefunden werden.

Literaturnachweise:

[1] L. Guzella, C. H. Onder, "Introduction to Modeling and Control of Internal Combustion Engine Systems", Springer-Verlag, 2004

[2] M. Benz, „Model-Based Optimal Emission Control of Diesel Engines", Dissertation ETH No. 18796, 2010

[3] A. Guethenke, D. Chatterjee, M. Weibel, B. Krutzsch, P. Kočí, M. Marek, I. Nova, E. Tronconi, "Current Status of Modeling Lean Exhaust Aftertreatment Catalysts." Advances in Chemical Engineering, 2007

[4] J. Jenson, A. Kristensen, S. Sorensen, N. Houbak, und E. Hendricks, „Mean-value modeling of a small turbocharged diesel engine," SAE Technical Paper, no. 910070, 1991

[5] D. Chatterjee, P. Kočí, V. Schmeißer, M. Marek, M. Weibel, B. Krutzsch, „Modelling of a combined NOx storage and NH3-SCR catalytic system for Diesel exhaust gas emission", Catalysis Today (2010)

A New Fast Method Combining Testing and Gas Exchange Simulations Applied to an Innovative Product Aimed to Increase Low-End Torque on Highly Downsized Engines

*MIGAUD Jérôme[a], RAIMBAULT Vincent[a], MEZHER Haitham[b], CHALET David[b], GRANDIN Thomas[a]

[a]Advanced Development, MANN+HUMMEL France SAS
53061 Laval, France

[b]LUNAM Université, École Centrale de Nantes
LHEEA UMR CNRS 6598, 1 rue de la Noë, BP 92101
44321 Nantes Cedex 3, France

* Speaker: jerome.migaud@mann-hummel.com

© Springer Fachmedien Wiesbaden GmbH, ein Teil von Springer Nature 2018
J. Liebl und G. Rainer (Hrsg.), *VPC.plus 2014*, Proceedings,
https://doi.org/10.1007/978-3-658-23775-2_15

Résumé

In order to reduce fuel consumption and as a consequence CO_2 emissions, it is still necessary to downsize combustion engines with the help of turbocharging coupled with down-speeding. Air intake systems still have a major contribution to the performance characteristics seen in such engines.

This is especially true when the turbocharger isn't capable of achieving the desired boost pressure at very low engine speed and during transient operations; In this case, we can benefit from the pressure waves to enhance cylinder filling with a higher amount of air. This is usually accomplished by assuring a maximum pressure peak just before IVC (inlet valve closing).

In order to establish a clear valorization of the low end torque gained by a wise setup of the pressure waves, a new methodology combining testing and simulation has been specially developed and applied to charge air ducts geometries.

A first step consisted of investigating the maximal potential of pressure waves by varying the intake line to find the optimal and "perfect" intake. Then, based on these results, different geometries closer to real feasible parts have been designed and optimized with the help of an "impulse dynamic flow bench". The latter reproduces inlet valve closing, and characterizes physical phenomena in air intake systems.

This original approach has allowed for a faster prototyping and testing of new products related to charge air ducts.

A second step, based on previous engine tests, has been realized using a system simulation of the engine aimed to convert low end torque improvement into fuel consumption reduction.

Benefiting from this new methodology where acoustic resonance is brought into play, a new innovative product – called "active charge air duct" – is introduced.

It shows how low end torque and horsepower can be optimized on a turbocharged engine using a single intake part.

Keywords: Combustion engines, turbocharging, low end torque, CO_2 reduction, innovative products, methodology, testing, simulation

Introduction

The new stringent regulations concerning CO_2 emissions reinforce the trend to further downsize combustion engines. Basically, downsizing reduces the engine displacement while increasing the specific torque and power. Even when using turbocharging, which is the best way to reduce fuel consumption, we have to face the need of instantaneous torque at very low engine speeds, where the turbocharger hasn't got enough enthalpy at the exhaust to drive the turbine. In this special case, pressure waves tuning at intake side can be used to help the air filling of the cylinders. It is well known and is widely used for naturally aspirated engines, but not so much for turbocharged engines [1] [2]. Compared to alternative solutions like electrically assisted compressor [3] [4], dual stage turbochargers [5], or hybrid systems, this acoustic tuning solution is quite simple and at a lower cost level.

The acoustic tuning [6] to be realized here with turbocharged engines is totally different of those usually present on naturally aspirated engines. In this case, the focus is to increase the low end torque area typically between 1250 rpm and 1500 rpm. Large characteristic lengths have to be considered in order to tune the low frequency range [7] while at the time keeping specific geometries such as the charge air cooler and the intake manifold. Junctions have to be set-up for optimal transmission and reflections of pressure waves throughout the entire air intake system. The air intercooler plays a major role thanks to its reflection properties, mainly due to its location in the air intake system [8] [9], its technology, and its geometry. This article shows how we have tuned different geometries to help improve the volumetric efficiency, using 0D/1D simulation tools, and experimental new devices. We introduced the notion of impedance which is useful to predict the behavior of the whole air intake system in the frequency domain. We will present this approach applied on a basic design setup made for a particular Diesel Engine.

The "ACAD" concept which means "Active Charge Air Duct" has been optimized for both power and torque, switching between a short and long route respectively. Results from an engine test bench are presented at the end of the article.

1D simulations for optimizing the air intake system of a turbocharged engine

For a given set of air intake components, such as charge air coolers, camshaft profiles, turbo-compressor map and cylinder geometry, we are looking for optimal geometries giving the best volumetric efficiency for the engine at various engine speeds.

In the case where the charge air cooler is placed upstream of the air intake manifold, duct lengths and diameters have to be chosen to optimize the volumetric efficiency. More than just its original function the charge air cooler can be used to reflect waves and takes a huge role for acoustic tuning of the air intake system.

When considering a given engine (4 cylinders, Diesel engine), several simulations have been done using a design of experiment to see the potential of a volumetric efficiency improvement as a function of charge air duct diameter and pipe length (charge air duct in cold side connecting outlet of charge air cooler to intake manifold). Results are shown in Figure 1 for different engine speeds. The volumetric efficiency is calculated relative to the plenum inlet pressure.

This kind of study can be helpful for the optimization of a passive or active charge air duct geometry, in which the latter would be optimized for a given speed and engine strategy.

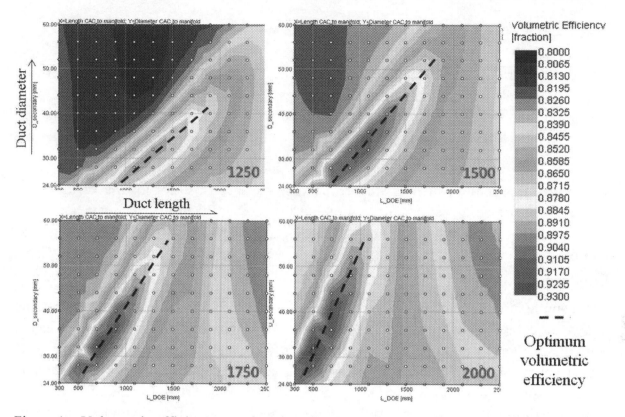

Figure 1 – Volumetric efficiency as a function of cold air duct diameter and length for different engine speed (1250, 1500, 1750 and 2000RPM)

The sensibility of the architecture on the volumetric efficiency of a turbocharged engine can be seen here and it is not to be neglected. The volumetric efficiency can be optimized in a scope of 14% in this case.

These results are very straightforward to produce and should be preliminary to any choices concerning engine architecture and placement of the charge air cooler which has a major impact on engine performance.

Thanks to those preliminary results obtained by simulation, a new switchable concept for charge air duct has been investigated. The potential observed (around 14%) can justify an added value with an additional active device. The final benefit in terms of time to torque or CO_2 savings will also easily justify the added cost of the switchable system.

Product description

Based on a strong internal experience with acoustic tuning and volumetric efficiency improvement already used in air intake systems for N.A engines, MANN+HUMMEL can propose a new innovative product focused this time on the low end torque improvement for turbocharged engines. The new concept has a long length and small diameter to offer the maximum torque.

Low end torque improvement is aimed at low engine speeds, so for low mass flow rates and thus the pressure drop in this case is not the most influential parameter but rather the ram effect induced by the acoustic supercharging. For high speed operation, the system offers a reduced length with a larger cross section which will allow for power generation and high speed performance.

An example of such an active system is shown in Figure 2, it is to be placed between the charge air cooler's outlet and the intake plenum. The long pipe around the power duct is used at very low engine speed to increase the torque, and the power duct is opened at higher engine speeds to reduce the pressure loss and to take advantage of the available boost pressure from turbocharger. The processing of such a part is deemed to be feasible in thermoplastic and it can very well be incorporated as a serial part with a small modification to the engine management strategy in order to control it depending on engine load/speed.

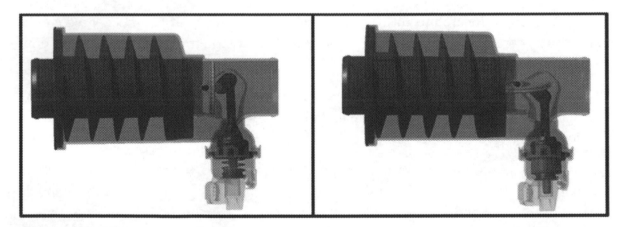

Figure 2 – Active Charge Air Duct concept : long duct for torque mode (on the left) and short duct for power mode (on the right):

Acoustic response with the impulse dynamic flow bench

Starting from an in-house know-how concerning air intake management, a dedicated impedance measurement bench was developed. A good description of the bench and its operation can be found in the work of Fontana et al. [10] and Chalet et al. [11]. The bench is dubbed "impulse dynamic flow bench" and has been successfully used to characterize a naturally aspirated air intake system and recently extended to a turbocharged one in Mezher et al. [12] [13]. The idea behind the bench is to mate the acoustic response of the air intake, due to valve and piston excitation, with the pressure drop and viscous phenomena that take place at the intake. The main concern is the pressure evolution just upstream of the intake valve where the impedance levels directly influence the engine's volumetric efficiency. The latter depends almost entirely of the pressure level during the period before IVC (intake valve closing) [14].

The benefit from having such an experimental apparatus is the ability to test different intake configurations and geometries relatively easily and fast. The impedance characterization procedure explained above enables rapid prototyping and testing of different concept proposals such as the influence of lengths, diameters, volumes and resonators. This sort of analysis is done as a first analytical approach before moving towards actual engine tests.

Figure 4 shows the intake line of a turbocharged engine installed on the impulse dynamic bench. Starting from the bench on the right hand side of Figure 4, the cylinder head is present. The opened intake valve of the first cylinder sits on top of the bench; all the other valves are kept closed. The corresponding primary runner is equipped with a dynamic pressure sensor. The intake manifold in this case has a reduced volume and is integrated into the cylinder head of the engine. Rigid straight pipes are used upstream and downstream of a charge air cooler. These "prefect" smooth pipes are used to set up a reference case, they are interchangeable, i.e. the length of these pipes can be easily changed on the bench in order to investigate the effect of pipe lengths and geometry on the impedance response.

The impulse excitation takes place with a shutter speed of 0.5ms: first, steady air is aspirated through the intake line, and then once stationary conditions of air flow are reached an hydraulic actuator abruptly extinguishes the flow. The result is an almost Dirac excitation of the air column inside the line. The pressure response is recorded via high frequency piezo-resistive transducers. This impulse excitation enables the excitation of a large bandwidth especially the low frequency region relative to engine filling phenomena between 0.1 and 500 Hz. The device is represented in Figure 3, it's composed of the dynamic component and a laser spot used to measure the position of the shutter and estimate a good transient mass flow during excitation. An air flow meter is installed upstream of the device and is used to measure the steady air flow before excitation; in this case an initial mass flow of 150 kg.h^{-1} is used.

After the test, which only takes a couple of minutes, the raw pressure data is windowed to only keep the dynamic pressure component then filtered to remove high frequency noise.

The impedance Z of the intake line is evaluated using the pressure transducer's recorded signal upstream of the intake valve. Equation **Fehler! Verweisquelle konnte nicht gefunden werden.** gives the impedance, calculated as a Laplace transfer function between the dynamic pressure response $p(t)$ and the excitation mass flow $qm_{exc}(t)$.

$$Z(j\omega) = \frac{FFT[p(t)]}{FFT[qm_{exc}(t)]} = \frac{P(j\omega)}{Qm_{exc}(j\omega)} \tag{1}$$

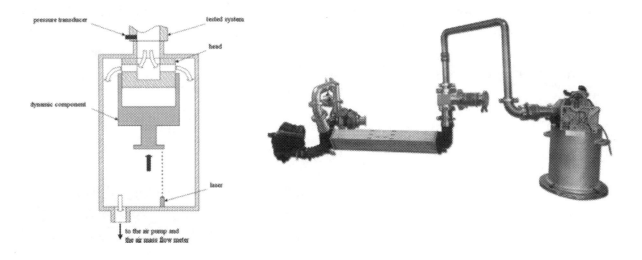

Figure 3 – Impulse dynamic flow bench set up

Figure 4 – Turbocharged intake line installed on the impulse dynamic bench

In order to understand the sensitivity to different geometries and to conceive and build a prototype part to be later tested on the engine bench, a design of experiment wave was done on this bench.

The volume effect of the intake manifold was experimentally investigated: the test cases and the impedance plots are given in Figure 5. Results show that increasing the volume of the inlet manifold had the effect of reducing the impedance and thus the potential pressure amplitudes. This is because the volume at this location acts as a damper to the standing waves. It's therefore interesting to point out the need to reduce the volume of the intake manifold in order to increase the resonant peak at 41.6Hz. It's also interesting to note that for the high frequencies around 140 Hz, the inverse effect took place and the impedance response is much higher. This is due to the modification of the low frequency standing wave action that existed between the valves and the interface of the CAC.

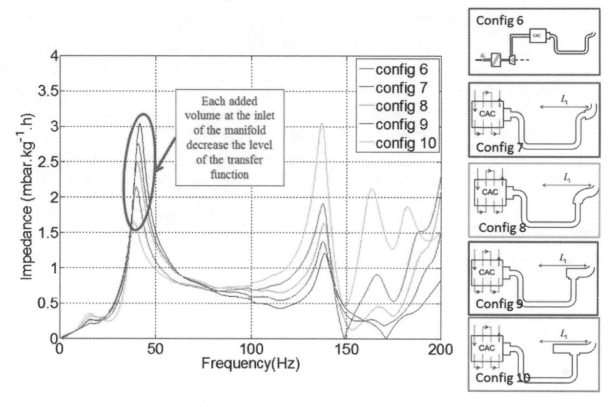

Figure 5: Intake manifold inlet effect on impedance results

New device facilities used for engine tests

The dynamic test bench allows for a fine analysis of the air intake behavior without mean flow and in frequency domain. The electric driven engine test bench set up at MANN+HUMMEL can complete this evaluation with a time domain analysis and a pulsating flow with representative thermal and flow conditions.

A 4-cylinder, 1.5L Diesel engine has been mounted on an electrical driven dyno, imposing the rotation speed of the engine. An electrical heater with standard compressed air replaces the exhaust gas and enables the correct enthalpy at the turbine side of the turbocharger. The idea is to target the air pressure ratio with the corresponding engine rotational speed. The air temperature is controlled by an external coolant loop applied directly in interface with the air intercooler. The main interest of such a device is the rapidity of the engine preparation. As an electronic control unit is not needed to start tests, the only basic operations to achieve are engine mounting, alignment, and turbine interface for gas routing and oil lubrication. With an efficient anticipation of interface parts for design and machining, only a couple of days are necessary between receiving a new engine and running the first test. This test bench allows evaluating different air intake architectures without the hassle of all the interactions with the exhaust and combustion, this help to get a better understanding of the intake phenomena. During the early stages of optimization, it allows to quickly focus on the right configuration.

The EGR valve was kept closed at all times. A particular engine speed was of interest, that of 1250 rpm. This speed sits in the middle of the critical low speed region that has to be optimized for better low end torque. In terms of data acquisition, compressor wheel rotation speed, instantaneous pressure in the air intake at different locations, temperatures, in-cylinder pressure and engine speed are registered. The pressure is regulated at the location P_2 of Figure 6. This was done by varying the gas stand pressure and temperature in a closed loop in order to reach the targeted boost pressure values.

The diesel engine tested in the scope of this study is characterized by a very small plenum volume and short intake runners integrated within the aluminum cylinder head.

The following parameters have been specially investigated:

- length L_1 downstream of the charge air cooler (CAC)

- Length L_2 upstream of the CAC

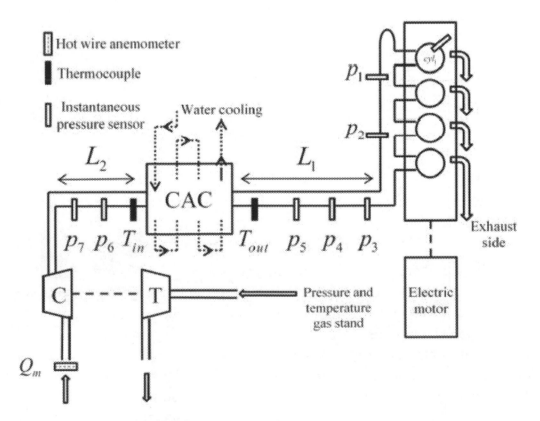

Figure 6 – Electric driven IC engine set up

The modification of the length between the charge air cooler and the intake valves (L_1) dramatically changes the level of pulsation inside this duct. Figure 7 shows a pulsation amplitude of around 200 mbar for a length of about 1.5m whereas the length of 0.2 m only allows a level of a few tens of millibars. Furthermore the timing of the maximum amplitude is positioned at the valve closing (540° crank angle) thus improving the volumetric efficiency.

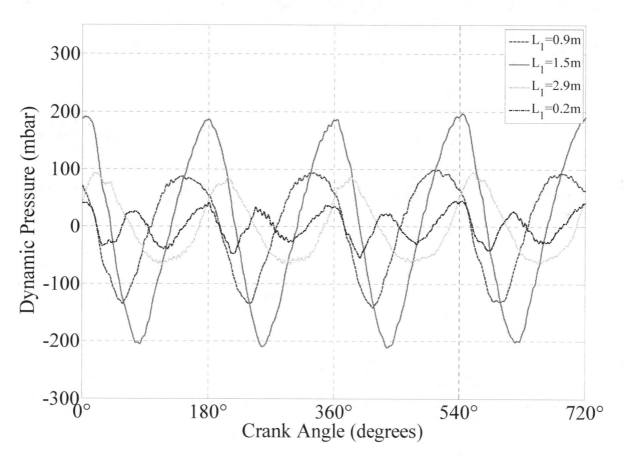

Figure 7 – Pulsation amplitude for different lengths of L_1 (from Charge Air Cooler to intake valves)

On the other hand, the modification of L_2 has little influence on further improvement of the level of pulsation. Figure 8 show very slight differences when the length of the duct from compressor to the charge air cooler is varied.

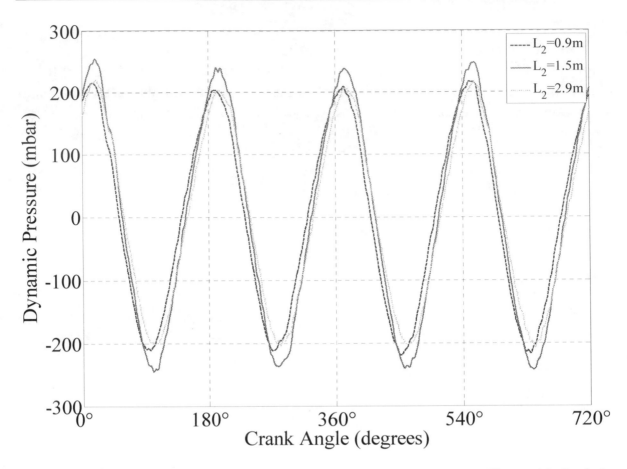

Figure 8 – Pulsation amplitude for different length L_2 (from Compressor to Charge Air Cooler)

The reduction of the impedance level shown in Figure 5 with different volumes placed at the air intake manifold's side is confirmed with this electric driven test bench. In fact Figure **9** shows the same kind of reduction in pulsation level seen with the first prototype with the same configuration.

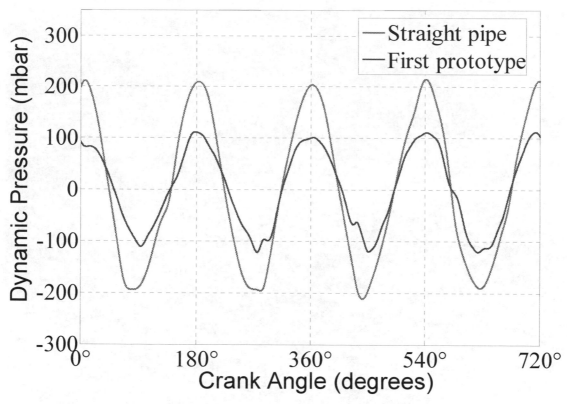

Figure 9 – Pulsation level measurement with a straight pipe and the first prototype.

This test bench is a convenient way to evaluate the improvement of the volumetric efficiency. The torque gain has to be evaluated on engine with combustion.

Engine test bench

The next step consists in studying the influence of length L_1 on a four cylinder Diesel engine (as depicted in Figure 10). The intake line was equipped with the water cooled CAC. The engine was running at full load, the temperature at the outlet of the CAC was kept constant at 50°C and the boost pressure was controlled by the engine's ECU. The length L_2 upstream of the compressor was fixed at 0.9m and the downstream length L_1 was fixed at 1.5 m and 0.9m. The purpose of these tests is to evaluate the torque of the engine for both configurations.

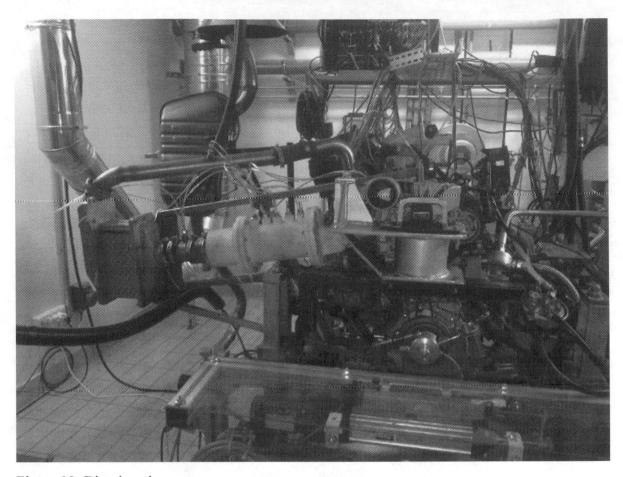

Figure 10: Diesel engine

The air pressure at the charge air cooler outlet is kept constant thus the pressure drop induced by the different length is not compensated by the turbocharger. In order to get benefit of volumetric efficiency enhancement the air/fuel ratio is the same for each configuration. The increase in air mass will raise the torque in the same range.

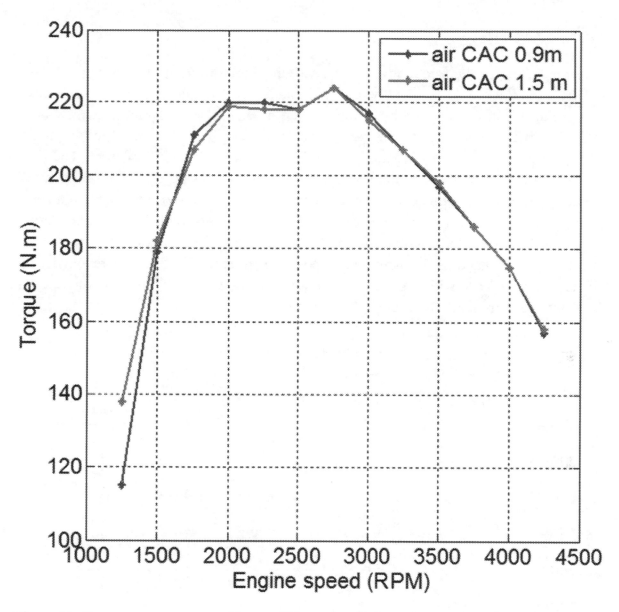

Figure 11: Torque measurement with two different length from charge air cooler to intake valve

The Figure 11 shows a significant gain at 1250rpm with the 1.5m long duct compared to the 0.9m long duct which is tuned at ~2000rpm. Actually with this last tuning the torque benefit is lower because the boost pressure provided by the turbocharger is higher. The ACAD is aiming to get this low end torque improvement thanks to long duct while the short duct reduces the pressure losses for high rpm thus rises up the power. Further investigations are in progress to evaluate the benefit of the complete ACAD system.

Valorization

Once the benefit in the torque level is attained, there are different ways to benefit from it. This torque raise can be directly used to get a better dynamic response. In this case, the advantage can be obtained by evaluating the time to torque characteristic. This can be done either by simulation or measurement on the engine test bench. Simulation results are shown in Figure 12 where torque is plotted as a function of time. The time needed to reach 90% of maximum torque is pointed out. Using an acoustically tuned geometry allows to gct this characteristic torque value 21% faster compared to a zero-tuning effect line. Furthermore whereas the boost pressure provided by a turbocharger comes with a certain delay (spool time), the acoustic boost effect is almost instantaneous. This is translated as an increased responsiveness and will more appreciated with the last WLTC (Worldwide harmonized Light vehicles Test Cycle) since it's more transient than the current NEDC cycle in Europe.

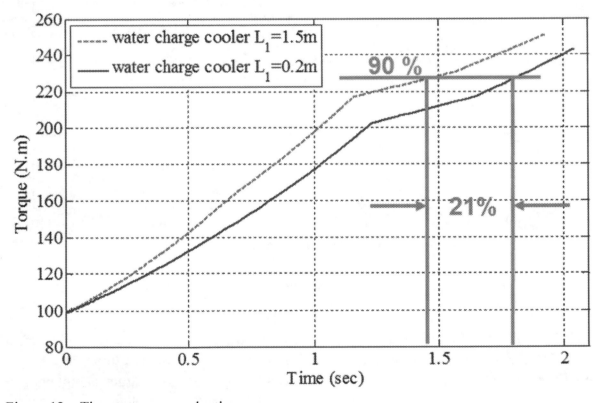

Figure 12 – Time to torque evaluation

Nowadays more valuable is the reduction of CO_2 emission. With a better time to torque, it's possible to change the gear ratios and apply downspeeding techniques while keeping the same dynamic responsiveness, thus enhancing fuel consumption [15].

Conclusion

An optimization of acoustic tuning was performed for a turbocharged engine. This approach is quite new, as very often charge air ducts are designed to only take into account pressure loss and packaging consideration. It is an opportunity for new products, with mechatronics integration to achieve the goal of being optimal for both torque and power. This is quite interesting for small turbocharged engine, with a single stage turbocharger, where the latter is not efficient enough at low engine loads and speed. The energy that we can recover from pressure waves is available for free when the cold side charge air duct is correctly tuned. In the case of a total integration of the charge air cooler into the air manifold, the risk is to shift the resonant toward the frequencies and thus cancel out the benefits of pressure wave propagation in the needed low end range. The active charge air duct is an innovation that can increase the torque at low engine speed by 16%. In such an active charge air duct, the short length and big diameter configuration is used for power generation, and the small and long length pipe is more tuned for low end torque. Once the active charge air duct geometry is chosen, an optimal strategy can be also tuned to have the best optimal configuration for performance at full load, and optimal fuel consumption at part load. As it is explained by Buhl *et al.* [16], pressure waves can be also used at part load to help reduce the PMEP (pumping mean effective pressure) for gasoline engines (de-throttling), reducing as a consequence the fuel consumption.

Bibliography

[1] DZUNG, L., Pressure pulsation at the intake of a supercharged internal combustion engine, Brown Boveri Rev, Vol. 39, pp. 295-305, 1952.

[2] RYTI, M., Pulsation in the air intake systems of turbocharged diesel engines, Brown Boveri Rev, Vol. 52 (1-2-3), pp. 190, 1965.

[3] AUBIN, S.; PRINCIVALLE, R.; SCHWEIKERT, S.; LEFEVRE, T.; PURWANTO, A., Supercharging System of an Internal Combustion Engine at Low Revolution Regime by Means of a Compressor Driven by an Electric Motor, Strasbourg – Pole Formation / CCI de Strasbourg: SIA, Société des Ingénieurs de l'Automobile, The Spark Ignition Engine of the Future, December 4 & 5, 2013.

[4] TAVERNIER, S.; EQUOY, S.; BIWERSI, S., Optimized E-booster applied to a downsized internal combustion engine: design and characterization, Strasbourg – Pole Formation / CCI de Strasbourg: SIA, Société des Ingénieurs de l'Automobile, The Spark Ignition Engine of the Future, December 4 & 5, 2013.

[5] KAUFMANN, M.; ARDEY, N.; STÜTZ, W., The New Cornerstones of the BMW Diesel Engine Portfolio, Lissabon: 21st Aachen Colloquium Automobile and Engine Technology, pp.23 -46, 10 October, 2012.

[6] WINTERBONE, D.E.; PEARSON, R.J., Theory of Engine Manifold Design: Wave Action Methods for IC Engines, Professional Engineering Publishing, 2000.

[7] TAYLOR, J.; GURNEY, D.; FREELAND, P.; DINGELSTADT, R.; STEHLIG, J.; BRUGGESSE, V., Intake Manifold Length Effects on Turbocharged Gasoline Downsizing Engine Performance and Fuel Economy, Detroit, MI: SAE no.2012-01-0714, DOI:10.4271/2012-01-0714, 2012.

[8] WATSON, N., Resonant intake and variable geometry tubocharging systems for a V-8 diesel engine, J. Power Energy, vol. 197, Proc. Instn Mech. Engrs., Part A, pp. 27-36, 1983.

[9] SATO, A.; SUENAGA, K.; NODA, M.; MAEDA, Y., "Advanced boost-up in Hino EP100-II turbocharged and charge-cooled diesel engine," *SAE,* no. paper 870298, 198.

[10] P. FONTANA and B. HUURDEMAN, A new evaluation method for the thermodynamic behavior of air intake systems, SAE 2005-01-1136, 2005.

[11] CHALET, D.; MAHE, A.; MIGAUD, J.; HETET, J.F., A frequency modeling of the pressure waves in the inlet manifold of internal combustion engine, Applied Energy, Vol. 88(9), pp. 2988-2994, ISSN 0306-2619, DOI 10.1016/j.apenergy.2011.03.036, 2011.

[12] MEZHER, H.; CHALET, D.; MIGAUD, J.; CHESSE, P.; RAIMBAULT, V., Transfer matrix computation wave action simulation in an internal combustion engine – ASME 2012 11th Biennal Conference on Engineering Systems Design and Analysis, Nantes, France: ESDA2012-82579, 2-4 July 2012.

[13] MEZHER, H.; CHALET, D.; MIGAUD, J.; RAIMBAULT, V.; CHESSE, P., Transfer matrix measurements for studying intake wave dynamics applied to charge air coolers with experimental engine validation in the frequency domain and the time domain, Proceedings of the Institution of Mechanical Engineers, Part D: Journal of Automobile Engineering, DOI: 10.1177/0954407012474630, May 21, 2013.

[14] HEYWOOD, J., Internal Combustion Engine Fundementals, MacGraw-Hill, 1988.

[15] OSTROWSKI, G.; NEELY, G.; CHADWELL, C.; MEHTA, D.; WETZEL, P., Downspeeding and Supercharging a Diesel Passenger Car for Increased Fuel Economy, SAE no. 2012-01-0704, DOI: 10.4271/2012-01-0704 , 2012.

[16] BUHL, H.; KRATZSCH, M.; GUNTER, M.; PIETROWSKI, H., Potential of variable intake manifolds to reduce CO2 emissions in part load, MTZ Worldwide, Volume 74, Issue 11, pp. 24-29, 2013.

Verbrauchsbestimmung von Kälte- und Wärmepumpenkreisläufen durch hochdynamische Verdichtermessungen gekoppelt mit Echtzeitsimulationen

Manuel Gräber, Nicholas Lemke, Wilhelm Tegethoff

1 Einleitung

Der Verdichter in Kälte- oder Wärmepumpenkreisläufen ist häufig der größte energetische Nebenverbraucher in Fahrzeugen. Die Bestimmung des genauen Anteils am Kraftstoffverbrauch ist allerdings schwierig, da dieser von zahlreichen Randbedingungen abhängt. Bedingt durch die langsame Dynamik der thermischen Speicher in einem Fahrzeug genügt es nicht, ausschließlich stationäre Betriebspunkte zu betrachten. Um realistische Aussagen zum Kraftstoffmehrverbrauch durch den Verdichter zu treffen, ist die Berücksichtigung des transienten Verhaltens des Gesamtsystems wichtig. Hierzu kann mit der im Folgenden vorgestellten Methode ein wichtiger Beitrag geleistet werden.

Klassische Verdichterprüfstände mit einem vollständigen Kältekreislauf sind aufgrund langsamer Dynamiken vergleichsweise schlecht regelbar. Der Wechsel von einem stationären Arbeitspunkt zum nächsten dauert häufig 30 Minuten oder sogar mehr. In diesem Beitrag wird ein alternatives Prüfstandkonzept vorgestellt: ein unterer Dreiecksprozess mit zusätzlichem zweiphasigen Kältemittelspeicher. Kombiniert mit schnellen Aktuatoren und Sensoren und einer sorgfältig entworfenen Regelung führt dieses Konzept zu einer deutlich verbesserten Sollwertfolge und ermöglicht das Testen eines automobilen Verdichters unter hochdynamischen Randbedingungen. Diese Randbedingungen können in einer festen Reihenfolge vorgegeben werden oder durch Echtzeitkopplung mit einem simulierten Fahrzeug bestimmt werden. So wird mit einer virtuellen Testfahrt ermöglicht, den Verdichter unter realistischen Einsatzbedingungen automatisiert zu testen.

In (Christen et al. 2006) und (Schiffmann and Favrat 2009) werden ebenfalls Dreiecksprozesse als Verdichterprüfstände vorgeschlagen. Allerdings unterscheiden sich in beiden Varianten die zusätzlichen Kältemittelverschaltungen zur Bereitstellung aller notwendigen Freiheitsgrade von dem im Folgenden vorgestellten Konzept.

2 Prüfstands- und Regelungskonzept

Die Grundidee des Prüfstands ist es, keinen vollständigen Kältekreislauf abzubilden sondern ausschließlich die für den Betrieb eines Verdichters benötigten Elemente. Ziel dabei ist, den Kältemittelkreislauf so klein wie möglich zu halten, dadurch Energie- und Massenspeicher zu minimieren und somit die Trägheit des Gesamtsystems zu verringern.

In Abbildung 1 ist der umgesetzte Kreisprozess im Druck-Enthalpie-Diagramm skizziert. Nach dem zu untersuchenden Verdichtungsprozess (1→2) folgt direkt eine Drosselung auf Saugdruckniveau (2→3) und anschließend eine Wärmeabfuhr bis zur gewünschten Sauggastemperatur (3→1). Aufgrund der Form im ph-Diagramm spricht man auch von einem unteren Dreiecksprozess. Zu beachten ist, dass sich der komplette

Kreislauf im gasförmigen Zustandsgebiet befindet. Das heißt es existiert kein zweiphasiges oder flüssiges Kältemittel im Kreislauf.

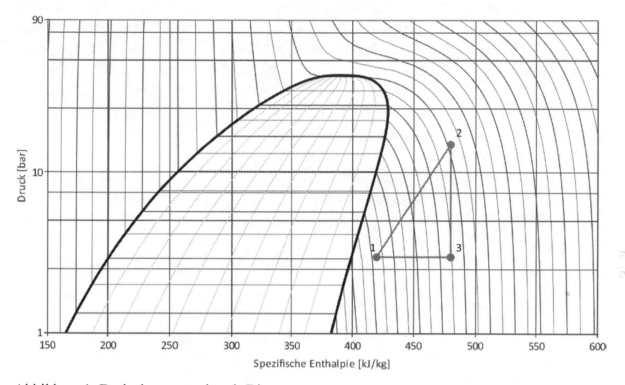

Abbildung 1: Dreiecksprozess im ph-Diagramm.

Zum Testen von Verdichtern müssen deren Randbedingungen eingestellt werden können. Das sind im Einzelnen:

- Drehzahl
- Saugdruck
- Hochdruck
- Saugtemperatur

Bei Hubkolbenverdichtern mit interner Saugdruckregelung würde anstelle des Saugdrucks der Kältemittelmassenstrom vorgegeben werden und zusätzlich der elektrische Strom durch das interne Regelventil des Verdichters. Im Folgenden wird ein drehzahlregelbarer elektrischer Scrollverdichter mit fester Fördergeometrie verwendet. Sollwerte für die eingebaute Drehzahlregelung werden über CAN-Bus vorgegeben. Für die drei restlichen einzustellenden Größen (Saugdruck, Hochdruck, Sauggastemperatur) stehen im reinen Dreiecksprozess nur zwei Freiheitsgrade zur Verfügung:

- Eintrittstemperatur des Kühlwassers im Rückkühler
  (3→1 in Abbildung 1)
- Öffnung des Expansionsventils

3

Das bedeutet, es gibt einen Freiheitsgrad zu wenig. Dieser fehlende Freiheitsgrad kann über die Variation der Masse an Kältemittel bereitgestellt werden. Das erfordert allerdings die Möglichkeit, während des Betriebs kontinuierlich Kältemittel aus dem aktiven Kreislauf ein- und auszulagern. Hierfür wird der in Abbildung 2 dargestellte Aufbau gewählt. Zusätzlich zum Dreiecksprozess wird ein Kältemittelsammler auf einem mittleren Druckniveau installiert. In der Zu- und Rückleitung sind zwei Ventile verbaut, die im Normalfall komplett geschlossen sind. Der Sammler – mit zweiphasigem Kältemittel gefüllt – ist also nicht Teil des aktiven Kreislaufs. Er dient nur als Pufferspeicher von Kältemittel. Bei Bedarf wird eines der beiden Ventile geöffnet und Kältemittel entweder in den Sammler eingelagert oder aus dem Sammler in den aktiven Kreislauf ausgelagert. Damit das eintretende gasförmige Kältemittel im Sammler kondensieren kann und der Druck auf einem mittleren Niveau bleibt, muss ein Wärmestrom zwischen Sammler und Umgebung ermöglicht werden. Der Wärmeübergang kann bei Bedarf durch Anströmen des Sammlers mit einem Gebläse erhöht werden.

Die Wärmeabfuhr nach der Drosselung geschieht in einem Plattenwärmeübertrager an Wasser. Die Wasserströmung ist in Abbildung 2 blau dargestellt. Über ein Proportionalventil wird kaltes Wasser dem aus dem Wärmeübertrager zurückströmenden Wasser zugemischt. Die Temperatur am Eintritt wird über die Stellung des Ventils geregelt. Bei entsprechender Dimensionierung des Wärmeübertragers entspricht die eigentliche Regelgröße Sauggastemperatur der Wassereintrittstemperatur. Falls notwendig, können Abweichungen vom Sollwert mit einem zusätzlichen überlagerten Regler (Kaskadenregelung) vermieden werden. Damit bleiben noch zwei Freiheitsgrade (Kältemittelmasse, Expansionsventilstellung) und zwei Regelgrößen übrig (Saugdruck, Hochdruck). Alle vier Größen sind stark miteinander gekoppelt. Deutlich erkennbar ist das an den gemessenen Sprungantworten auf eine Änderung des Expansionsventils in Abbildung 3. Beide Drücke reagieren sowohl dynamisch als auch statisch in einer vergleichbaren Größenordnung. Auch bei einer Änderung der aktiven Kältemittelmasse über die beiden Sammlerventile reagieren beide Drücke (siehe Abbildung 4). Das bedeutet für die Umsetzung der Druckregelung mit zwei einzelnen PI-Reglern, dass beide möglichen Stell- und Regelgrößenkombinationen funktionieren würden. Beim Regelungsentwurf ist die starke Kopplung auf jeden Fall zu beachten.

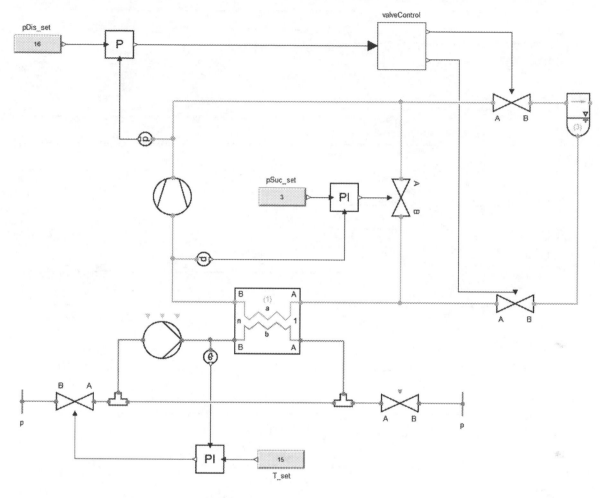

Abbildung 2: Schema des Verdichterprüfstands. Der Kältemittelkreislauf ist grün dargestellt und der Kühlwasserkreislauf blau.

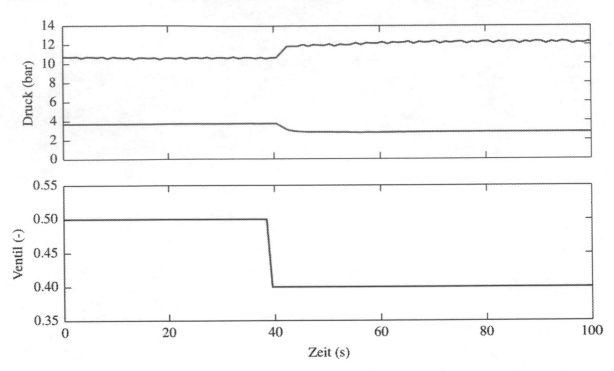

Abbildung 3: Sprungantwort der beiden Drücke auf eine Änderung des Expansionsventils.

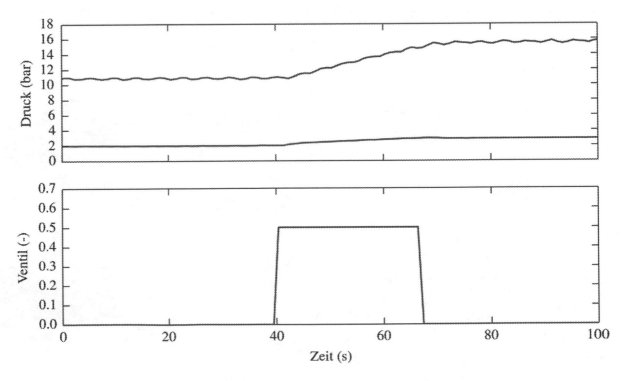

Abbildung 4: Antwort der beiden Drücke auf Änderungen eines der Kältemittel-verlagerungsventile.

3 Software-Werkzeugkette für virtuelle Testfahrten

Der in Abschnitt 2 beschriebene Verdichterprüfstand zeichnet sich durch eine vergleichsweise schnelle Dynamik und gute Sollwertfolge aus. Damit können stationäre Betriebspunkte eines Verdichters gemessen werden, mit einem deutlich verringerten Zeitaufwand verglichen zu einem kompletten Kältekreislauf. Andererseits ermöglicht der Prüfstand auch die Vorgabe von transienten Randbedingungen. Diese transienten Randbedingungen können aus einer parallel laufenden Echtzeitsimulation stammen. Dadurch kann ein Verdichter unter realistischen Bedingungen vermessen werden, ohne in ein Fahrzeug eingebaut werden zu müssen.

Mit den Modelica Modellbibliotheken TIL und TILMedia kann ein echtzeitfähiges Modell des Kältekreislaufs und des Fahrzeuginnenraums erstellt werden (Gräber et al. 2010; Richter 2008; Schulze et al. 2011). In diesem Modell einer PWK-Klimaanlage wird das Verdichtermodell durch den realen Verdichter am Prüfstand ersetzt. Dazu wird der Kältekreislauf aufgeschnitten. Über die Kosimulationsplattform TISC (Kossel et al. 2011) werden Daten zwischen Modell und Prüfstand ausgetauscht.

In Abbildung 5 ist das resultierende Simulationsmodell zusammen mit den über TISC übertragenen Größen schematisch dargestellt. An beiden offenen Enden des Kältekreislaufs wird der Massenstrom entsprechend der Messung am Prüfstand vorgegeben. Umgekehrt werden die in der Simulation sich einstellenden Drücke an den Prüfstand geschickt und dort als Sollwerte für die Druckregelung verwendet. Ebenso wird die simulierte Sauggastemperatur an den Prüfstand übertragen, während die gemessene Temperatur am Verdichterauslass eine Vorgabe im Modell ist. Im Modell ist außerdem ein PI-Regler enthalten, der die Zulufttemperatur für den Fahrzeuginnenraum regelt. Stellgröße ist die Verdichterdrehzahl, die ebenfalls an den Prüfstand übertragen wird.

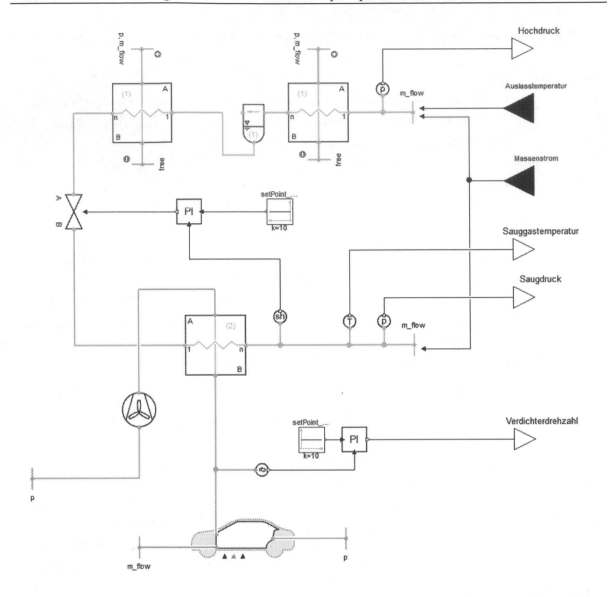

Abbildung 5: Schematische Skizze des Simulationsmodells mit Schnittstellen zur echten Welt. Der virtuelle Kältekreislauf (grün) ist aufgeschnitten und gekoppelten mit dem realen Verdichterprüfstand über den Austausch von simulierten und gemessenen Größen. Der Luftpfad (orange) und der Fahrzeuginnenraum sind ebenfalls virtuell abgebildet.

4 Ergebnisse eines Beispielversuchs

Im Folgenden werden die Ergebnisse einer Echtzeitsimulation gekoppelt mit dem Verdichterprüfstand beschrieben.

Der Modell-/Versuchsaufbau entspricht der in Abbildung 5 dargestellten Struktur. Untersucht wird ein Sommerszenario. Es herrscht eine Außentemperatur von 30°C und die Luft im Fahrzeuginnenraum ist auf 45°C aufgeheizt. Simuliert wird eine typische Pendlerfahrt von Braunschweig nach Wolfsburg mit etwa 30 min Fahrzeit. Das Geschwindigkeitsprofil stammt aus aufgezeichneten GPS-Daten und ist in Abbildung 6 dargestellt.

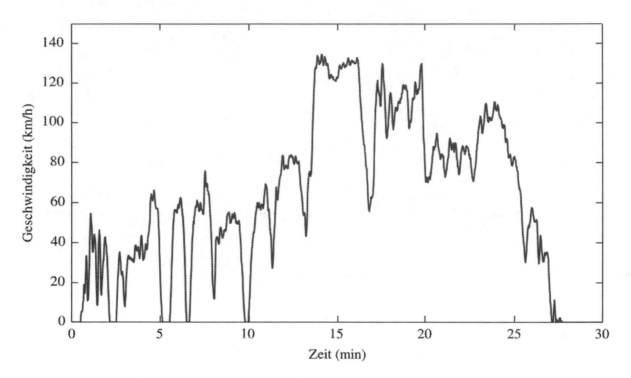

Abbildung 6: Fahrzeuggeschwindigkeit aus GPS-Daten einer Fahrt von Braunschweig nach Wolfsburg.

Die Luftmassenströme am Klimakondensator werden abhängig von der Fahrtgeschwindigkeit vorgeben. Wie man in den Mess- und Simulationsergebnisse in Abbildung 7 sieht, hat der variable Luftmassenstrom einen starken Einfluss auf den Hochdruck. Man erkennt außerdem, dass die Prüfstandsregelung der Sollwertvorgabe aus der Echtzeitsimulation gut folgen kann.

Die Resultate für den virtuellen Fahrzeuginnenraum sind in Abbildung 8 dargestellt. Die Zulufttemperatur bewegt sich um den konstanten Sollwert von 10 °C. Die Innenraumtemperatur fällt zu Beginn stark ab und erreicht bis zur Hälfte der Fahrt etwa 21 °C. Dann wird der Zuluftmassenstrom heruntergeschaltet. Die Zulufttemperaturregelung reagiert auf diese Störung und erreicht wieder den Sollwert. Mit dem reduzierten Luftmassenstrom erreicht die Innenraumtemperatur schließlich etwa 23 °C.

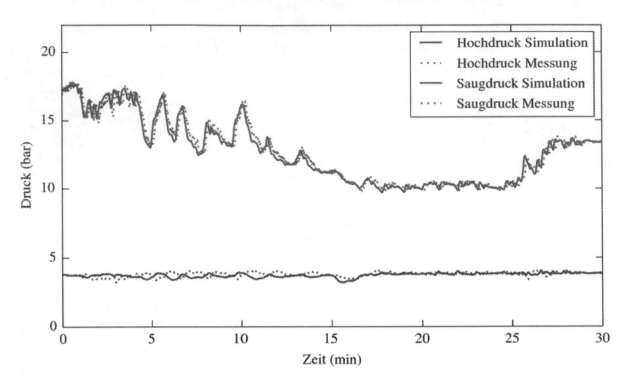

Abbildung 7: Kopplung von Echtzeitsimulation und Messung. Die simulierten Drücke sind Sollwerte für die realen gemessenen Drücke.

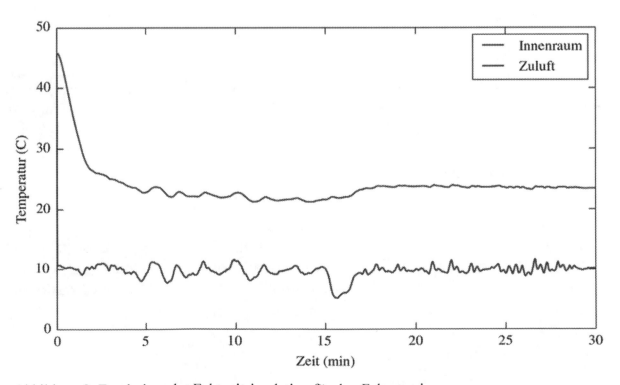

Abbildung 8: Ergebnisse der Echtzeitsimulation für den Fahrzeuginnenraum.

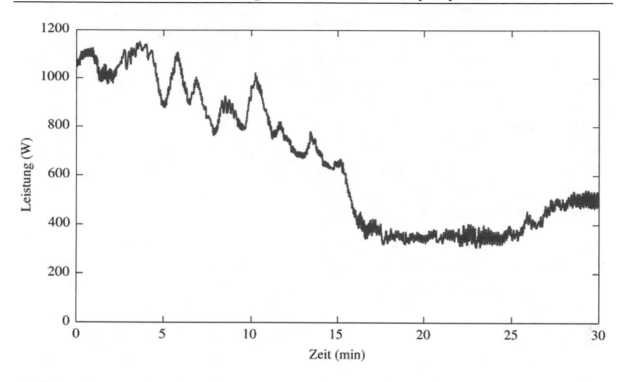

Abbildung 9: Gemessene elektrische Antriebsleistung des Scrollverdichters.

Die benötigte elektrische Antriebsleistung des Scrollverdichters ist in Abbildung 9 dargestellt. Zu Beginn während der Abkühlung des Innenraums (Cool Down) wird am meisten Leistung benötigt. In der zweiten Fahrthälfte reduziert sich die Leistung deutlich durch den verringerten Zuluftmassenstrom. Mit einem Modell der elektrischen Fahrzeugkomponenten oder der Annahme von Wirkungsgraden kann aus diesen Daten der durch den Klimaverdichter verursachte Kraftstoffverbrauch berechnet werden. Bei einem angenommen Gesamtwirkungsgrad von Kraftstoff bis elektrische Energie am Verdichter von 30 % würde sich ein Kraftstoffmehrverbrauch für diese Fahrt von 0.12 l ergeben. Mit einem geschätzten Kraftstoffverbrauch für die Fahrtstrecke ergibt sich der Mehrverbrauch durch die Klimatisierung zu 10 %.

5 Zusammenfassung und Fazit

Mit der gezeigten Softwarewerkzeugkette ist es möglich gekoppelte virtuelle und reale Experimente durchzuführen. Mit den Modellbibliotheken TIL und TILMedia können echtzeitfähige thermische Systemmodelle erstellet werden. Der Datenaustausch zwischen realer und virtueller Welt kann über die Kosimulationsplattform TISC realisiert werden. Für die gezeigten Verdichtermessungen mit gekoppelter Echtzeitsimulation ist es entscheidend, dass der Verdichterprüfstand inklusive Regelung schnell genug auf die Sollwertvorgaben aus der Echtzeitsimulation reagiert. Das entworfene Konzept eines Verdichterprüfstands mit Dreiecksprozess hat sich hierfür bewährt. Damit steht ein

Werkzeugverbund zur Verfügung, um den Verbrauch von Verdichtern und realistischen Bedingungen zu bewerten. Außerdem können durch Änderungen im Modell sehr schnell der Einfluss von Varianten des Gesamtsystems untersucht werden.

Literatur

Christen, Thomas, Beat Hubacher, Stefan S. Bertsch, and Eckhard A. Groll. 2006. "Experimental Performance of Prototype Carbon Dioxide Compressors." In *International Compressor Engineering Conference*. Purdue.

Gräber, Manuel, Kai Kosowski, Christoph Richter, and Wilhelm Tegethoff. 2010. "Modelling of Heat Pumps with an Object-Oriented Model Library for Thermodynamic Systems." *Mathematical and Computer Modelling of Dynamical Systems* 16 (3) (October 22): 195–209. doi:10.1080/13873954.2010.506799.

Kossel, Roland, Martin Löffler, Nils Christian Strupp, and Wilhelm Tegethoff. 2011. "Distributed Energy System Simulation of a Vehicle." In *Vehicle Thermal Management Systems Conference*. Institution of Mechanical Engineers, SAE International.

Richter, Christoph. 2008. "Proposal of New Object-Oriented Equation-Based Model Libraries for Thermodynamic Systems". Technische Universität Braunschweig.

Schiffmann, J., and D. Favrat. 2009. "Experimental Investigation of a Direct Driven Radial Compressor for Domestic Heat Pumps." *International Journal of Refrigeration* 32 (8) (December): 1918–1928. doi:10.1016/j.ijrefrig.2009.07.006.

Schulze, Christian, Manuel Gräber, Michaela Huhn, and Uwe Grätz. 2011. "Real-Time Simulation of Vapour Compression Cycles." In *8th International Modelica Conference*. Dresden.

Einsatz eines umfassenden Fahrzeugmodells zur Optimierung der Aufheizstrategie eines elektro-hybriden Antriebsstrangs

Dipl.-Ing. Thorsten Krenek

Dipl.-Ing. Dr.techn. Thomas Lauer

Dipl.-Ing. Nikola Bobicic

Dipl.-Ing. Dr.techn. Werner Tober

© Springer Fachmedien Wiesbaden GmbH, ein Teil von Springer Nature 2018
J. Liebl und G. Rainer (Hrsg.), *VPC.plus 2014*, Proceedings,
https://doi.org/10.1007/978-3-658-23775-2_17

Einleitung

Fahrzeuge mit elektrifiziertem Antriebstrang (HEV – Hybrid-Electric Vehicles) stellen derzeit in Bezug auf Kraftstoffverbrauch und Reichweite einen vielversprechenden Kompromiss aus konventionellen Antriebskonzepten und rein elektrisch betriebenen Fahrzeugen (EV – Electric Vehicles) dar [1]. Sie heben einerseits die Potenziale der Elektrifizierung (Rekuperation, elektrischer Vortrieb) und sind andererseits nicht durch die geringen Reichweiten heutiger EVs eingeschränkt.

Es ist jedoch eine effiziente Strategie für das Thermomanagement zu entwickeln, um einen geringen Kraftstoffverbrauch bzw. hohe elektrische Reichweite auch bei ungünstigen Umgebungsbedingungen, wie tiefen Außentemperaturen, sicherzustellen. HEVs haben etwa im Vergleich zu EVs den Vorteil, dass sie die Abwärme der Verbrennungskraftmaschine (VKM) für das Aufheizen der Fahrerkabine nutzen können. Dadurch ergibt sich ein Potenzial zur Senkung des Energieverbrauchs des elektrischen Heizelements. Um dieses Potenzial optimal nutzen zu können ist es aufgrund der wechselseitigen Abhängigkeiten notwendig, den elektrifizierten Antriebsstrang inklusive den Kühlkreisläufen und der Fahrerkabine gesamthaft zu analysieren. Die vorliegende Arbeit beschreibt einen Lösungsansatz zur Optimierung der Aufheizstrategie der Fahrerkabine bei einem elektro-hybriden Antriebsstrang mittels eines umfassenden Fahrzeugmodells.

Der Antriebstrang des Opel Ampera

Die folgenden Untersuchungen wurden an einem Opel Ampera durchgeführt. Der Antriebsstrang des Opel Ampera [2] bzw. Chevrolet Volt besteht im Wesentlichen aus einem 1,4 Liter 4-Zylinder Saugmotor, zwei E-Maschinen und einem Planetengetriebe. Die elektrische Energie wird in einer Hochvolt Lithium-Ionen-Batterie mit 16 kWh Gesamtenergie gespeichert. Die rein elektrische Reichweite wird mit 40–80 km angegeben [2]. Es stehen grundsätzlich zwei elektrische und zwei VKM-unterstützte Betriebsmodi zur Verfügung. Die Antriebselektromaschine, der Generator und die VKM sind mit einem Planetengetriebes mit der Antriebswelle verbunden. Es kann zwischen einem 1- und 2-motorigen elektrischen Betrieb sowie einem seriellen und leistungsverzweigten Hybridmodus gewechselt werden.

Da das Aufheizverhalten der Fahrerkabine bei niedrigen Außentemperaturen in die Betriebsstrategie integriert wurde, war eine detaillierte modellhafte Abbildung des Kühlkreislaufes erforderlich. Abbildung 1 zeigt schematisch dessen Struktur für dieses Fahrzeug.

Kühlkreislauf – Betrieb ohne VKM

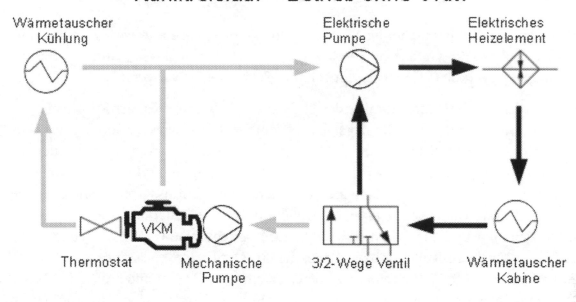

Kühlkreislauf – Betrieb mit VKM

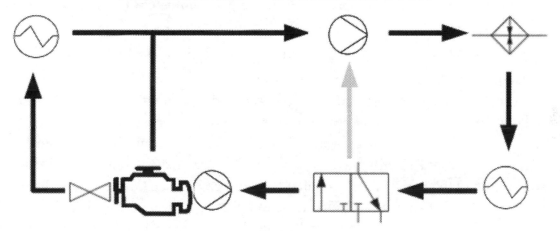

Abbildung 1: Schematische Abbildung des Kühlkreislaufes

Mithilfe eines Ventils kann zwischen Betrieb mit und ohne VKM umgeschaltet werden. Beim Betrieb ohne VKM wird mithilfe einer elektrischen Pumpe das Kühlwasser in einem kleinen Kreislauf bewegt und elektrisch geheizt. Mithilfe eines Wärmetauschers kann die Energie des Kühlwassers an die Zuluft zur Fahrerkabine übertragen werden. Beim Betrieb mit VKM wird das Kühlwasser mithilfe der mechanischen Pumpe bewegt und über die VKM geleitet, wodurch die Abwärme der VKM für die Beheizung der Fahrerkabine genutzt werden kann.

Modellhafte Abbildung des Fahrzeugs

Das Fahrzeugmodell beinhaltet im Wesentlichen alle oben beschriebenen Komponenten des Antriebstrangs, sowie den in Abbildung 1 dargestellten Kühlkreislauf. Als Simulations-umgebung wurde GT-SUITE von Gamma Technologies verwendet.

Die Fahrwiderstände werden mithilfe des Luftwiderstandsbeiwertes, der Stirnfläche, des Fahrzeuggewichts und des Rollwiderstandes ermittelt. Diese wurden durch einen Ausrollversuch am realen Fahrzeug ermittelt. Ein PID-Regler übernimmt im Modell die Fahrerfunktion und bewegte das Fahrzeug im spezifizierten Fahrzyklus. Der momentane Betriebsmodus wurde in Abhängigkeit der wichtigsten Einflussgrößen, wie etwa Geschwindigkeit und Batterieladezustand festgelegt und die erforderliche Leistung auf die Elektromaschinen und die VKM aufgeteilt. Der Serienzustand des Fahrzeugs wurde mithilfe von Tests am Rollenprüfstand spezifiziert. Die Elektromaschinen wurden über statische Wirkungsgrad-Kennfelder und deren maximales Drehmoment dargestellt. Der Batterie lag ein statisches Modell zugrunde, das über die Leerlaufspannung und den Innenwiderstand in Abhängigkeit des Batterieladezustands definiert ist. Die Kupplungen für den Wechsel der Betriebsmodi wurden mit einem einfachen Coulomb-Reibmodell abgebildet.

Es wurde ein detailliertes Modell der Verbrennungskraftmaschine entwickelt, um den Einfluss einzelner Motorparameter auf Antriebsleistung und Abwärme beurteilen zu können. Der Ladungswechsel wurde dabei mittels 1-dimensionaler instationärer Gasdynamik berechnet, der Hochdruckprozess mittels 2-Zonen Verbrennungsmodell, Brennverläufen nach Vibe [4] und Wandwärmeverlusten nach Woschni [5]. Die Parameter für den Vibe-Brennverlauf (Verbrennungsschwerpunkt, Brenndauer und Formfaktor) wurden betriebspunktabhängig mit neuronalen Netzen berechnet. Die benötigten Daten dafür wurden mittels Hoch- und Niederdruck-Indizierung am Motorprüfstand und einer Dreipunkt-Verbrennungsanalyse ermittelt. Die Wärmeabgabe der VKM an das Kühlwasser wurde mit einem thermischen Massensystem, bestehend aus Wärmequelle, Block und Zylinderkopf, abgebildet.

Um im Folgenden unterschiedliche Aufheizstrategien in diversen Fahrzyklen analysieren zu können, war außerdem eine Berechnungszeit nahe der Echtzeit notwendig, was eine Reduzierung der Modellkomplexität erforderlich machte, insbesondere in Bezug auf das Motormodell. Deshalb wurde das detaillierte gasdynamische Modell in ein Mean-Value Modell überführt, das nur eine mittlere Strömung und einen mittleren Hochdruckprozess rechnet und die spezifischen Eigenschaften des Motors über trainierte neuronale Netze berücksichtigt. Durch diese Maßnahmen wird der Einfluss auf den Berechnungszeitschritt wesentlich verkleinert, wodurch das Modell nahezu echtzeitfähig wurde. Beim Trainieren der neuronalen Netze wurden Variabilitäten im Ladungswechsel, wie die variable Ventilsteuerung berücksichtigt.

Experimentelle Untersuchungen zur Modellvalidierung

Parallel zur Modellierung wurden umfangreiche experimentelle Untersuchungen am Motor- und Fahrzeugprüfstand durchgeführt, um die einzelnen Submodelle zu validieren. Zu diesem Zweck wurde ein A14XER der Fa. OPEL am Motorprüfstand vermessen. Der Motor war vollindiziert, der Kraftstoffverbrauch wurde gravimetrisch vermessen. Es wurde eine Asynchronmaschine als Verbraucher eingesetzt, um transienten Motor- und Schleppbetrieb zu ermöglichen.

Mittels stationärer Kennfeldmessungen mit Variationen des Zündzeitpunkts, des Luft/Kraftstoffverhältnisses und der Ventilsteuerzeiten wurden die Verbrennungsmodelle abgestimmt. Es wurden außerdem die Druckverluste und Wärmeübergänge im Luftpfad und im Abgasstrang angepasst. In Abbildung 2 ist die Abweichung des gemessenen und des mit dem abgestimmten Modell berechneten spezifischen Kraftstoffverbrauchs im Motorkennfeld dargestellt.

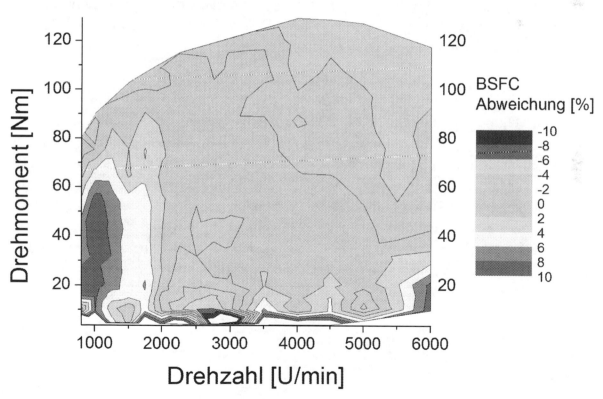

Abbildung 2: Prozentuale Abweichung des gerechneten und gemessenen spezifischen Kraftstoffverbrauchs [g/kWh] im Motorkennfeld

Es lässt sich insgesamt eine gute Übereinstimmung beobachten, nur in niedrigen Drehzahl-/Lastbereichen beträgt die Abweichung mehr als fünf Prozent. Dies kann allerdings für den zu erwartenden Betriebsbereich des Motors vernachlässigt werden.

Zur Bestimmung der Wärmeströme ins Kühlwasser wurde die Kühlwassertemperatur im stationären und transienten Betrieb gemessen und die thermischen Massen und Wärmeübergänge des Motormodells angepasst. Zur Abstimmung des gesamten Antriebsstrangs, der Betriebsstrategie und des Thermomanagements wurde ein Opel Ampera auf dem Rollenprüfstand vermessen. Es wurden der Kraftstoffdurchfluss, Temperaturen, Volumenströme und elektrische Ströme für alle relevanten Komponenten bestimmt. Die elektrischen Komponenten wurden mithilfe des Messsystems DEWE-2602 von Dewetron vermessen. Die Volumenströme im Kühlkreislauf wurden mit NATEC FT12 und FT24 Messturbinen, die Temperaturen mit Typ K Klasse 2 Thermoelementen gemessen.

Für die Untersuchungen des Aufheizverhaltens des Kühlwassers und der Fahrerkabine wurde das Fahrzeug bei minimalen Batterieladezustand und -10 °C Prüfstandtemperatur im US06 [6] und im Neuen Europäischen Fahrzyklus (NEFZ) [7] am Rollenprüfstand betrieben. Die Fahrzyklen wurden aufgrund ihrer unterschiedlichen Anforderung an den Antriebsstrang gewählt. Der US06 Zyklus weist eine etwa doppelte so hohe Durchschnittsgeschwindigkeit und wesentlich höhere Dynamik auf, woraus deutlich höhere Leistungsanforderungen an den Antriebstrang resultieren.

Die Ergebnisse der Fahrzeugmessung wurden einerseits zur Kalibrierung der einzelnen Submodelle herangezogen und stellten andererseits für die folgenden Untersuchungen zur Heizstrategie die Referenz dar. Es ist zu beachten, dass bei den Untersuchungen des numerischen Modells auf den jeweiligen spezifizierten Fahrzyklus optimiert wurde und die Referenzmessung am Rollenprüfstand somit nur als Orientierung anzusehen ist. Des Weiteren wurden auch Maßnahmen, wie z.B. ein verkleinerter Hubraum der VKM, gesetzt, die sich teilweise nur für spezifische Fahrzyklen umsetzen lassen. Somit können aus den Ergebnissen die Potenziale für die jeweiligen Fahrzyklen abgeleitet werden, aber keine Rückschlüsse auf den allgemeinen Betrieb des Fahrzeugs gezogen werden. Abbildung 3 zeigt die gemessenen und berechneten Verläufe der Kühlwassertemperatur im oben erläuterten Kühlkreislauf vor dem Wärmetauscher für beide Fahrzyklen.

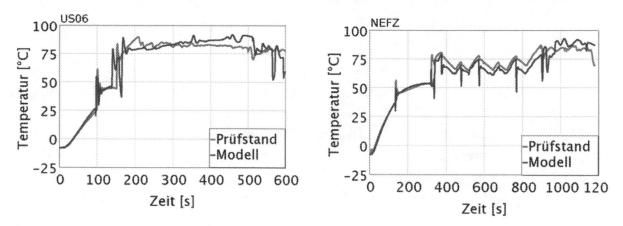

Abbildung 3: Vergleiche zwischen der Modellberechnung und den Prüfstandsmessungen der Kühlwassertemperaturverläufe im US06 (links) und im NEFZ (rechts)

Die Zuluft in die Fahrerkabine wurde dabei im Modell so eingestellt, dass die Kabinentemperatur der gemessenen entspricht. Ersichtlich ist die gute Übereinstimmung, vor allem zu Beginn des Zyklus, die für die korrekte Darstellung des Aufheizverhaltens essenziell ist. Im NEFZ wird auch die Abkühlung des Kühlwassers bei Stillstand der VKM gut wiedergegeben. Ebenfalls zu erkennen ist das Umschalten zwischen Thermomanagement mit und ohne Verbrennungsmotor, welches durch einen Temperatursprung, im US06 bei etwa 3 Minuten und im NEFZ bei 6 Minuten, im Kühlwasser ersichtlich ist.

Methodische Entwicklung der Aufheizstrategie

Ziel der Entwicklung einer optimierten Aufheizstrategie war die Senkung des

Kraftstoffverbrauchs bzw. die Erhöhung der Gesamteffizienz des Antriebsstrangs bei gleichem Klimakomfort. Dies wurde durch die Definition einer Zieltemperatur, die der entsprechenden Temperatur der Referenzlösung entspricht, in der Fahrerkabine nach 5 Minuten Fahrzeit im Zyklus sichergestellt. Wird ab diesem Zeitpunkt die Temperatur unterschritten, wird die Strategie als ungültig gewertet. Zusätzlich wurden für abweichende Batterieladezustände ein modifizierter Kraftstoffverbrauch berechnet, der als Zielgröße definiert wurde. Der modifizierte Kraftstoffverbrauch b_{mod} wird wie folgt berechnet:

7

$$b_{mod} = b - \frac{E_{bat}(\Delta SOC)}{H_u * \rho * \eta_{ges}}$$
(1)

b .... berechneter Kraftstoffverbrauch ohne Berücksichtigung des Batteriela-
dezustandes (SOC)

E_{bat} (ΔSOC) ... Elektrische Energiedifferenz in der Batterie

H_u .... unterer Heizwert

ρ .... Kraftstoffdichte

η_{ges} .... Gesamtwirkungsgrad VKM → Generator → Inverter → Batterie

Zur Berücksichtigung eines nicht ausgeglichenen SOCs wurde für den VKM-
Wirkungsgrad 22 % bei zu geringem Ladezustand und 38 % bei zu hohem Ladezustand
der Batterie angenommen. Diese Werte wurden empirisch ermittelt und führen dazu,
dass der SOC der besten gefundenen Lösungen nur geringfügig vom Ziel-SOC abweicht. Alle weiteren Wirkungsgrade werden fix mit 92 % angenommen, was in etwa
den Wirkungsgraden entspricht, wenn bei 2.000 1/min unter VKM Volllast geladen
wird.

Zur Optimierung der Aufheizstrategie der Fahrerkabine und der Reichweite des Fahrzeugs wurden folgende maßgebliche Kenngrößen ausgewählt:

- Hubraum der VKM
- Maximale elektrische Heizleistung für die Fahrerkabine
- Kühlwassertemperatur, bis zu welcher elektrisch geheizt wird
- Minimale VKM-Kühlwassertemperatur für Abwärme Nutzung
- Batterieladestrategie (max. Leistung, max. Ziel-SOC Abweichung)
- Betriebsmodi (Seriell, Powersplit-Hybrid)

Diese wurden im Modell parametrisiert und dem Optimierung als Eingangsgrößen
übergeben. Es wurde die in [8] erläuterte selbstentwickelte Optimierungssoftware eingesetzt. Dadurch konnten jeweils für den NEFZ und US06 Fahrzyklus optimierte Heiz-
strategien ermittelt werden, die in weiterer Folge analysiert werden. Für die Optimierung wurden die oben angeführten Kenngrößen innerhalb sinnvoll gewählter
Parametergrenzen optimiert. Die elektrische Heizleistung wurde zwischen 0 und 7 kW
variiert, was der höchsten gemessenen Heizleistung entspricht. Die maximale Generatorleistung wurde im NEFZ zwischen 15 und 45 kW, im US06 zwischen 30 und 60 kW
variiert. Der Faktor für den Hubraum wurde im NEFZ zwischen 0,5 und 1, im US06
zwischen 0,7 und 1 gewählt. Die Grenzen für die Generatorleistung und den Hubraum
wurden dabei jeweils dem unterschiedlichen mittleren Leistungsbedarf des Zyklus angepasst. Die untere Grenze des Hubraums wurde nicht kleiner als 0,5 gesetzt, weil dadurch das Fahrzeug für höhere Geschwindigkeiten und Steigungen nicht mehr ausreichend elektrische Energie generieren könnte.

Aufheizstrategien bei -10°C Umgebungstemperatur im Neuen Europäischen Fahrzyklus

Bei der Referenzlösung wurde die VKM, wie anhand der horizontalen Verbrauchsabschnitte in Abbildung 4 ersichtlich, intermittierend betrieben und stand dabei etwa ein Drittel der Zeit still. Bei der optimierten Strategie wurde der Hubraum halbiert und in einem ähnlichen Betriebsbereich betrieben, siehe Abbildung 5. Zur Verifikation wurde die optimierte Strategie zusätzlich mit einem von vier auf zwei Zylinder reduzierten detaillierten Motormodell berechnet, wobei die Abweichung des Gesamtverbrauchs unter 3 % lag. Durch die Halbierung des Hubraums und die damit verbundene Lastpunktanhebung bei gegebener Drehzahl und gegebenem Drehmoment konnte die VKM, wie in Abbildung 4 dargestellt, kontinuierlich und bei hoher Effizienz betrieben werden. Gegenüber dem Referenzzustand ergab sich erwartungsgemäß eine Verbrauchseinsparung, allerdings wäre beim realen Fahrzeug die damit verbundene eingeschränkte Maximalleistung nicht akzeptabel.

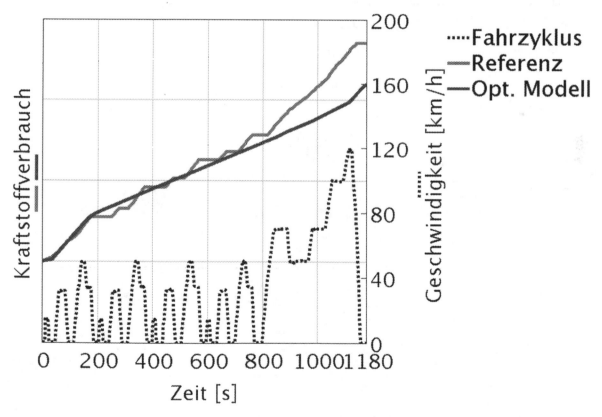

Abbildung 4: Vergleiche des kumulierten Kraftstoffverbrauchs der Referenz und optimierten Strategie im NEFZ

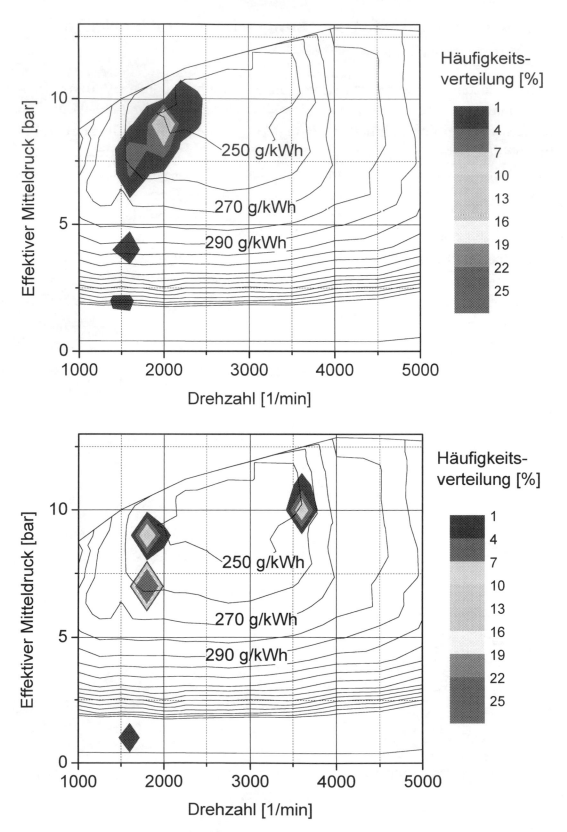

Abbildung 5: Vergleiche der Betriebspunktverteilung im NEFZ – Referenz (oben), optimierte Strategie (unten)

Durch diese Maßnahme konnten darüber hinaus die CO-Emissionen reduziert werden, die im Zuge jedes Neustarts auftraten. Ein Betrieb der VKM mit höherer Leistung führte zudem dazu, dass die Abwärme der VKM früher genutzt werden konnte. Dadurch wurde die elektrische Heizleistung und in weiterer Folge der Kraftstoffverbrauch weiter abgesenkt, siehe zweite y-Achse in Abbildung 6. Trotz der verminderten elektrischen Heizleistung blieb der Klimakomfort nahezu gleich.

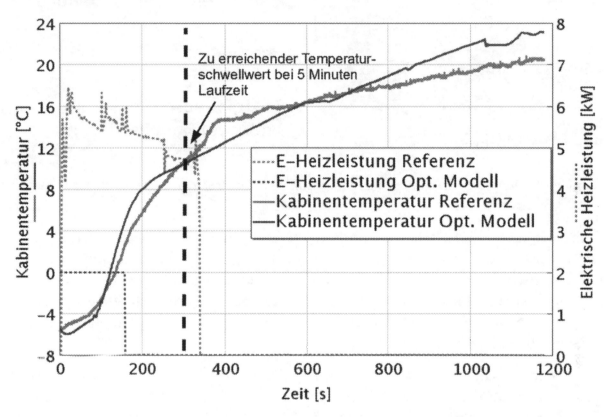

Abbildung 6: Vergleich des Temperaturverlaufs im Innenraum und der elektrischen Heizleistung zwischen Referenz und optimierter Strategie im NEFZ

Dies konnte durch eine stärkere Nutzung der Energie im Kühlwasser für die Beheizung erreicht werden, was aber wiederum zu einer um etwa 20 °C geringeren Kühlwassertemperatur und theoretisch zu erhöhtem Reibmitteldruck führte. Diese Auswirkung wurden im Simulationsmodell durch das Reibmitteldruck-Modell nach Fischer [9] berücksichtigt. Dabei ergibt sich beispielsweise unter Volllast bei 2.000 1/min und einer Kühlwassertemperatur von 50 statt 70 °C ein um 0,08 bar erhöhter Reibmitteldruck.

Insgesamt überwiegte allerdings der Nutzen der verringerten Heizleistung. Die Verringerung der elektrischen Heizleistung trägt auch, wie in Abbildung 7 gezeigt, zur Senkung des benötigten Energiebedarfs bei. Im Vergleich zum realen Fahrzeugbetrieb wird im Modell allerdings kein erhöhter Verschleiß der VKM durch niedrigere Betriebstemperaturen berücksichtigt.

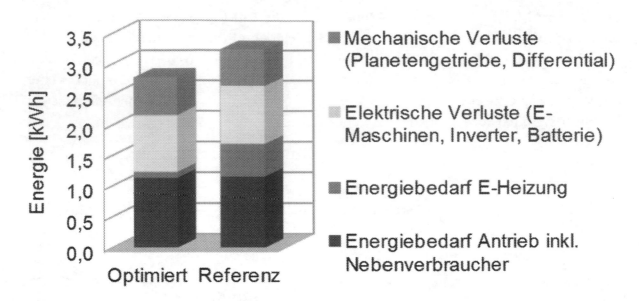

Abbildung 7: Vergleich der Energiebilanz im NEFZ zwischen Referenz und optimierter Strategie

Zum Energiebedarf, der sich aus dem Vortrieb des Fahrzeugs, der elektrischen Heizung und der sonstigen Nebenverbraucher zusammensetzt, müssen noch die mechanischen und elektrischen Verluste addiert werden um die aufzubringende Arbeit der VKM ermitteln zu können. Aufgrund der geringen erforderlichen Vortriebsleistung im NEFZ, hat die Verringerung der elektrischen Heizleistung einen erheblichen Einfluss auf den gesamten Energiebedarf.

Des Weiteren haben auch die elektrischen Verluste einen erheblichen Einfluss auf die aufzubringende Arbeit der VKM. Diese setzen sich aus den Verlusten der E-Maschinen, des Inverters und der Batterie zusammen. Die Batterieverluste waren aufgrund des intermittierenden Betriebs bei der Referenzlösung geringfügig größer. In Summe waren bei beiden Lösungen die elektrischen Verluste etwa gleich. Dies ist auch dadurch zu erklären, dass in beiden Lösungen der Stadtzyklus im seriellen Hybridmodus und der Überlandzyklus hauptsächlich im leistungsverzweigten Hybridmodus betrieben wurde, was zu ähnlichen Betriebsbereichen der E-Maschinen führte.

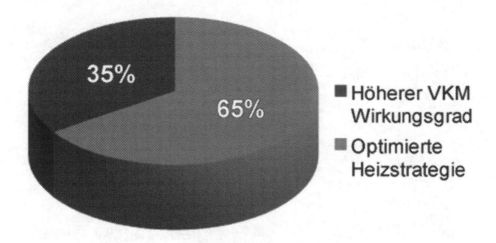

Abbildung 8: Aufteilung der Verbrauchseinsparung im NEFZ

Die gesamte Verbrauchseinsparung betrug ca. 18% und setzte sich, wie in Abbildung 8 dargestellt, aus dem verminderten Energiebedarf aufgrund der optimierten Heizstrategie und dem durchschnittlich geringeren spezifischen Verbrauch zusammen.

Aufheizstrategien bei -10°C Umgebungstemperatur im US06

Aufgrund der höheren Leistungsanforderung des US06 Zyklus waren weder bei der optimierten Lösung als auch bei der Referenz intermittierender Betrieb notwendig. Bei der optimierten Lösung wurde der Hubraum der VKM nur geringfügig verkleinert – aufgrund der hohen Leistungsanforderungen ist das Potenzial einer Hubraumverkleinerung vergleichsweise gering. Die elektrische Heizung konnte aufgrund der höheren Leistungsanforderung an die VKM und den damit verbundenen größeren Wärmestrom in das Kühlwasser deaktiviert werden. Bei der Referenz wurde trotz der erhöhten Leistungsanforderung zu Beginn des Zyklus elektrisch zugeheizt. Dadurch konnte, wie in Abbildung 9 ersichtlich, bei der optimierten Lösung der Energiebedarf gesenkt werden.

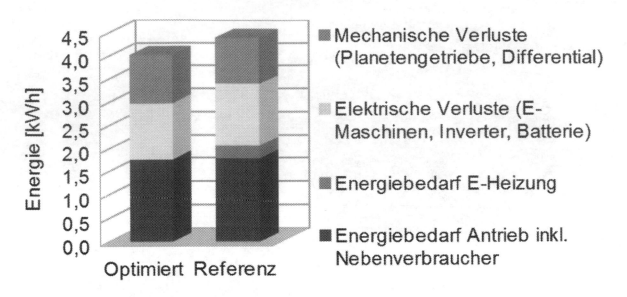

Abbildung 9: Vergleich der Energiebilanz im US06 zwischen Referenz und optimierter Strategie

Trotz halber Zyklusdauer ist der Energiebedarf im US06 im Gegensatz zum NEFZ höher. Daraus resultiert auch ein geringerer Einfluss der Heizstrategie auf die Kraftstoffeinsparung. Diese wurde hauptsächlich durch Senkung des spezifischen Kraftstoffverbrauchs erreicht. Aufgrund der hohen Leistungsanforderung und der geringen Batterieladung wurde bei der Referenzlösung die VKM bei hohen Lasten und Drehzahlen betrieben. Zum Katalysatorschutz musste dazu das Kraftstoff-Luft Verhältnis angehoben werden, was wiederum zu einer Erhöhung des spezifischen Verbrauchs führte. Bei der optimierten Strategie wurde die Batterieladeleistung begrenzt, womit größtenteils diese Betriebspunkte verhindert werden konnten. Zusätzlich konnte dadurch der CO-Ausstoß aufgrund Luftmangels deutlich abgesenkt werden. Die Begrenzung ist allerdings nur für den spezifizierten Zyklus möglich und könnte bei einer Abänderung des Zyklus zu einer zu geringen Batterieladung führen, weswegen diese Begrenzung auch nicht generell im Fahrzeug appliziert werden kann.

Wie auch im NEFZ wurde trotz der verringerten elektrischen Heizleistung der Klimakomfort, wie in Abbildung 10 ersichtlich ist, nahezu beibehalten.

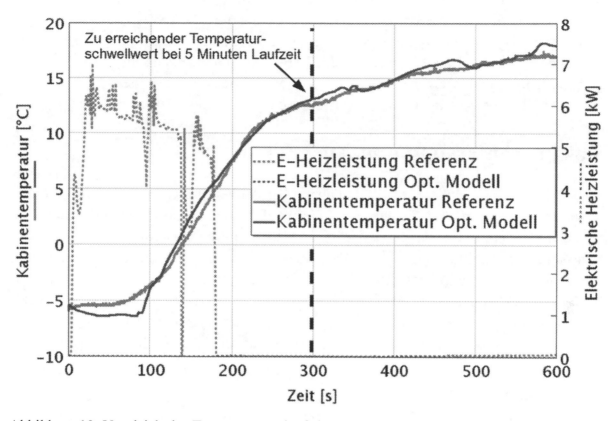

Abbildung 10: Vergleich des Temperaturverlaufs im Innenraum und der elektrischen Heizleistung zwischen Referenz und optimierter Strategie im US06

Die gesamte Verbrauchseinsparung betrug ca 16% und liegt somit relativ gleichauf mit dem Potenzial im NEFZ. Sie setzte sich, wie in Abbildung 11 dargestellt, aus dem verminderten Energiebedarf, geringerer elektrischer Verluste und dem durchschnittlich geringeren spezifischen Verbrauch zusammen.

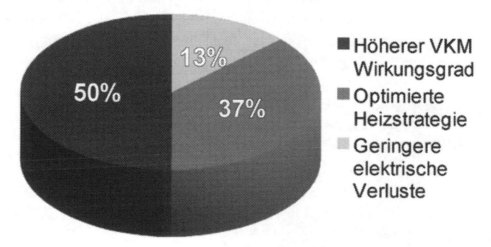

Abbildung 11: Aufteilung der Verbrauchseinsparung im US06

Im Gegensatz zum NEFZ ist der Haupteinflussfaktor für die Kraftstoffeinsparung der wirkungsgrad-günstigere Betrieb der VKM. Die Heizstrategie nimmt nur mehr etwa ein Drittel der gesamten Einsparungen ein. Im Vergleich zum NEFZ ist im US06 der Energiebedarf, trotz halber Zyklusdauer, höher. Dies resultiert aus der wesentlich höheren Durchschnittsgeschwindigkeit und der dynamischeren Charakteristik des Fahrzyklus.

Zusammenfassung und Ausblick

Es wurden für zwei unterschiedliche Fahrzyklen Aufheizstrategien bei -10°C Außentemperatur analysiert. Jeweils eine Strategie wurde mittels Messungen am Rollenprüfstand, die andere durch ein numerisches Modell mithilfe selbstentwickelter Optimierungssoftware, ermittelt. Das numerische Modell wurde mittels Tests am Motor- und Fahrzeugprüfstand kalibriert. Mithilfe des optimierten numerischen Modells konnten für beide Fahrzyklen ähnliche Kraftstoff-Einsparungspotenziale von 16-18% aufgezeigt werden. Daraus ergibt sich die Bedeutung einer optimierten Heizstrategie für den Kraftstoffverbrauch und die Reichweite eines hybrid-elektrischen Kraftfahrzeugs.

Im realen Fahrbetrieb ist die Bestimmung der Heizstrategie allerdings wesentlich komplizierter. Im Modell hat man die Möglichkeit die Strategie für einen gegebenen Zyklus zu optimieren. Wird das Fahrzeug real betrieben, so ist bei Fahrtbeginn nicht klar, ob beispielweise in der Stadt oder Überland gefahren wird. Dies hat allerdings einen starken Einfluss auf die Abwärmenutzung der VKM und beeinflusst die benötigte elektrische Heizleistung in hohem Maße. Des Weiteren ist eine Verkleinerung des Hubraums der VKM für den NEFZ zwar sinnvoll, generell wäre damit aber ein massiver Verlust der maximalen VKM Leistung verbunden. So lassen sich einerseits die unterschiedlichen Optimierungsergebnisse für die beiden Fahrzyklen und andererseits die erheblichen Potenziale zwischen der Referenz und den optimierten Lösungen deuten. Dies könnte zukünftig durch eine Kopplung mit dem Navigationssystem und einer Abschätzung, der während der Fahrt zur Verfügung stehenden Abwärme, gelöst werden. Mit dieser Kopplung wäre der Einsatz des hier vorgestellten Ansatzes in einer vereinfachten Form auch im realen Fahrzeug denkbar.

Danksagung

Dieses Projekt wurde vom österreichischen Ministerium für Verkehr, Innovation und Technologie (BMVIT) im Rahmen des Programms „Mobilität der Zukunft" gefördert, wofür sich die Autoren bedanken möchten. Weiterer Dank geht an die Firmen Opel Wien GmbH und Adam Opel AG, insbesondere an die Herren Dipl.-Ing. Peter Braun, Ing. Alfred Hajek, Johannes Moser und Arndt Döhler, für die tatkräftige Unterstützung des Projekts.

Literatur

[1] H. Wallentowitz, A. Freialdenhoven und I. Olschewski, „Strategien zur Elektrifizierung des Antriebstranges: Technologien, Märkte und Implikationen," Springer, Wiesbaden, 2010.

[2] Adam Opel AG, „Technische Daten Opel Ampera," 2014. [Online]. Available: http://www.opel.de/fahrzeuge/modelle/personenwagen/ampera/spezifikationen/antriebssystem.html. [Zugriff am 15 3 2014].

[3] U. D. Grebe und L. T. Nitz, „Voltec--Das Antriebssystem für Chevrolet Volt und Opel Ampera," *MTZ-Motortechnische Zeitschrift,* Bd. 72, Nr. 5, pp. 342-351, 2011.

[4] I. I. Vibe und F. Meißner, Brennverlauf und Kreisprozess von Verbrennungsmotoren, Berlin: VEB Verlag Technik, 1970.

[5] G. Woschni, „A universally applicable equation for the instantaneous heat transfer coefficient in the internal combustion engine," *SAE Technical Paper 670931, doi:10.4271/670931,* 1967.

[6] U.S. Environmental Protection Agency, „Emission Standards Reference Guide for Light-Duty Vehicles and Trucks and Motorcycles – EPA US06," [Online]. Available: http://www.cpa.gov/otaq/standards/light-duty/sc06-sftp.htm. [Zugriff am 15 7 2014].

[7] Europäische Wirtschaftsgemeinschaft, „ Richtlinie 70/220/EWG des Rates vom 20. März 1970 zur Angleichung der Rechtsvorschriften der Mitgliedstaaten über Maßnahmen gegen die Verunreinigung der Luft durch Abgase von Kraftfahrzeugmotoren mit Fremdzündung," [Online]. Available: http://eur-lex.europa.eu/LexUriServ/LexUriServ.do?uri=CELEX:31970L0220:de:NOT. [Zugriff am 15 7 2014].

[8] C. Bacher, *Metaheuristic optimization of electro-hybrid powertrains using machine learning techniques,* Master's thesis, Vienna: Vienna University of Technology, 2013.

[9] G. Fischer, H. Burghardt und G. Hohenberg, „Ermittlung einer Formel zur Vorausberechnung des Reibmitteldrucks von Ottomotoren," FVV Abschlussbericht, Frankfurt, 1999.

Neue Berechnungsmethoden zur NVH-Bewertung des Powertrains

Dipl.-Ing. Markus Burchert, IAV GmbH, Berechnungsingenieur

Dipl.-Ing. Mario Schwalbe, IAV GmbH, Teamleiter NVH-Berechnung

© Springer Fachmedien Wiesbaden GmbH, ein Teil von Springer Nature 2018
J. Liebl und G. Rainer (Hrsg.), *VPC.plus 2014*, Proceedings,
https://doi.org/10.1007/978-3-658-23775-2_18

1 Einleitung und Motivation

Mit Bezug auf steigende Anforderungen der Kunden hinsichtlich des akustischen Komforts von Fahrzeugen hat sich in den letzten Jahren die Bedeutung einer frühzeitigen NVH-Optimierung im Entwicklungsprozess für alle Automobilhersteller deutlich erhöht.

Die Vielfalt der im Entwicklungsumfeld von Motor und Getriebe auftretenden NVH-Phänomene in Abhängigkeit vom relevanten Frequenzbereich wird in Bild 1 ersichtlich.

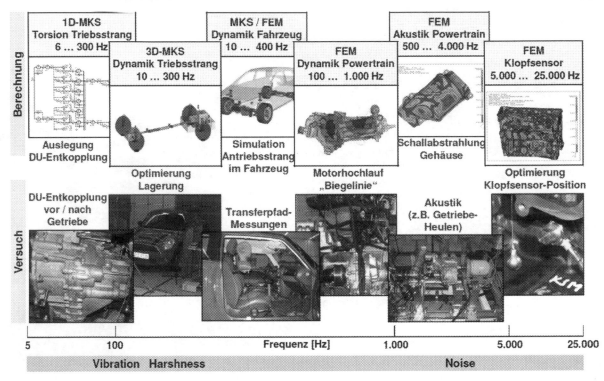

Bild 1: NVH-Berechnung und –Versuch im Überblick

Im Folgenden soll der Schwerpunkt auf die NVH-Berechnung mittels Finite-Elemente-Methode (FEM) im Frequenzbereich von 100 Hz bis 4.000 Hz gelegt werden.

Zur NVH-Bewertung des Powertrains hat sich bei IAV ein Berechnungsprozess etabliert, was Bild 2 veranschaulicht. Zunächst wird das FE-Modell einer reellen Modalanalyse unterzogen, welche die Eigenfrequenzen und Eigenvektoren (Moden) des Systems liefert. Mittels spezieller Einheitsanregung können anschließend aus der Vielzahl an Moden die ersten globalen Powertrain-Moden identifiziert und anhand von vorgegebenen Targets bewertet werden. Weiterführende Betriebsschwingungsanalysen unter Gas- und Massenkräften liefern darüber hinaus die Schwingwege an den Aggregatlagern sowie die abgestrahlte Schallleistung des Powertrains im Drehzahlhochlauf.

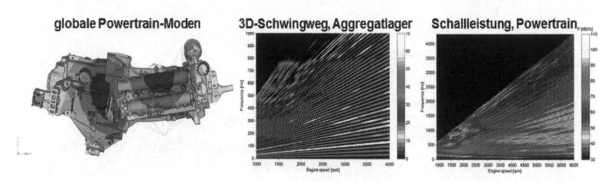

Bild 2: etablierter NVH-Berechnungsprozess bei IAV

Durch Animation der Schwingformen kritischer Resonanzen können Schwachstellen identifiziert und Optimierungsmaßnahmen abgeleitet werden. Die Wirksamkeit solcher Maßnahmen lassen sich anschließend im Varianten-Vergleich nachweisen.

Um die Vorhersagequalität und Prozesssicherheit der Berechnungen weiter zu steigern und so die Anzahl kosten- und zeitintensiver Hardware-Versuche zu reduzieren, werden die NVH-Modelle bei IAV entsprechend spezieller Modellierungsrichtlinien erstellt. Auf einige ausgewählte Modellierungstechniken wird in Kapitel 2 eingegangen.

Eine umfassende NVH-Bewertung wie zuvor beschrieben erfordert allerdings immer ein komplettes FE-Modell des Powertrains und eignet sich daher nur eingeschränkt für die frühen Entwicklungsphasen. Wenn hingegen zu einem späteren Zeitpunkt die Geometrie schon weitestgehend feststeht, ist eine NVH-Optimierung meist nur noch mit erheblichen Einschränkungen möglich. Das Ziel sollte somit lauten, die NVH-Bewertung bereits in frühen Stadien der Entwicklung zu ermöglichen. Dazu wurden durch IAV Methoden entwickelt, die in Kapitel 3 näher beschrieben werden.

In Kapitel 4 wird speziell auf die Weiterentwicklung der Akustik-Bewertung eingegangen. Die NVH-Targets für die Optimierung sind meist Zwischenergebnisse (Eigenfrequenzen, Steifigkeiten, Schwingwege) und repräsentieren daher im besten Fall nur indirekt die zu optimierende physikalische Größe. Für Absolutaussagen ist hingegen eine Bewertung des Innenraumgeräuschs zu bevorzugen, wie in Kapitel 4.1 beschrieben.

Im Sinne einer ganzheitlichen NVH-Optimierung werden zunehmend auch weitere akustische Phänomene bewertet. Dabei spielt vor allem das Getriebeheulen eine wesentliche Rolle. Seitens IAV wurde eine Methode zur Berechnung des Getriebeheulens entwickelt, die in Kapitel 4.2 erläutert wird.

Aber auch psychoakustische Phänomene wie Lautheit und Rauigkeit gewinnen zunehmend an Bedeutung. Durch systematische Weiterentwicklung der Berechnungsmethode zur Motor-Rauigkeit durch IAV konnte eine höhere Korrelation zwischen berechneter und subjektiv empfundener Rauigkeit erreicht werden. In Kapitel 4.3 werden die wichtigsten Merkmale dieser Berechnungsmethode aufgezeigt.

Liegt ein detailliertes NVH-Modell des Powertrains mit entsprechender Motoranregung vor, so ist es sinnvoll, dieses auch für artverwandte Aufgabenstellungen zu nutzen. So kann beispielsweise für ausgewählte Komponenten ein dynamischer Festigkeitsnachweis direkt am Powertrain unter Motoranregung erfolgen. Die dazu bei IAV entwickelte Berechnungsmethode wird in Kapitel 5 beschrieben.

Abschließend wird in Kapitel 6 eine Zusammenfassung der wichtigsten Erkenntnisse vorgenommen.

2 Ausgewählte Modellierungs-Richtlinien

2.1 Modularer Modellaufbau und Superelement-Technik

Unter modularem Modellaufbau soll in diesem Zusammenhang die Zerlegung des FE-Gesamt-Modells in Baugruppen verstanden werden (Bild 3), wobei die Teilmodelle der Baugruppen ohne Überschneidung mit anderen Teilmodellen als eigenständige Datei vorliegen müssen. Dazu ist im Allgemeinen eine geeignete Nummerierung der Knoten und Elemente notwendig. Die Verbindung der Teilmodelle zum Gesamtmodell erfolgt durch Verbindungselemente, die in einer separaten Datei gepflegt werden.

Bild 3: modularer Modellaufbau am Beispiel eines Powertrains

Auch wenn sich durch die Vorgaben der Modellierungsaufwand zunächst leicht erhöht, so überwiegen in jedem Fall die zahlreichen Vorteile dieser Methode. So kann die Modellerstellung der Teilmodelle parallel erfolgen, sodass das Gesamtmodell erheblich schneller fertiggestellt werden kann. Ein weiterer Vorteil besteht in der einfachen Erzeugung von Varianten, da nur einzelne Teilmodelle ausgetauscht werden müssen. Auf diese Weise wird auch eine optimale Vergleichbarkeit von Powertrain-Varianten gewährleistet.

Weitere Vorteile ergeben sich in Kombination dieser Methode mit der Superelement-Technik. Die Superelemente werden durch vorgeschaltete Modalanalysen der Teilmodelle erzeugt und an den Schnittstellen über Verbindungselemente zum Gesamtmodell gekoppelt. Auf diese Weise können mehrere Teilmodelle parallel berechnet werden, ohne dass alle Teilmodelle des Gesamtsystems bereits vorliegen müssen. Das entstandene Gesamtmodell verfügt dann nur noch über jene Freiheitsgrade, die sich aus den Moden der Teilmodelle ergeben, wodurch sich die Rechenzeit des Gesamtmodells drastisch reduziert. Zudem lassen sich Modellfehler im Teilmodell deutlich schneller finden und beheben als im Gesamtmodell, wodurch die Prozesssicherheit der Berechnung signifikant erhöht wird.

2.2   Berücksichtigung lokaler Dämpfung

Während Steifigkeits- und Massenmatrix durch übliche FE-Modelle realitätsnah abgebildet werden, kann die Dämpfung meist nur näherungsweise beschrieben werden. Dazu wird üblicherweise jedem Mode eine modale Dämpfung (Lehr'sches Dämpfungsmaß) zugewiesen, die als Erfahrungswert vorliegen muss oder anhand von Messdaten abgestimmt wird. Ohne verlässliche Erfahrungswerte und ohne Messdaten ist die modale Dämpfung unbekannt. Falsche Annahmen für die modale Dämpfung führen unweigerlich zu falschen Amplituden in der Berechnung. Zur Erhöhung der Vorhersagequalität der Berechnungen sollten alle relevanten Dämpfungen eines Systems möglichst lokal abgebildet werden. Tabelle 1 gibt einen Überblick über die unterschiedlichen Dämpfungsmechanismen und die Möglichkeiten einer lokalen Modellierung.

Bild 4 verdeutlicht die höhere Vorhersagequalität bei lokal modellierter Dämpfung im Vergleich zu einer global definierten modalen Dämpfung entsprechend dem Erfahrungswert von 2%.

Tabelle 1: Dämpfungsmechanismen und deren Modellierung

Typ		Beispiele	Dämpfung	FE-Modellierung
Werkstoffdämpfung (volumenmäßig)				Material mit Verlustfaktor (wegproportionale Dämpfung)
	Metalle	Kurbelgehäuse Ölwanne	gering	
	Kunststoffe	Saugrohr ZK-Haube	mittel	
	Gummi Silikon	Schläuche Sandwich-Blech Tilger	hoch	
Fugendämpfung (flächig)		Flansche Dichtungen	hoch	Dünnschicht-Elemente Material mit Verlustfaktor
diskrete Dämpfer (punktuell)		Motorlager Stoßdämpfer Wellenlager	beliebig einstellbar	- Feder mit Verlustfaktor (wegproportionale Dämpfung) - viskoser Dämpfer (geschwindigkeitsprop. D.)

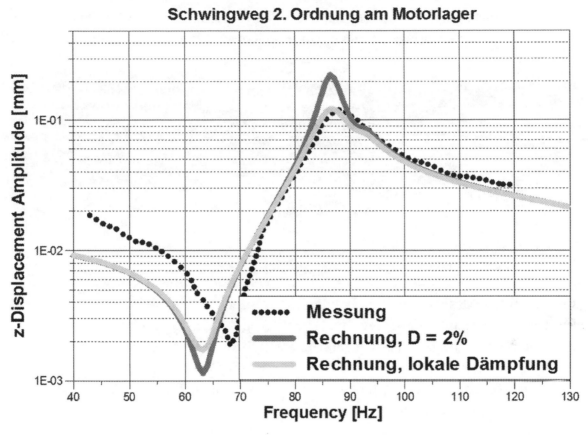

Bild 4: z-Schwingwege am Motorlager mit modaler Dämpfung (rot) und lokaler Dämpfung (grün) im Vergleich zur Messung (schwarz)

3 NVH-Optimierung in frühen Entwicklungsphasen

Eine umfassende NVH-Bewertung erfordert ein komplettes FE-Modell des Powertrains und ist daher in frühen Entwicklungsphasen nur eingeschränkt möglich. In den folgenden beiden Abschnitten werden deshalb zwei durch IAV entwickelte Methoden beschrieben, die eine frühzeitige NVH-Optimierung ermöglichen.

3.1 NVH-Optimierung mittels virtueller Stäbe

Es besteht das Ziel, eine Optimierung von Motor- und Getriebekomponenten bereits frühzeitig zu ermöglichen, ohne dass eine auskonstruierte Basisvariante der Stütze vorliegen muss. Der zugehörige Prozess unter Verwendung von „virtuellen Stäben" ist in Bild 5 am Beispiel einer Motor-Getriebe-Stütze dargestellt. Zunächst müssen entsprechend der Bauraumbedingungen alle möglichen Stäbe zwischen den Anbindungspunkten definiert werden. Anschließend werden die virtuellen Spannungen $\sigma = E * \varepsilon = E * \Delta l / l$ der Stäbe berechnet. In einem iterativen Prozess werden die Stäbe mit hohen virtuellen Spannungen im FE-Modell eingebaut, sodass sich eine optimale

7

Stab-Kombination mit maximaler dynamischer Steifigkeit ergibt. Diese Stab-Kombination dient als Vorlage für die detaillierte Konstruktion des Bauteils.

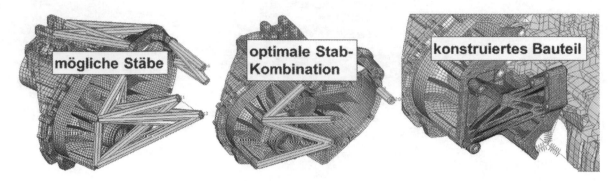

Bild 5: NVH-Optimierung einer Motor-Getriebe-Stütze mittels virtueller Stäbe

Die Wirksamkeit des optimierten Bauteils kann anschließend im Variantenvergleich nachgewiesen werden (Bild 6). Der Vergleich bezüglich der Ergebnisse am starren Aggregat macht deutlich, dass die dynamische Steifigkeit des Powertrains infolge der optimierten Motor-Getriebe-Stütze deutlich erhöht wurde. Man erkennt zudem eine hohe Korrelation zwischen den Ergebnissen mit der optimalen Stab-Variante (grün) und denen mit der konstruierten Stütze (rot).

Die Vorteile der Stab-Optimierung bestehen vorrangig darin, dass auf einfache und verständliche Weise in wenigen Iterationsschritten (<10) eine technisch umsetzbare Lösung mit maximaler dynamischer Steifigkeit ermittelt wird.

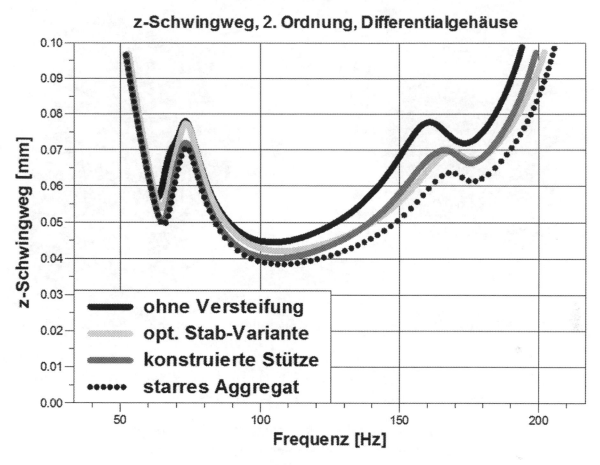

Bild 6: Wirksamkeitsnachweis zur optimierten Motor-Getriebe-Stütze

3.2 NVH-Bewertung mittels statischer Steifigkeiten

Wie bereits in Kapitel 1 angedeutet, ist für eine detaillierte NVH-Bewertung eigentlich ein komplettes Powertrain-Modell erforderlich. Durch IAV wurde aber eine Methodik entwickelt, die auch ohne komplettes Powertrain-Modell eine NVH-Bewertung einzelner Komponenten ermöglicht. Diese Methodik eignet sich insbesondere zur Bewertung des Motor-Getriebe-Flanschs (Bild 7) in der frühen Entwicklungsphase.

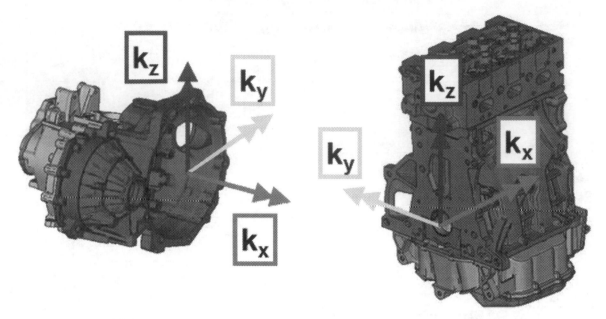

Bild 7: NVH-Bewertung des Motor-Getriebe-Flanschs mittels statischer Steifigkeiten

Dazu wird die zu bewertende Komponente zunächst einer Modalanalyse unterzogen und durch ein Superelement (siehe Kapitel 2.1) beschrieben.

Das Superelement wird in den anschließenden statischen Rechnungen virtuell gelagert (keine Starrkörpermoden) und im Flanschbereich nacheinander durch ein x-, y- und z-Moment belastet. Aus den statischen Verdrehungen des Flansches können dann die statischen Steifigkeiten k_x, k_y und k_z des Flansches ermittelt und anhand von Targets bewertet werden. Aus der Animation der statischen Verdrehungen lassen sich zudem direkt konstruktive Optimierungsmaßnahmen ableiten.

Das Superelement der Komponente kann später auch beim Zusammenbau zum Gesamtmodell wiederverwendet werden (siehe Kapitel 2.1).

4 Weiterentwicklung der Akustik-Bewertung

4.1 Bewertung des Innenraumgeräuschs

Das Innenraumgeräusch wird maßgeblich durch den über die Aggregatlager übertragenen Körperschall beeinflusst. Aus diesem Grund werden im Rahmen der etablierten Akustik-Bewertung die Schwingwege an den Aggregatlagern berechnet und mit Target-Kurven verglichen. Die Targets für die Schwingwege stellen jedoch kein objektives NVH-Kriterium dar, da das Übertragungsverhalten des Fahrzeugs nicht berücksichtigt wird. Auf diese Weise werden beispielsweise Frequenzbereiche mit geringer Sensitivität des Fahrzeugs zu kritisch bewertet. Zudem wird die Wechselwirkung der einzelnen

Geräuschanteile nicht berücksichtigt (z. B. Auslöschung bei gegenphasigen Geräusch-anteilen).

Die Luftschall-Transferfunktionen werden üblicherweise messtechnisch für die relevanten Körperschallbrücken (v. a. Aggregatlager, bei Heckantrieben auch Fahrschemellager) als Schalldruck pro Kraft über der Frequenz ermittelt. Liegen diese Transferfunktionen vor, so kann ausgehend von den berechneten Aggregatlager-Schwingwegen die Berechnung des Innenraumgeräuschs für einzelne Ordnungen erfolgen (Bild 8).

Der berechnete Schalldruck kann wiederum anhand von Target-Kurven bewertet werden.

Die Erfahrung hat allerdings gezeigt, dass die gemessenen Transferfunktionen einer starken Streuung unterliegen. So ergeben sich unterschiedliche Übertragungsverhalten für unterschiedliche Fahrzeuge einer Baureihe (z.B. unterschiedliche Karosserievarianten). Aber auch für ein und dasselbe Fahrzeug ändern sich die Transferfunktionen im Laufe des Produktlebenszyklus. Daher sollte eine NVH-Bewertung und –Optimierung stets anhand von Transferfunktionen für eine Vielzahl von Fahrzeugen erfolgen.

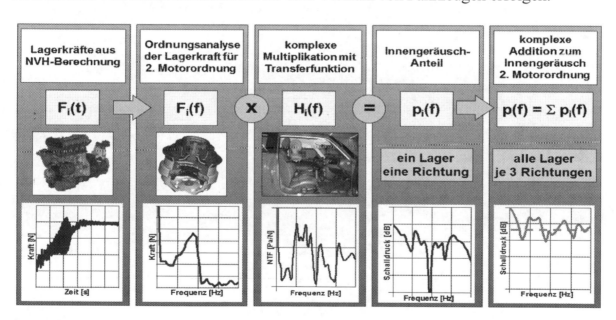

Bild 8: Berechnung des Innenraumgeräuschs anhand gemessener Transferfunktionen

4.2 Bewertung der Motor-Rauigkeit

Neben der Bewertung des Körperschalls an den Aggregatlagern wird im Rahmen der etablierten Akustik-Bewertung die abgestrahlte Schallleistung für alle relevanten Komponenten des Powertrains im Drehzahlhochlauf berechnet. Die berechneten Schallleistungen werden üblicherweise als A-gewichtete Pegel im Campbell-Diagramm (Bild 2, ganz rechts) dargestellt. Zur Identifikation kritischer Drehzahlen wird häufig der A-gewichtete Summenpegel berechnet, der sich aus Pegel-Addition der berechneten Ordnungen ergibt. Psychoakustische Effekte wie die Motor-Rauigkeit werden auf diese Weise aber nicht berücksichtigt.

Zur Bewertung der Rauigkeit wurde bereits 1985 durch Aures ein Verfahren entwickelt (Bild 9). Dabei wird zunächst das zu bewertende Zeitsignal per Fast-Fourier-Transformation (FFT) in ein Frequenzspektrum transformiert. Nach Berücksichtigung des Übertragungsverhaltens zum Innenohr erfolgt die Zuordnung der Frequenzanteile in 24 Frequenzgruppen. Anschließend wird parallel für jede Frequenzgruppe die Hüllkurve der Erregungszeitfunktion berechnet. Die Modulationsfrequenzen der Hüllkurve werden im nächsten Schritt mittels Bandpass-Filter (Bild 10) gewichtct. Für die bandpassgefilterte Hüllkurve lässt sich der Modulationsgrad als Verhältnis aus Effektivwert und Mittelwert berechnen. Der Modulationsgrad wird unter Berücksichtigung eines Frequenzgruppen-abhängigen Wichtungsfaktors (Bild 10) in die Teilrauigkeit der jeweiligen Frequenzgrup-pe umgerechnet. Abschließend erfolgt nach Korrelationsbetrachtung benachbarter Fre-quenzgruppen die Addition der Teilrauigkeiten zur Gesamtrauigkeit [1].

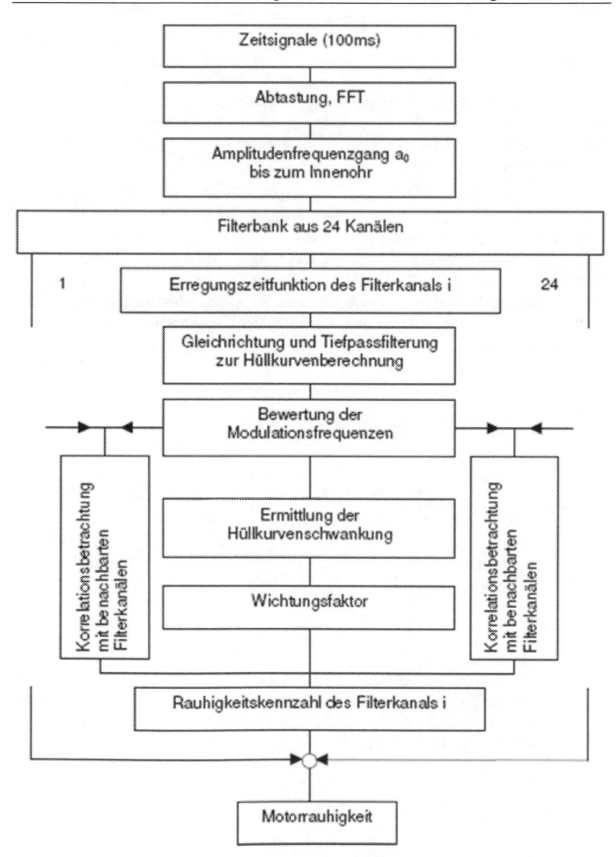

Bild 9: Verfahren zur Berechnung der Rauigkeit nach Aures [1]

Das Verfahren von Aures findet jedoch zur Bewertung der Motor-Rauigkeit nur wenig Anwendung, da die berechneten Rauigkeiten häufig im Widerspruch zu den subjektiv empfundenen Rauigkeiten stehen. Aus diesem Grund wurde das Verfahren durch Werkmann modifiziert, indem unter anderem eine Pegelabhängigkeit der Teil-Rauigkeiten eingeführt wurde [2]. Durch IAV wurde das Verfahren wiederum entscheidend weiterentwickelt, um die subjektiv empfundene Motor-Rauigkeit noch zuverlässiger vorhersagen zu können.

Die wichtigsten Unterschiede zwischen den einzelnen Verfahren sind Bild 10 zu entnehmen. Dabei wird deutlich, dass die Motor-Rauigkeit nach IAV für Modulationsfrequenzen von ca. 30Hz maximal ist, während Aures und Werkmann den Fokus auch auf höhere Modulationsfrequenzen legen. Darüber hinaus wird ersichtlich, dass sich die Frequenzgruppen-Wichtung bei IAV auf die ersten 9 Frequenzgruppen beschränkt, wobei die maximale Wichtung bei Frequenzgruppe 4 vorliegt. Aures und Werkmann berücksichtigen alle 24 Frequenzgruppen und weisen der Frequenzgruppe 11 die maximale Wichtung zu.

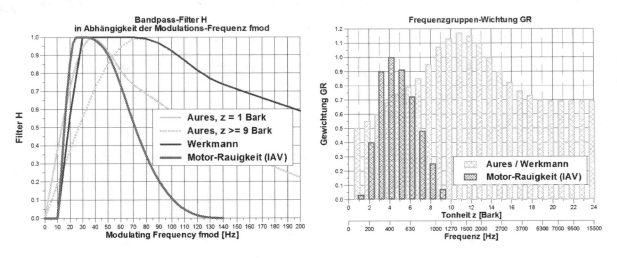

Bild 10: Bandpass-Filter und Frequenzgruppen-Wichtung

Die bereits durch Werkmann eingeführte Pegelabhängigkeit der Teil-Rauigkeiten wurde durch IAV weiter erhöht, sodass laute Geräusche im Vergleich zu leisen Geräuschen verstärkt rauer bewertet werden. Ebenfalls wird eine Maskierung durch weniger raue Geräuschanteile im Bewertungsverfahren der IAV berücksichtigt.

Durch diese systematische Weiterentwicklung der Verfahren von Aures und Werkmann konnte eine deutlich höhere Korrelation zwischen berechneter und subjektiv empfundener Motor-Rauigkeit erreicht werden.

4.3 Bewertung des Getriebeheulens

Die Schallabstrahlung eines Getriebes wird neben der Motoranregung auch maßgeblich durch die Kräfte in den Zahneingriffen beeinflusst. Die Folge sind hochfrequente Geräuschanteile, die als Getriebeheulen wahrgenommen und als Verzahnungsordnungen im Campbell-Diagramm identifiziert werden können (Bild 11). Auch wenn die Pegel dieser Verzahnungsordnungen im Vergleich zu den dominanten Motorordnungen meist deutlich niedriger ausfallen, so werden diese hochfrequenten Geräuschanteile psychoakustisch als sehr störend wahrgenommen. Dies gilt insbesondere, wenn das Getriebeheulen bei leisem Motor oder bei Elektroantrieben nicht ausreichend maskiert wird.

Um das Getriebeheulen bewerten und Gegenmaßnahmen ableiten zu können, wurde durch IAV eine Methodik zur Berechnung der Verzahnungsordnungen entwickelt. Dazu werden zunächst mit dem Programm KISSsoft die Steifigkeitskennfelder der Zahneingriffe berechnet und als Eingangsdaten für die Mehrkörpersimulation (MKS) bereitgestellt. Die MKS liefert wiederum die Zahnkraftverläufe, die anschließend als Anregung für die Akustikberechnung mittels FEM dienen.

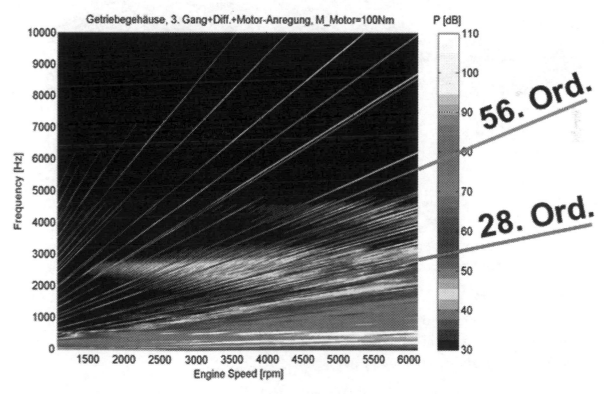

Bild 11: berechnete Schallleistung eines Getriebegehäuses mit Verzahnungsordnungen

Anhand der Oberflächenschnelle des Getriebegehäuses (Bild 12) und durch Animation auffälliger Verzahnungsordnungen können eventuelle Strukturschwächen identifiziert werden. Das Getriebeheulen kann dann sowohl durch Optimierung der Zahneingriffsparameter (Zähnezahlen, Flankenwinkel, Schrägungswinkel etc.) als auch durch konstruktive Maßnahmen am Gehäuse reduziert werden.

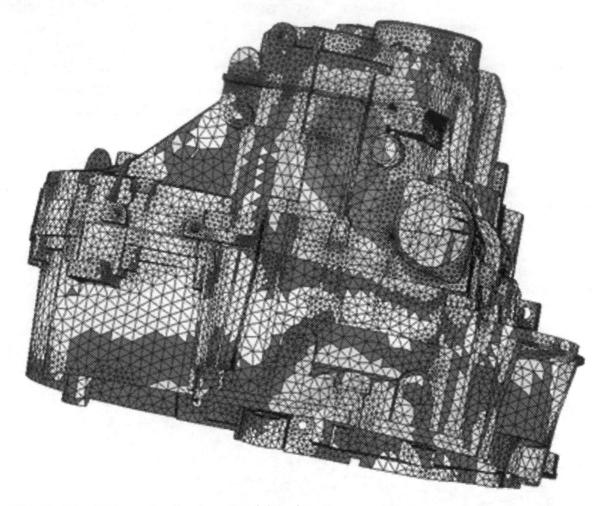

Bild 12: Oberflächenschnelle eines Getriebegehäuses

5 Dynamischer Festigkeitsnachweis

Für den dynamischen Festigkeitsnachweis von Powertrain-Komponenten mittels FEM benötigt man zunächst ein ausreichend fein vernetztes FE-Modell der zu untersuchenden Bauteile. Die Elementkantenlänge sollte dabei so gewählt werden, dass die auftretenden Spannungsgradienten noch hinreichend gut abgebildet werden können.

Des Weiteren müssen die Randbedingungen (z.B. Schnittstellen zur Umgebung) korrekt modelliert werden. Für Spannungsberechnungen von Motor- und Getriebeanbauteilen (z.B. Abgasanlagen) wird der Motor-Getriebe-Verbund in der Praxis häufig vereinfacht als Starrkörper modelliert. Dadurch wird nicht nur die entsprechende Einspannung zu steif modelliert, sondern zusätzlich auch der Einfluss der globalen Powertrain-Biegungen und –Torsionen vernachlässigt.

Eine weitere Herausforderung stellt sich bei der Definition der Anregungen. So werden für Spannungsberechnungen in der Praxis häufig nur die dominanten freien Ordnungen angeregt, während höhere freie Ordnungen und nicht-freie Ordnungen häufig nicht ausgewertet werden. Alternativ kann analog zum Komponenten-Prüfstand mit Ersatzlasten (z.B. Leistungsdichtespektren) angeregt werden.

Liegt allerdings bereits ein komplettes Powertrain-Modell für NVH-Berechnungen vor, so erscheint es angebracht, dieses auch für Spannungsberechnungen zu verwenden. Dazu müssen lediglich die FE-Netze der zu bewertenden Bauteile bei Bedarf verfeinert werden. Es müssen jedoch keine weiteren Randbedingungen definiert werden. Die Nachgiebigkeit der Umgebung und das globale Powertrain-Verhalten werden detailliert berücksichtigt. Auch die Motoranregung der NVH-Berechnungen kann übernommen werden, sodass alle relevanten Ordnungen im Drehzahlhochlauf berücksichtigt werden.

Bei IAV wurde eine Methodik entwickelt, die eine sichere Erfassung aller kritischen Elemente und Drehzahlen ermöglicht. Dazu wird zunächst für jedes Element die maximale Modalpartizipation (skalierte modale Spannung) im Drehzahlhochlauf ermittelt. Anschließend werden die kritischen Elemente mit lokalem Spannungsmaximum (Hot Spots) identifiziert (Bild 13).

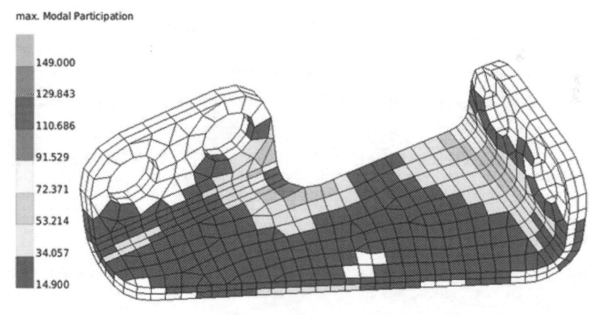

Bild 13: Ermittlung der kritischen Elemente am Beispiel eines Halters

Für die gefundenen kritischen Elemente können anschließend die Mises-Spannungen im Drehzahlhochlauf berechnet werden. Dabei kann für jedes Element die minimale und maximale Spannung innerhalb einer Periode über der Drehzahl dargestellt werden (Bild 14). Daraus lassen sich die maximal im Betrieb auftretenden Spannungen sowie die kritischen Positionen und Drehzahlen ablesen.

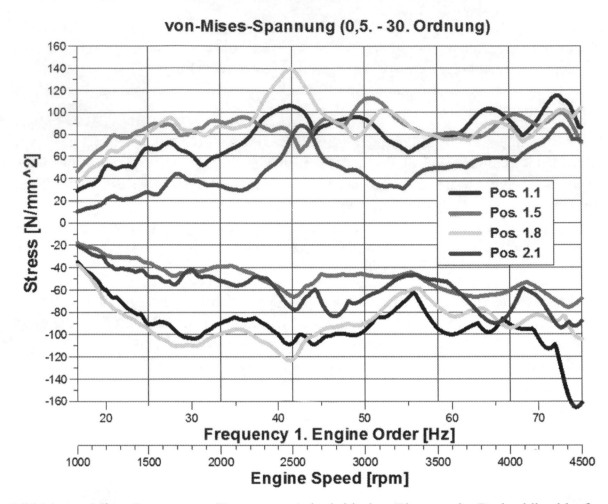

Bild 14: von-Mises-Spannungen (Extremwerte) der kritischen Elemente im Drehzahlhochlauf

Für die kritischen Drehzahlen können die Spannungsverteilungen dargestellt und auffällige Ordnungen animiert werden, sodass das System verstanden und Optimierungsmaßnamen erarbeitet werden können. Des Weiteren kann eine Berechnung der Sicherheiten gegen Dauerbruch erfolgen, wozu über eine geeignete Schnittstelle auch FEMFAT verwendet werden kann.

Der zuvor beschriebene Prozess konnte weitestgehend automatisiert werden, was eine schnelle und praxistaugliche Bewertung von Varianten ermöglicht.

6 Zusammenfassung

Kapitel 2 hat verdeutlicht, wie durch modularen Modellaufbau und Verwendung der Superelement-Technik die Modellerstellung beschleunigt und die Prozesssicherheit erhöht werden kann. Zudem kann durch die Modellierung lokaler Dämpfungseffekte die Vorhersagequalität der Berechnungen gesteigert werden.

Die in Kapitel 3 beschriebenen Methoden ermöglichen eine NVH-Optimierung einzelner Komponenten bereits in frühen Entwicklungsstadien, ohne dass ein komplettes Powertrain-Modell vorliegen muss.

In Kapitel 4 wurden neue Methoden zur Akustikbewertung vorgestellt. Dazu zählt die Bewertung des Innenraumgeräuschs, wodurch das Fahrzeugverhalten bei der NVH-Optimierung berücksichtigt werden kann. Durch Weiterentwicklung der Rauigkeitsberechnung durch IAV konnte die Korrelation zwischen berechneter und subjektiv empfundener Rauigkeit deutlich erhöht werden. Des Weiteren wurde eine Methode zur Bewertung des Getriebeheulens beschrieben.

In Kapitel 5 wurde erläutert, welche Vorteile sich aus der Verwendung vorliegender Powertrain-Modelle für den dynamischen Festigkeitsnachweis ergeben. Zudem wurde der dazu bei IAV eingesetzte Prozess beschrieben, der eine schnelle und sichere Ermittlung der kritischen Elemente und Drehzahlen ermöglicht.

Literatur

[1] Aures, Wilhelm: *Berechnungsverfahren für den Wohlklang beliebiger Schallsignale, ein Beitrag zur gehörbezogenen Schallanalyse*, TU München, Dissertation, 1985

[2] Werkmann, Martin: *Zur Entstehung und Quantifizierung rauer Geräuschkomponenten von Verbrennungsmotoren*, Universität Stuttgart, Dissertation, 1999

Auswahl und Entwicklung neuer Methoden für die Rotationsdynamik an Triebstrangprüfständen zur Antriebssystementwicklung nach dem XiL-Ansatz

A. Albers, S. Boog, T. Bruchmüller

© Springer Fachmedien Wiesbaden GmbH, ein Teil von Springer Nature 2018
J. Liebl und G. Rainer (Hrsg.), *VPC.plus 2014*, Proceedings,
https://doi.org/10.1007/978-3-658-23775-2_19

Kurzfassung

Bis zum Jahr 2020 soll das vom EU-Rat und -Parlament vorgegebene Ziel von 95 g CO_2/km erreicht werden. [1] Trotz dem anhaltenden Trend der Elektrifizierung werden weiterhin die Verbrennungskraftmaschinen (VKM) optimiert, um in der Antriebssystementwicklung den Gesamtwirkungsgrad zu steigern. Bei der VKM-Entwicklung werden als Beitrag dazu Maßnahmen wie Downsizing und Downspeeding ergriffen, um den Motor im wirkungsgradgünstigen Bereich zu betreiben. Bei dieser Optimierung muss der dynamische Einfluss der VKM auf den Antriebsstrang untersucht werden, um eine Verbesserung auf der Gesamtsystemebene hinsichtlich der Kundenanforderungen zu erreichen. [2]

Aus diesem Grund muss gleichzeitig zu dieser Wirkungsgradoptimierung in der Validierung großes Augenmerk auf den Fahrkomfort gelegt werden. Hierzu werden nach dem XiL-Ansatz virtuelle und physische Teilsysteme verknüpft. Durch den Einsatz von dynamischen Elektromotoren kann hier z.B. die rotatorische Anregung der VKM abgebildet werden, um die dynamischen Wechselwirkungen zwischen Motor und Triebstrang untersuchen zu können. [3]

Durch die Maßnahmen des Downsizings werden höhere effektive Mitteldrücke im Verbrennungsmotor erreicht, was zu höheren Drehmomentgradienten und Drehmomentspitzen führt.[2] Diese Dynamik kann durch aktuelle Prüfstandsantriebe an den Schnittstellen zwischen virtueller VKM und physischem Triebstrang trotz dem Einsatz permanenterregter Synchronmaschinen mit sehr geringer Trägheit bisher nur in Grenzen erreicht werden. [4] Hierbei besteht grundsätzlich die Herausforderung, dass durch die Prüfstandsantriebe stets der Gleichanteil und die Amplitude des Schnittstellenmoments bereitgestellt werden muss.

Um moderne Verbrennungsmotoren an Triebstrangprüfständen für eine durchgängige Verknüpfung von virtuellen und physischen Modellen darstellen zu können, muss die Dynamik der Prüfstandsantriebe gesteigert werden. Hierzu werden neue Konzepte nach dem Ansatz der *Trennung der Funktion* vorgestellt. Zum Vergleich der aktuellen Antriebe mit den neuen Konzepten wird ein Leistungsindex anhand bestehender Antriebe hergeleitet, um danach die Systeme in einer Sensitivitätsanalyse zu vergleichen. Erste analytische und simulative Ergebnisse zeigen, dass die Kopplung mehrerer Leistungsquellen großes Potenzial zur Steigerung der Schnittstellendynamik aufweist, sodass die Charakteristik von virtuellen Verbrennungsmotoren im Gegensatz zu aktuellen Systemen auf Triebstrangprüfständen besser dargestellt werden kann.

1 Einleitung

Die Europäische Union hat in der Verordnung zur Verminderung der CO_2-Emissionen von PKW den durchschnittlichen CO_2-Ausstoß bei Neuwagen begrenzt. Bis zum Jahr 2015 soll das vorgegebene Ziel von 130 g CO_2-Ausstoß pro km von den Automobilherstellern erreicht werden, bis 2020 geht diese Forderung hin zu 95 g CO_2/km. [1] Zwar gibt es derzeit einen anhaltenden Trend zur (Teil-) Elektrifizierung, trotzdem werden neben den Anstrengungen zur Gewichtsreduktion der Antriebssysteme weiterhin die Konzepte der verbrennungsmotorischen Antriebe optimiert. Deshalb führen diese politischen Vorgaben in der VKM Entwicklung zum aktuellen Trend von Downsizing und Downspeeding, um die Effizienz moderner Motoren immer weiter zu steigern.

Für das Downsizing stehen grundsätzlich zwei Konzepte zur Verfügung: das Hochdrehzahl- und das Hochlastkonzept. In beiden Fällen wird die Leistungssteigerung der Motoren durch Anhebung des effektiven Mitteldrucks erreicht, was zu hohen Drehmomentamplituden durch die Gaskräfte führt. Gerade beim Hochlastkonzept werden diese Momentenamplituden in der Rotationsdynamik der Kurbelwelle bei niedrigen Drehzahlen deutlich. Allerdings bietet genau dieses Konzept in Verbindung mit dem Downspeeding großes Potenzial zur Verbrauchseinsparung und damit auch zur CO_2-Reduktion. Die Veränderungen der Motorcharakteristik beeinflussen das Gesamtfahrzeug unter anderem in den Bereichen Schwingungskomfort und Akustik. Insbesondere müssen in der Validierung diese Kundenwünsche berücksichtigt werden, sodass bei Verwendung eines Motors mit Downsizing-Maßnahmen dic Gesamtdynamik des Antriebsstrangs betrachtet werden muss. [5] Die aktuelle Entwicklung der Rotationsdynamik von modernen Motoren zeigt, dass durch das Downsizing die Schwingwinkelamplituden in Wechselwirkung mit dem Antriebssystem deutlich zunehmen. [2]

Durch den Trend zum Downsizing steigt die Schwingungsanregung des Antriebsstrangs immer weiter an, was in Wechselwirkung mit dem schwingungsempfindlichen Antriebssystem zu Ausprägungen von Komfort einschränkenden Phänomenen führt. Diese NVH-Phänomene stellen in einer frühen Phase der Produktentstehung eine große Herausforderung für die Validierung dar. Dabei spielt der Einsatz von virtuellen Modellen, die an Prüfständen mit physischen Teilsystemen des Antriebssystems nach dem X-in-the-Loop (XiL) Ansatz verknüpft werden, eine sehr wichtige Rolle. [3] Wird der Verbrennungsmotor virtuell modelliert und die Drehmoment- und Drehzahlcharakteristik mithilfe eines Aktors z.B. an einem Getriebe- oder Zweimassenschwungradprüfstand abgebildet, so ergibt sich eine Schnittstelle mit einer hohen, erforderlichen Rotationsdynamik, um das Gesamtsystem hinsichtlich der dynamischen Wechselwirkungen hinreichend genau untersuchen zu können.

2 Stand der Forschung

Nach [6] sind die Anforderungen an die elektrische Motorverbrennungssimulation klar definiert. Die Torsionsanregung muss dabei Frequenz und Torsionsanregung von üblichen Fahrzeugmotoren erreichen. Neben dem einfachen, physikalischen Grundprinzip wird eine hohe Flexibilität hinsichtlich Regelungsart (Drehmoment- oder Drehzahlregelung), der Drehzahl und der Anregungsfrequenz gefordert. In [7] werden verschiedene Prinzipien zur Erzeugung von Drehungleichförmigkeiten vorgestellt. Die Ansätze umfassen sowohl mechanische, hydraulische als auch elektrische Prinzipien zur Darstellung von Drehungleichförmigkeitsanregungen, wobei die mechanischen Lösungen meist eine drehzahlordnungsgebundene Anregung aufweisen. Die größte Flexibilität hinsichtlich möglicher Frequenzen bieten hierbei die elektrischen Wirkprinzipien.

Um die Dynamik und Leistung an der Schnittstelle der virtuellen VKM und physischem Triebstrang darzustellen, hat sich der Einsatz von permanent erregten Synchronmaschinen durchgesetzt. Neben der Einfachheit des Aufbaus und den relativ günstigen Kosten hat der Einsatz den Vorteil einer geringen Trägheit des Rotors und eine damit verbundene, hohe Dynamik im Gegensatz zu anderen Elektromotorkonzepten. [6] Ein Beispiel für diese Anwendung ist der IPEK Powerpack Prüfstand (PPP; siehe Abbildung 1), dem Triebstrangkomponenten, wie z.B. Zweimassenschwungräder (ZMS), mit zwei hochdynamischen Synchronmaschinen verbunden werden können. Die Dynamik an der Schnittstelle zwischen virtueller VKM und physischem ZMS ergibt sich dabei durch die geringe Trägheit und das im Verhältnis dazu hohe Drehmoment der Prüfstandsaktoren, in Wechselwirkung mit den Parametern des ZMS. [3]

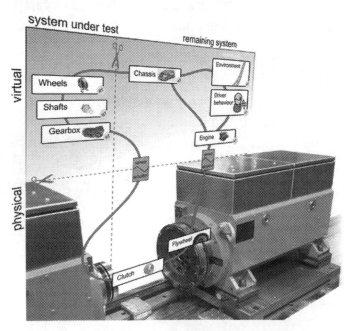

Leistung:
je 209 kW

Drehzahl
max. 9000 min-1

Drehmoment
max. 550 Nm

Trägheit
je 0,029 kg m²

Abbildung 1: IPEK Powerpack Prüfstand (PPP) [2]

Bezüglich der Rotationsdynamik stellen die Synchronmotoren des IPEK Powerpack Prüfstands eine gute Referenz für die derzeit erreichbare Amplitude dar.

Neben dem Einsatz von einfachen Direktantrieben gibt es auch bereits mehrere Ansätze zur Leistungssteigerung durch Kombination mehrerer Leistungsquellen:

Mittels Planetengetrieben kann beispielsweise eine gleichförmige Drehbewegung und ein oszillierendes Drehmoment als Eingang überlagert werden. Bei [7] wird die Anregung eines Hydropulsers über den Steg des Planetenradgetriebes eingeleitet, der Konstantantrieb erfolgt mit einer Gleichstommaschine über das Hohlrad. Das in [7] gewählte Prinzip erreicht Anregefrequenzen bis zu 140 Hz und Winkelamplituden von bis zu 2°.

Eine weitere Möglichkeit bietet die Kopplung zweier Synchronmaschinen zur Leistungsaddition, wie beispielsweise der von [6] vorgestellte IPEK Antriebsbaugruppen-Prüfstand. Die beiden identischen Maschinen sind hierzu mit einem spielarmen Koppelgetriebe verbunden, um eine höhere Rotationsdynamik als eine Einzelmaschine bereitstellen zu können. Das Getriebe ist aufgrund des Einsatzes zur elektrischen Motorverbrennungssimulation hinsichtlich der möglichen Amplitudenmomente dauerfest ausgelegt.

3 Alternative Lösungen zur überlagerten Dynamik

Um Antriebssysteme mit Fokus auf den Triebstrang (System under Development – SuD) mittels des XiL-Ansatzes durchgängig untersuchen zu können, ist es notwendig in der Untersuchungsumgebung dynamische Aktoren zu nutzen, die in der Lage sind die Drehmoment- und Drehzahlcharakteristik moderner Verbrennungsmotoren hinreichend genau nachzubilden. In aktuellen Prüfumgebungen mit elektrischem Direktantrieb erfüllt der Antriebsmotor üblicherweise zwei Aufgaben. Einen Teil seiner Leistung wird benötigt, um konstante Lastzustände einzustellen. Die Lastwiderstände setzen sich dabei zusammen aus umgebungsinduzierten Lastmomenten (z.B. Bergauffahrt) und systemeigenen Lastmomenten (z.B. Beschleunigungskräfte) und führen zu einer konstanten Verspannung der einzelnen Komponenten im Triebstrang. Der verbleibende Teil der elektromotorischen Leistung steht für die überlagerte, dynamische Nachbildung der VKM zur Verfügung und unterliegt damit einem zeitlichen Verlauf. Für die realitätsnahe Abbildung moderner Verbrennungsmotoren stoßen aktuelle hochdynamische Elektromaschinen an ihre Leistungsgrenzen. Der in dieser Veröffentlichung vorgestellte Lösungsansatz basiert auf den Prinzip der *Trennung der Funktion*. Ziel ist es den Leistungsanteil für die Lastwiderstände von dem Leistungsanteil der überlagerten Dynamik zu trennen und durch zusätzliche Leistungsquellen zu erweitern. Auf einem geeigneten System sollen beide Leistungsanteile zusammengeführt werden, um im Ganzen die Rotationsdynamik moderner Verbrennungsmotoren zu simulieren.

Im Folgenden werden vier Systeme diskutiert, welche bei der systematischen Suche aus einer Vielzahl von Lösungsmöglichkeiten als die vielversprechendsten Ansätze identifiziert werden konnten.

3.1 Coriolisanregung

Der Lösungsansatz zur Darstellung einer Rotationsschwingung, ist die Nutzung des Corioliseffekts. Dieser entsteht unter anderem dann, wenn eine Masse auf einer rotierenden Scheibe von innen nach außen oder von außen nach innen bewegt wird. Wird diese Bewegung harmonisch um eine Nulllage durchgeführt, dann kann somit am Abtrieb eine harmonische Schwingung erzeugt werden. Ein Energiequelle treibt die Scheibe an und, je nach Anzahl der Massen, mehrere dynamische Energiequellen stellen die notwendige Leistung für die harmonische Anregung der Erregermassen zur Verfügung.

Die Abbildung 2 zeigt das Prinzip der Coriolisanregung. Eine Welle mit der Trägheit J rotiert mit einer Winkelgeschwindigkeit ω um eine Drehachse. Zwei Massen sind in zwei Linearlagern I und II gelagert und haben den Abstand a zur Drehachse der Welle. Durch eine harmonische Veränderung des Abstands a kann das System in eine Rotationsschwingung versetzt werden.

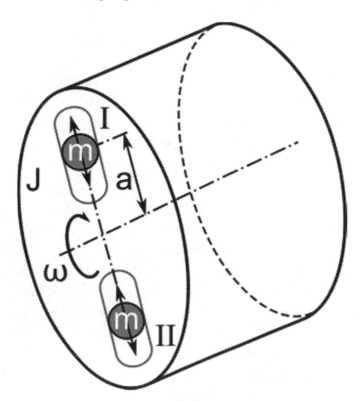

Abbildung 2: Prinzip der Coriolisanregung [4]

Das Verhalten der Abtriebswellen, modelliert als freier Schwinger, folgt folgender Differentialgleichung:

$$0 = \left((a + A \sin \omega_a\ t)^2 + \frac{1}{2}\frac{J}{m}\right) \ddot{\varphi} + (2A\omega_a \cos \omega_a t\,(a + A \sin \omega_a t))\dot{\varphi}$$

In dieser Formel lässt sich gut der Einfluss der Coriolisbeschleunigung im Term vor $\dot{\varphi} = \omega$ erkennen. Die Variable A ist die Amplitude der schwingenden Massen und ω_a ist die Kreisfrequenz der Anregung. Es ist gut erkennbar, dass die Anregung sich in Amplitude und Frequenz unabhängig von der Winkelgeschwindigkeit des Systems einstellen lässt und das System harmonisch verändert. [4]

Das System lässt eine harmonische Modellierung der Drehzahl der Abriebswelle zu und erlaubt den Einsatz getrennter Leistungsquellen. Allerdings wird aus den Faktoren vor $\ddot{\varphi}$ und $\dot{\varphi}$ deutlich, dass die Einflüsse der Coriolisbeschleunigung gegenüber den Systemträgheiten klein ist, was sich in einer nur sehr geringen Drehzahlamplituden äußert. Es ist daher sinnvoll die Einflüsse der Systemträgheiten in tangentiale Richtung stärker zu nutzen. [4]

3.2   Fliehkraftanregung

Fliehkraftpendel werden unter anderem zur Schwingungsberuhigung in Triebsträngen von Kraftfahrzeugen eingesetzt. Durch eine Neuverknüpfung der Systemeingänge und Ausgänge kann durch Leistungszuführung in das Pendel dem System gezielt eine Rotationsschwingung aufgezwungen werden. Es können durch diese systemische Umgestaltung die tangentialen Anteile der trägheitsabhängigen Beschleunigungen effektiver für eine Anregung des Systems genutzt werden. [4] Ein ähnlicher Ansatz wird auch bereits in [7] gezeigt, jedoch bezüglich seines Potenzials nicht tiefgehend betrachtet.

Die Abbildung 3 zeigt eine Prinzipskizze einer Fliehkraftanregung. In einer Welle mit der Trägheit J und einer Winkelgeschwindigkeit $\omega = \dot{\varphi}$ befindet sich eine Scheibe mit einer Exzentermasse. Diese Scheibe dreht mit der Anregungskreisfrequenz $\omega_a = \dot{\psi}$ und kann über die Länge l zur Drehachse der Welle und über den Abstand a zur Drehachse der Scheibe verschoben werden. Das Verhalten der Abtriebswelle, modelliert als freier Schwinger, lässt sich durch folgende Differentialgleichung beschreiben:

$$0 = \left(\frac{J}{m} + l^2 + a^2 + 2al \cos \omega_a t\right) \ddot{\varphi} - al \sin \omega_a\,(\omega_a^2 + 2\omega_a \dot{\varphi})$$

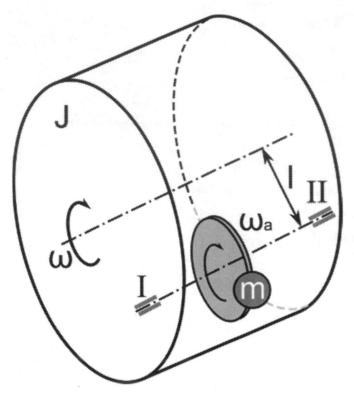

Abbildung 3: Prinzip der Fliehkraftanregung [4]

Die zusätzlichen Faktoren im Term vor der höchsten Ableitung zeigen den stärkeren Einfluss der tangentialen Anteile der Fliehkraft. Die Anregungsfrequenz kann über die Kreisfrequenz der Scheibe eingestellt werden und die harmonische Abhängigkeit zeigt den Einfluss auf das System. Die Amplitude wird über die Längenverhältnisse l und a modelliert. [4]

Die Fliehkraftanregung kann zur harmonischen Anregung von rotierenden Systemen genutzt werden. Der Vorteil ist die Nutzung der tangentialen Anteile der beschleunigten Trägheiten, allerdings bietet das System nicht die Möglichkeit mehrere Energiequellen durch mehrere Exzenterscheiben zu integrieren. [4] Um eine höhere Leistungsdichte zu erreichen, sollte es möglich sein, das Prinzip Trennung der Funktion konsequenter umzusetzen.

3.3 Tangentiale Shakeranregung

Die Grundidee der Trennung der Funktion für die Darstellung einer Rotationsschwingung ist das Entkoppeln von Konstantantrieb und Schwingungsantrieb und die Zusammenführung der Leistungsflüsse, z.B. durch die Verwendung eines Planetengetriebes. Planetengetriebe ermöglichen, anders als andere Getriebebauformen, die individuelle Verschaltung von Ein- und Ausgängen und dadurch die gezielte Nutzung der Übersetzungen zur Optimierung des Ansatzes zur Trennung der Funktion. [4]

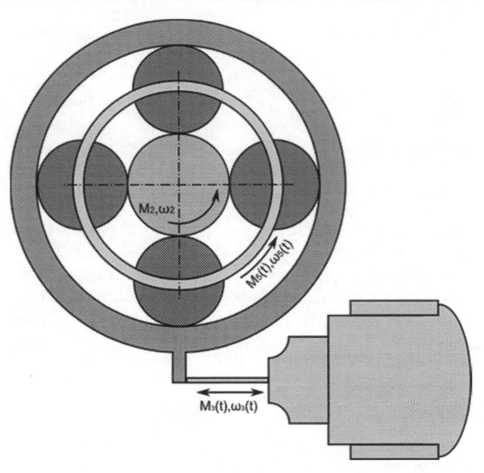

Abbildung 4: Prinzip der tangentialen Shakeranregung [4]

Die Abbildung 4 zeigt die Prinzipskizze einer tangentialen Shakeranregung. Ein Konstantantrieb treibt das Sonnenrad mit dem Drehmoment M_2 und der Winkelgeschwindigkeit ω_2 an. Tangential am Hohlrad des Planetengetriebes greift ein Linearanreger (Shaker) an und regt das Hohlrad mit einem Moment M_3 und einer Kreisfrequenz ω_3 an. Der Abtrieb des Systems befindet sich am Planetenträger, liefert das Drehmoment M_5 und die Winkelgeschwindigkeit $\omega_5 = \dot{\varphi}_5$ und kann durch folgende Differentialgleichung beschrieben werden:

$$0 = (m_{21} - m_{22}m_{11})\ddot{\varphi}_5 + m_{21}(M_3 + M_0 \cos \omega_a t + u_{23}M_2) + m_{11}(M_5 + u_{25}M_2)$$

$$m_{11} = J_2 u_{23}{}^2 + J_3 + 4J_4 u_{43}{}^2$$

$$m_{12} = m_{21} = J_2 u_{23}u_{25} + 4J_4 u_{43}u_{45}$$

$$m_{22} = J_2 u_{25}{}^2 + 4J_4 u_{45} + 4m_4(r_2 + r_4)^2 + J_5$$

Diese Differentialgleichung beschreibt das Verhalten des Planetenträgers bei einem konstanten Antriebsmoment M_2 und konstanter Antriebswinkelgeschwindigkeit ω_2 am Sonnenrad. Aus Gründen der Übersichtlichkeit, repräsentieren die Abkürzungen m_{11}

bis m_{22} die Trägheitsverteilung im System in Abhängigkeit der Radienverhältnisse $(u_{23}, u_{25}, u_{43}, u_{45})$ der einzelnen Bauteile. Das Anregungsmoment hat einen harmonischen Verlauf mit der Kreisfrequenz ω_a und eine Amplitude M_0. Das Moment M_3 ist das Abstützungsmoment, welches ständig auf den Shaker wirkt und das Moment M_5 ist das mittlere Moment des Abtriebs. [4]

Mit diesem System können harmonische Verläufe von Drehzahl und Drehmoment am Abtrieb eingestellt werden. Aus der Differentialgleichung ist die unabhängige Einstellbarkeit von Drehzahl und Drehmoment für die Anregung ersichtlich. Ebenfalls können über die Randbedingungen das mittlere Moment und die mittlere Drehzahl des konstanten Antriebs an der Sonne vorgegeben werden. Der Vorteil dieses Systems liegt in der einfachen Anordnung und Einstellbarkeit. Shakersysteme sind sehr robust und können sehr genau vorgegebenen Amplituden und Erregerfrequenzen folgen. Allerdings kann, abgesehen durch den Einsatz eines weiteren Tangentialshakers, keine zusätzliche Leistungsquelle in das System integriert werden. [4] Eine Herausforderung dieses Ansatzes ist jedoch die Abstimmung der Trägheitsverhältnisse von Konstantantrieb und Abtrieb, die je nach Aufbau auf dem Prüfstand variieren und deshalb schwer vorhersehbar sind.

3.4 Planetenanregung

Um den Ansatz der Trennung der Funktion konsequenter zu verfolgen, wird ein System vorgestellt, welches auch auf der Verwendung eines Planetengetriebes basiert, aber anstatt von Shakern zur dynamischen Überlagerung Elektromotoren verwendet. Der Konstantantrieb verschiebt sich zum Hohlrad und liefert den konstanten Anteil von Drehmoment und Drehzahl. Der Planetenträger ist fest zum Untergrund gelagert und jeder einzelne Planet wird durch einen separaten Elektromotor angetrieben und ermöglicht so die Anregung des Systems. Der Abtrieb befindet sich am Sonnenrad. [4]

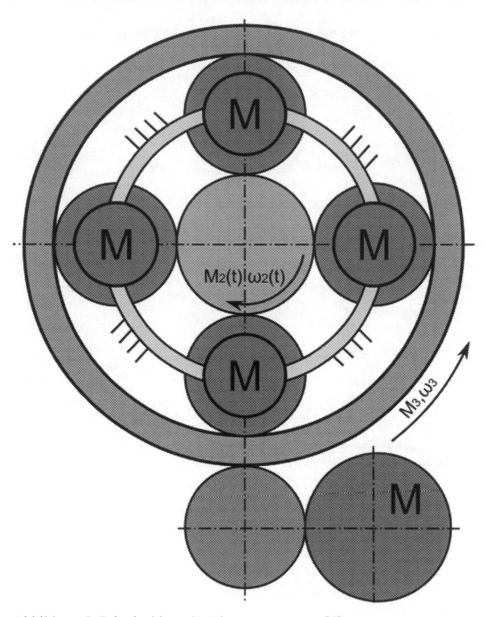

Abbildung 5: Prinzipskizze der Planetenanregung [4]

Die Abbildung 5 zeigt dieses System. Die konstante Winkelgeschwindigkeit und das konstante Drehmoment sind mit Index 3 versehen, die Abtriebsdrehzahl und das Abtriebsmoment haben den Index 2. Die Planeten sind mit dem Index 4 versehen. Die Modellbildung des Systems und die damit verbundene Herleitung der Bewegungsdifferentialgleichung des Abtriebs gehen von einem rückwirkungsfreien Planetengetriebe aus. Dies wird bewusst vereinfacht, um die Herleitung der Zusammenhänge besser erkennen und erklären zu können. Die noch nicht berücksichtigte Rückwirkung der Anregung wird gesondert untersucht.

Die Rotation der Sonne kann durch folgende Bewegungsgleichung beschrieben werden:

$$0 = (m_{22}m_{11} - m_{12}^2)\ddot{\varphi}_2 + m_{22}(M_2 + M_0 \cos \omega_a t) - m_{12}M_5 + (m_{22}u_{32} - m_{12}u_{35})M_3$$

$$m_{11} = J_2 u_{23}{}^2 + J_3 + 4m_4(r_2 + r_4)^2 u_{53}{}^2 + J_5 u_{53}{}^2$$

$$m_{12} = m_{21} = J_2 u_{23} u_{24} + J_5 u_{53} u_{54} + 4m_4(r_2 + r_4)^2 u_{53} u_{54}$$

$$m_{22} = J_2 u_{24}{}^2 + 4J_4 + 4m_4 u_{54}(r_2 + r_4)^2$$

Diese Differentialgleichung beschreibt das Verhalten des Sonnenrads bei einem konstanten Antriebsmoment M_3 und konstanter Antriebswinkelgeschwindigkeit ω_3 am Hohlrad. Auch hier werden aus Gründen der Übersichtlichkeit die Abkürzungen m_{11} bis m_{22} und die Radienverhältnisse $u_{23}, u_{24}, u_{53}, u_{54}$ verwendet. Das Anregungsmoment der Planeten hat einen harmonischen Verlauf mit der Kreisfrequenz ω_a und eine Amplitude M_0. Das Moment M_5 ist das Abstützungsmoment, welches zur Umgebung am Planetenträger abgestützt werden muss und das Moment M_2 ist das mittlere Moment des Abtriebs. [4]

Mit diesem System können harmonische Verläufe von Drehzahl und Drehmoment am Sonnenrad dargestellt werden. Die unabhängige Einstellbarkeit von Anregungsfrequenz und Anregungsamplitude kann über die Regelung der Elektromotoren der Planeten erfolgen. Über die Systemrandbedingungen kann das mittlere Moment und die mittlere Drehzahl am Hohlrad vorgegeben werden. Der Vorteil dieses Systems liegt in der kompromisslosen Leistungsdichte, da jeder mögliche Systemeingang durch eine Leistungsquelle besetzt wurde. Die Regelung der Planetenmotoren wird aufwendig, da diese durch die Übersetzung stets drehen und die Anregung um eine mittlere Drehzahl erfolgen muss. [4] Hinzu kommt die notwendige Abstimmung der Anregungsmotoren untereinander. Die an dieser Stelle nicht modellierte Rückkopplung der Anregung in den konstanten Antrieb am Hohlrad stellt eine weitere Herausforderung in der konstruktiven und dynamischen Systemabstimmung dar.

4 Lösungsauswahl

Für die Lösungsauswahl ist eine Objektivierung der Entscheidung notwendig. Eine Auswahl basierend allein auf selbst gewählten Kriterien ist wenig zielführend, da die genauen Anforderungen an ein solches System zu diesem Zeitpunkt noch nicht vollständig definiert sind. Es empfiehlt sich daher eine Bewertungsgröße einzuführen, welche die bisherigen Informationen über die in Kapitel 3 vorgestellten Konzepte aufgreift und sie mit aktuellen Prüfstandsantrieben vergleichbar macht. Ziel ist es hierbei die Stärken und Schwächen der Systeme zu verdeutlichen und das Potenzial für zukünftige Weiterentwicklungen zu sondieren. [4] Hierfür wird zunächst ein Leistungsindex hergeleitet und zum Vergleich der aktuellen Systeme mit den neuen Ansätzen herangezogen.

4.1 Herleitung des Leistungsindex

Die Gesamtleistung im Antriebssystem setzt sich zusammen aus dem Konstantanteil P_k und dem Anregungsanteil P_a. Gründe für den Konstantanteil können zum Beispiel Lastfälle eines Fahrmanövers sein. Der Anregungsanteil der Leistung beinhaltet die Abhängigkeiten von Amplitude und Frequenz. [4] Dabei muss erwähnt werden, dass für die Berechnung hier stets die Nennleistung herangezogen wird.

$$P_{ges} = P_k + P_a$$

Für die Anregung und die konstanten Anteile werden nur die Momente betrachtet, die Drehzahl bildet die Grunddrehzahl des Betriebspunktes, bei dem das rotatorische Anregungssystem betrieben werden soll. Das Anregungsmoment ist abhängig von den Trägheiten des Systems und folgt einem harmonischen Verlauf. [4]

$$P_{ges} = \frac{2\pi}{60} n_0 (M_k + J\hat{\varphi}(2\pi f)^2)$$

Durch eine Umformung der Gleichung nach der der Winkelamplitude $\hat{\varphi}$ und der Einführung der Abkürzungen k_1 und k_2, ergibt sich folgender Ausdruck: [4]

$$\hat{\varphi} = \frac{P_{ges}}{k_1 k_2 n_0 J f^2} - \frac{M_k}{k_2 J f^2}$$

Dieser Ausdruck beschreibt die mögliche Winkelamplitude eines rotatorischen Anregungssystems in Abhängigkeit der zur Verfügung stehenden Leistung der Antriebe (P_{ges}), der systemischen Trägheiten der zu untersuchenden Komponenten zuzüglich der Trägheit der Anreger (J), den konstanten Momenten zur Vorspannung des Systems (M_k) und der Anregungsfrequenz (f). Der Leistungsindex besteht aus zwei Termen. Der erste Term beinhaltet die Leistung über der Trägheit. Das bedeutet, dass mit hoher Leistung und geringer Trägheit bei gleichzeitig niedriger Frequenz große Amplituden erreicht werden können. Abgezogen von diesem Term der Schwingfähigkeit wird der Teil der Leistung, der für die Vorspannung des Systems aufgewendet werden muss. Die Amplitude ist abhängig von diesen fünf Systemparametern und kann durch einmaliges Differenzieren nach der Zeit in Winkelgeschwindigkeits- und durch eine weitere Umformung in die Drehzahlamplitude überführt werden.

$$\hat{n} = \frac{2P_{ges}}{k_1{}^2 k_2 n_0 J f} - \frac{2M_k}{k_1 k_2 J f}$$

Auf Basis der möglichen Variationsparameter und dem Resultat der maximalen Drehzahl- oder wahlweise auch Schwingwinkelamplitude lässt sich nun ein Leistungsindex definieren. Der Ansatz ist hierbei, die Systeme hinsichtlich Ihrer Rotationsdynamik über die maximale Drehzahlamplitude in einem breiten Frequenzband in verschiedenen Betriebspunkten bewerten zu können. Die maximal mögliche Drehzahlamplitude im jeweiligen Betriebspunkt stellt die Ergebnisgröße dar, nach der die Systeme untereinander verglichen werden können.

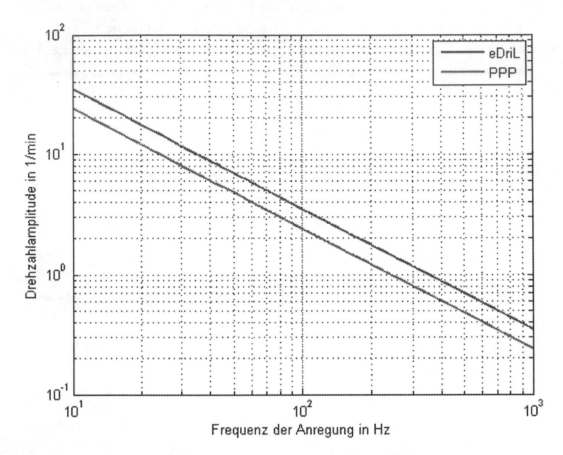

Abbildung 6: Verlauf der Drehzahlamplitude der Prüfstände PPP und eDriL

Das Ergebnis der Berechnung des Leistungsindex in einem Betriebspunkt wird in Abbildung 6 dargestellt. Zu sehen sind exemplarisch die Verläufe der maximalen Drehzahlamplituden für zwei aktuelle, hochdynamische Prüfstandsantriebe am IPEK. Es wird die Rotationsdynamik der Antriebsmaschine des bereits beschriebenen Powerpack-Prüfstands (PPP; Nennleistung 209 kW) und auch die des eDrive-in-the-Loop Prüfstands (eDriL; Nennleistung 293 kW) über der Frequenz aufgetragen. Als Trägheit ist allein die Rotorträgheit der Elektromaschinen gewählt, das konstante Vorspannmoment liegt bei 250 Nm und die mittlere Drehzahl bei 3000 min^{-1}. Die Doppelt-logarithmische Darstellung im Diagramm wurde gewählt, um eine einfache Darstellung der aktuellen Antriebe zu ermöglichen. Wie in Abbildung 6 gezeigt, sind diese als Geraden darstellbar.

4.2 Einordnung der neuen Ansätze

Die Abbildung 7 zeigt den Verlauf der Drehzahlamplitude der bestehenden Systeme, ergänzt um die in Absatz 3 vorgestellten Ansätze. Die Coriolisanregung wird hier aufgrund der in 3.1 erläuterten Gründe nicht mit betrachtet. Bei allen Systemen gelten hier die gleichen Randbedingungen und die Lastträgheit des Aufbaus orientiert sich an der Primärmasse eines Zweimassenschwungrads:

– Lastträgheit des Aufbaus: $J_{\text{Last}} = 0,15 \text{ kg m}^2$

– Mittlere Drehzahl: $n_{\text{gleich}} = 3000 \text{ min}^{-1}$

– Konstantes Lastmoment $M_{\text{gleich}} = 250 \text{ Nm}$

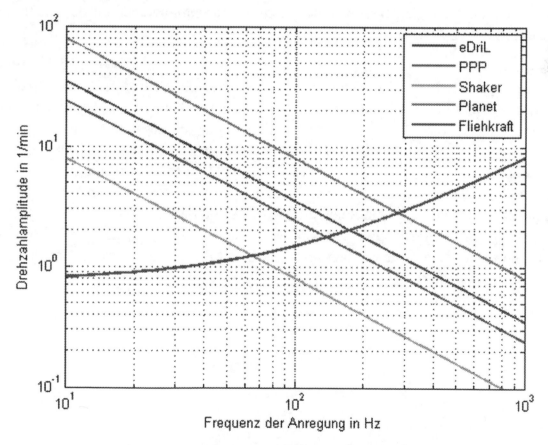

Abbildung 7: Verlauf der Drehzahlamplitude der neuen Ansätze

Im Gegensatz zu den aktuellen Antrieben zeigt die tangentiale Shakeranregung deutlich geringere Amplituden. Durch den Ansatz der Fliehkraftanregung lassen sich hohe Amplituden konzeptbedingt bei hohen Frequenzen erreichen. In allen betrachteten Frequenzen bietet die Planetenanregung eine deutlich gesteigerte Rotationsdynamik im Vergleich zu den aktuell eingesetzten Prüfstandsmotoren. Die Differenz zwischen der

Planetenanregung und des elektrischen Direktantriebs wird mit steigender Antriebsleistung und optimierten Übersetzungsverhältnissen im Planetengetriebe größer. Gleichzeitig wird hier eine hohe Flexibilität hinsichtlich der Überlagerung mehrerer Frequenzen erreicht, die zur realitätsnahen Abbildung der VKM-Charakteristik notwendig ist.

Sensitivitätsanalyse

Für eine bessere Vergleichbarkeit der Systeme anhand des vorgestellten Leistungsindex wird im Folgenden eine Sensitivitätsanalyse durch Variation der Eingangsparameter durchgeführt. Das Ziel dieser Analyse ist es die Anwendungsgrenzen zu ermitteln und die Potenziale, insbesondere die der Planeten- und der Fliehkraftanregung, gegenüber der rein elektromotorischen Anregung zu identifizieren. Hierbei wird, wie bei [4], jeweils ein Parameter verändert und in der nächsten Variation wieder auf den ursprünglichen Wert zurückgesetzt.

Zunächst wird das konstante Lastmoment auf null gesetzt. Das Ergebnis der dann erreichbaren Amplitude wird in Abbildung 8 gezeigt. Durch die Integration der Funktion von Momentengleichanteil und -amplitude bei den Direktantrieben der Synchronmaschinen nimmt bei diesen die Amplitude deutlich zu, da das gesamte Moment, bzw. die gesamte Leistung für die Anregung aufgebracht werden kann. Die Amplitude der neuen Ansätze ändert sich aufgrund der Trennung der Funktion in diesem Fall nicht. Für das Konzept der Shakeranregung muss berücksichtigt werden, dass hier ohne interne Verspannung der Planetenräder ein Spieldurchlauf entstehen würde, der Nichtlinearitäten in der Übertragung hervorruft. Für den Fall der Planetenanregung ist für diesen Betriebspunkt eine elektrische Vorspannung realisierbar, da die Erregerantriebe einzeln angesteuert werden können.

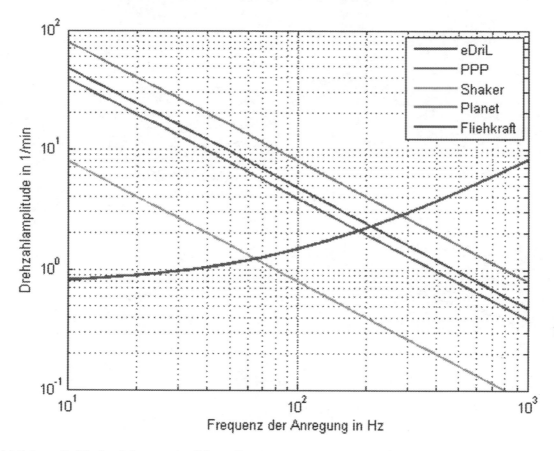

Abbildung 8: Verlauf der Drehzahlamplitude ohne konstantem Lastmoment

Als weitere Parametervariation wird das Verhalten bei einer halbierten Drehzahl von $n_{\text{gleich}} = 500 \text{ min}^{-1}$ untersucht. Der daraus resultierende Amplitudenverlauf ist in Abbildung 9 dargestellt. Durch die niedrigeren Drehzahlen erhöht sich die Amplitude aller Antriebe außer der Fliehkraftanregung, da mehr Leistung für die Anregung zur Verfügung gestellt werden kann. Die Fliehkraftanregung fällt aufgrund der Trägheitsterme bei niedrigen Frequenzen ab. Die Rangfolge bleibt jedoch gleich.

Als letzte Variation in der Sensitivitätsanalyse wird die Lastträgheit mit $J_{\text{Last}} = 1,5 \text{ kg m}^2$ verzehnfacht und die Drehzahlamplituden in Abbildung 10 veranschaulicht. Wie zu erwarten bricht die Amplitude bei allen Konzepten ein und die rein rotatorischen Antriebe rücken näher an die tangentiale Shakeranregung, welche aufgrund der schweren Ankermasse des Shakers robuster auf die Anhebung der Lastträgheit reagiert.

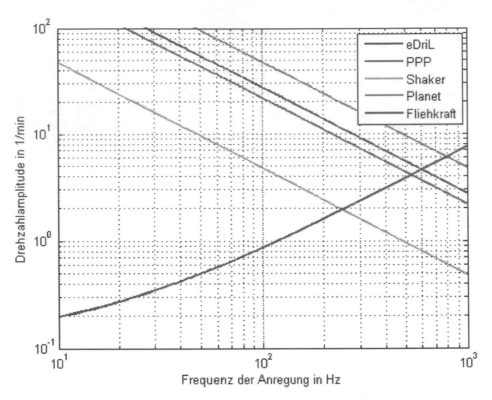

Abbildung 9: Verlauf der Drehzahlamplitude mit reduzierter Grunddrehzahl

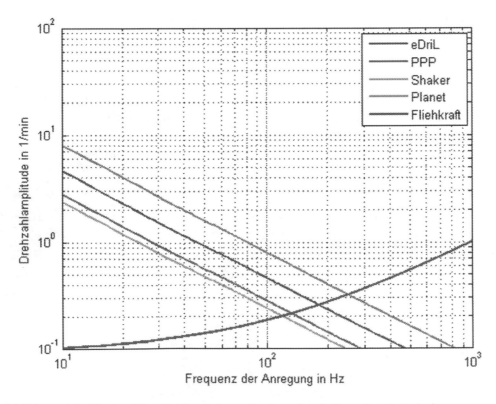

Abbildung 10: Verlauf der Drehzahlamplitude mit erhöhter Lastträgheit

Fazit

Bei allen Variationen in der Sensitivitätsanalyse ist zu beobachten, dass die erreichbare Dynamik der tangentialen Shakeranregung stets unter den aktuellen Prüfstandsantrieben bleibt. Die Planetenanregung hingegen zeigt sich robust bezüglich der durchgeführten Variationen und weist in jedem betrachteten Fall eine deutlich höhere Rotationsdynamik als die aktuelle Prüfstandsantriebstechnik auf. Einen gesonderten Status nimmt die Fliehkraftanregung ein. Zwar existieren Ansätze zur ordnungsentkoppelten Anregungsfrequenz und die Amplituden erreichen in hohen Frequenzen deutlich höhere Werte als die anderen Konzepte. Allerdings gestaltet sich die flexible Überlagerung mehrerer Anregungsfrequenzen sehr schwierig. Zudem wird im für die Abbildung der Drehmomentcharakteristik wichtigen, niedrigen Frequenzbereich nur eine kleine Amplitude erreicht. Ein mögliches Einsatzgebiet sind allerdings die akustikrelevanten Untersuchungen auf Triebstrangebene.

Aufgrund der neuen Ergebnisse ist für die Abbildung der VKM-Charakteristik auf Triebstrangprüfständen das Weiterverfolgen des Ansatzes der Planetenradanregung zu empfehlen. Dieser neuartige Ansatz bietet neue Möglichkeiten in der Validierung moderner Antriebssysteme. Dabei besteht das Potential darin, die Möglichkeiten dynamischer XiL-Schnittstellen zwischen virtueller und physischer Domäne zu erweitern und Schnittstellen gezielt zu verschieben. Der hier vorgestellte Einsatz an Prüfständen mit virtueller Verbrennungsmotorsimulation stellt nur eine Möglichkeit dar, diese Dynamik methodisch auszuwählen und als Werkzeug in der Validierung zu nutzen. Auf diese Weise können die Ergebnisse aus der Echtzeitsimulation detaillierter am Prüfstand abgebildet werden, was Entwicklungszeiten durch ersetzbaren Prototypenbau weiter reduziert.

5 Zusammenfassung und Ausblick

Neben den bisher eingesetzten Konzepten zur Motorverbrennungssimulation an Prüfständen mit virtuellem Verbrennungsmotor wurden methodisch weitere Ansätze aus dem Bereich der Parameteranregung und gekoppelter, erzwungener Anregung hergeleitet. Diese Konzepte beinhalten die Ausnutzung von Trägheitskräften sowie Kopplung elektrischer Antriebe, teilweise mit tangentialer Anregung durch Shaker als auch rotatorischer Anregung durch zusätzliche Elektromotoren.

Zur Vergleichbarkeit der neuen Konzepte wurde anhand aktueller Prüfstandsantriebe ein Leistungsindex vorgestellt. Für die endgültige Einordnung der verschiedenen Ansätze wurde in diesem Leistungsindex eine Sensitivitätsanalyse hinsichtlich der Eingangsparameter durchgeführt. Dabei wurde gezeigt, dass sowohl die Fliehkraftanregung als auch die Planetenanregung deutliches Potential zur Steigerung der Rotationsdynamik im Gegensatz zu aktuellen Prüfstandsantrieben aufweisen. Währenddessen zeigen die Ansätze der Coriolis- und tangentialen Shakeranregung deutlich geringere Amplituden. Bei der parametererregten Fliehkraftanregung können zwar bei hohen Frequenzen große Amplituden harmonischer Anregung erreicht werden, allerdings werden im niedrigen Frequenzbereich konzeptbedingt nur kleine Amplituden erreicht. Zudem ist keine große Flexibilität hinsichtlich überlagerter Frequenzen und flexibler Amplituden gegeben. Der Ansatz der Planetenanregung stellt eine stets höhere Dynamik im Gegensatz zu aktuellen Systemen bereit, unter Beibehaltung der Flexibilität von Direktantrieben bezüglich Überlagerung mehrerer Frequenzen und verschiedener Amplituden. Aus diesem Grund soll dieser Ansatz weiterentwickelt werden.

Nach dieser Bewertung ausgewählter Aktorkonzepte wird die Planetenanregung mit virtuellen und auch physischen Methoden weiterentwickelt und hinsichtlich der Machbarkeit und Umsetzbarkeit weiter untersucht. Die Momentenrückkopplung in die Antriebsmaschine und die Verspannung der Erregerantriebe für kleine Lastmomente stellen hier weitere Herausforderung dar. Neben Aktivitäten zur Reglerkonzeption ist zudem der Aufbau eines skalierten, prototypischen Aufbaus geplant.

Die Bewertung nach dem vorgestellten und angewandten Leistungsindex bietet Potenzial zur allgemeinen Beschreibung rotatorischer Schnittstellen im Antriebssystem, um eine methodische Auswahl von Werkzeugen zur Validierung im XiL Framework zu unterstützen. Beispielsweise ist die zielgerichtete Auswahl geeigneter Prüfstandsaktoren auf Basis von Simulations- oder Messergebnissen bei definierten Schnittstellen und Phänomenen im Triebstrang denkbar.

Literatur

[1] Die Bundesregierung: Nationaler Entwicklungsplan Elektromobilität der Bundesregierung (2009).

[2] A. Albers; S. Boog; C. Stier: Drehungleichförmigkeitsberuhigung. Präsentation und Bericht "Effizienzsteigerung verbrennungsmotorischer Antriebe durch Innovative Ansätze zur Schwingungsberuhigung". Leipzig 2013.

[3] A. Albers, C. Stier, M. Geier: X-in-the-Loop Validierungsmethoden für Kupplungssysteme (2013) VDI-Berichte 2206.

[4] T. Bruchmüller: Methodische Entwicklung von Konzepten zur Darstellung hochfrequenter Rotationsschwingungen zur Erweiterung bestehender Validierungswerkzeuge in der Antriebstechnik, Masterarbeit. Karlsruhe 2013.

[5] R. van Basshuysen (Hrsg.), U. Spicher. Ottomotor mit Direkteinspritzung (2013). ATZ/MTZ-Fachbuch, Springer Fachmedien Wiesbaden.

[6] R. Lux: Ganzheitliche Antriebsstrangentwicklung durch Integration von Simulation und Versuch, Dissertation. Karlsruhe 2000.

[7] W. Sinn: Drehschwingungssimulation. Ein Prüfstand mit elektrischer Antriebsmaschine zur Nachbildung der ungleichförmigen Leistungsabgabe von Verbrennungsmotoren. In: VDI Forschungsberichte (1993) Reihe 11, Nr. 179.

Tagungsbericht

Markus Schöttle

© Springer Fachmedien Wiesbaden GmbH, ein Teil von Springer Nature 2018
J. Liebl und G. Rainer (Hrsg.), *VPC.plus 2014*, Proceedings,
https://doi.org/10.1007/978-3-658-23775-2_20

16. MTZ-Fachtagung VPC.plus
Simulation und Test verbinden

110 Simulations- und Testingenieure trafen sich am 30. September und 1. Oktober 2014 im hessischen Hanau zur 16. MTZ-Fachtagung VPC.plus. VPC steht für Virtual Powertrain Creation. Mit dem „plus" im Titel macht der Wissenschaftliche Beirat der zweitägigen ATZlive-Veranstaltung.auf die Ergänzung der etablierten Simulationstagung um die Integration und Kombination von Testthemen aufmerksam.

THEMENSPEKTRUM

Die VPC.plus 2014, die von AVL, ElringKlinger, FEV, IAV und Ricardo unterstützt wird, fokussierte in diesem Jahr die Themen Thermodynamik und Emissionen mit besonderer Beachtung von Real Driving Emissions, Mechanik und Werkstoffverhalten sowie Energie- und Thermomanagement. Die in 2013 diskutierte Gesamtsystembetrachtung wurde im Tagungskonzept fortgeführt. Entsprechend widmete sich die Podiumsdiskussion den zu etablierenden Zusammenarbeitsformen, mit dem Titel „Integrativ, effektiv und interdisziplinär? Simulation und Test im Zukunfts-Check".

DIE INTEGRATION STEHT AM ANFANG

„Test und Simulation müssen im Sinne eines integrierten Entwicklungsprozesses mehr miteinander verknüpft werden, so lautete der Tenor der Podiumsdiskussion unter der Führung von Tagungsleiter Prof. Dr. Christian Beidl, Inhaber des Lehrstuhls für Verbrennungskraftmaschinen und Fahrzeugantriebe an der Technischen Universität Darmstadt. Seine Eingangsfrage lautete: „Die Entwickler wissen, dass die Verknüpfung sinnvoll und wichtig ist, doch wie wird diese Notwendigkeit in den Unternehmen gelebt?" Für die Triebwerksentwicklung in der Luftfahrt antwortete Prof. Dr. Adrian Rienäcker, Leiter des Instituts für Antriebs- und Fahrzeugtechnik (IAF) an der Universität Kassel: „Es wird beides gelebt, allerdings ist die wünschenswerte Integration noch nicht vollzogen." Er sieht zum einen eine Menge von Testdaten, die einfach nicht ausgewertet werden und in den Schränken regelrecht verstauben. „Ich sehe auch nicht den Punkt erreicht, wo Test- und Simulationsingenieure sich gemeinsam die Köpfe heiß reden, um das Bestmögliche sowohl aus der Simulation als auch Test herauszuholen", kritisierte der automobilerfahrene Rienäcker. Die mangelnde Auswertung der Testdaten gab das Stichwort für Prof. Dr. Kurt Kirsten, Leiter Vorausentwicklung bei APL Automobil-Prüftechnik Landau: „Wir testen viel zu viel. Doch keiner bringt den Mut auf, an dieser Situation etwas zu ändern." Lediglich einen Haken in das Testprotokoll zu machen, ohne sich mal die Frage zu stellen, was man eigentlich aus dem Test nun gelernt habe, genüge einfach nicht. „Zumindest Routinetests muss man abschaffen", unterstrich Kirsten und forderte auf, Behörden und speziell Versicherung diesbezüglich zu konfrontieren.

ORGANIGRAMME ANPASSEN

Dem pflichtete auch Dr. Wolfgang Puntigam bei. Der Leiter Integrated Open Development Platform bei AVL ergänzte die Sichtweise um „den hohen Stellenwert der Zusammenarbeit von Simulations- und Testingenieuren, die zwar durchaus schon etabliert ist, aber intensiviert werden muss. Es gelte, einen kooperativen Prozess von einer übergeordneten Entwicklungsebene aus zu leiten. Dort könnten Entscheidungsprozesse ablaufen, in denen man entweder die Simulation oder den Test bevorzuge, um zu einem bestmöglichen Ergebnis zu kommen. So werde es Situationen geben, in denen ein Simulationsingenieur nochmals Tests initiiert, um seine Berechnungen zu validieren.

SPAGAT ZWISCHEN DETAILLIERTEN MODELLEN UND DER GESAMT-SICHT

Beidl blickte auf einige Vorträge zurück, in denen sowohl detaillierte Test- und Simulationsmodelle als auch die so wichtige Gesamtsystembetrachtung thematisiert wurden. „Wir brauchen beides, doch wie können wir den Ingenieuren bei diesem Spagat helfen?" „Eine sehr schwierige Frage, denn es gibt kein Patentrezept", sagte Puntigam. Ansätze sieht der AVL-Mann in einer gewissen Vereinfachung der Modelle. „Auf die Detailsimulation in der vertikalen Ebene des Entwicklungsprozesses sind wir ja weiterhin angewiesen", doch in Richtung der notwendigen verbindenden horizontalen Ebene gelte es zu abstrahieren. Entscheidender Entwicklungsbedarf besteht laut Puntigam in der vertikalen Integration. Zudem gelte es im Sinne der Gesamtfahrzeugintegration, die Simulation ins Prüfstandsumfeld zu integrieren. „Es bleibt eine Herausforderung, immer wieder abzuwägen, wann sich einerseits domänenüber greifende Co-Simulation oder integrative Simulationsmethoden anbieten", sagt Christoph Ortmann, Mitbegründer und technischer Leiter VI-grade.

Ortmann und seine Gesprächspartner in Hanau lieferten genügend Zündstoff für eine Fortführung der Diskussion. Dazu wird spätestens auf der nächsten VPC.plus, die am 29. und 30. September 2015 im Rhein/Main- Gebiet stattfinden wird, wieder reichlich Gelegenheit sein.

[Quelle: MTZ 75 (2014), Nr. 12, S. 10ff]

Printed in the United States
By Bookmasters